サバクトビバッタの孤独相と群生相

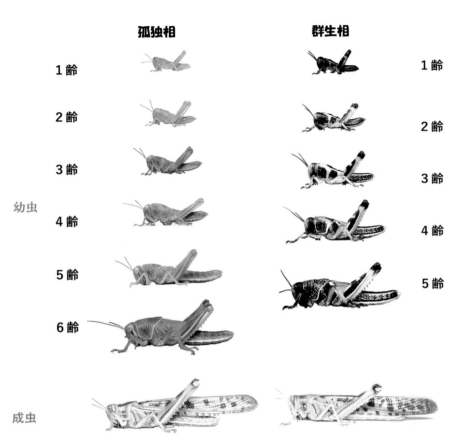

孤独相　　　　　**群生相**

孤独相		群生相
1齢		1齢
2齢		2齢
3齢		3齢
4齢		4齢
5齢		5齢
6齢		

幼虫

成虫

（1）サバクトビバッタの孤独相と群生相の幼虫発育と成虫。30℃で飼育した場合。孤独相幼虫は緑色型のみを示した。〈第1・4・6章参照〉

（2）サバクトビバッタの孤独相（左）と群生相（右、FAO／Sven Torffinn）の成虫。〈第1章参照〉

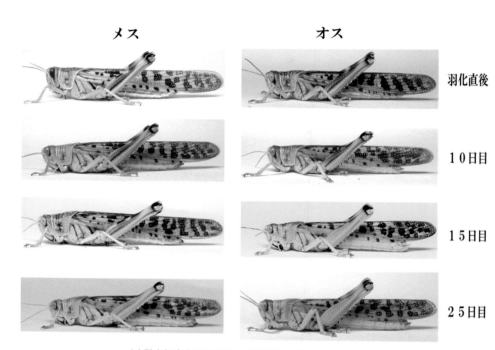

	メス	オス
		羽化直後
		10日目
		15日目
		25日目

（3）群生相成虫の羽化後の体色変化。〈第1・4・5・6章参照〉

（4）黄化して目立つ成虫。2009年モーリタニア沙漠にて撮影。〈第4章参照〉

（5）黄化した成虫の産卵風景。2009年モーリタニア沙漠にて撮影。〈第1・4章参照〉

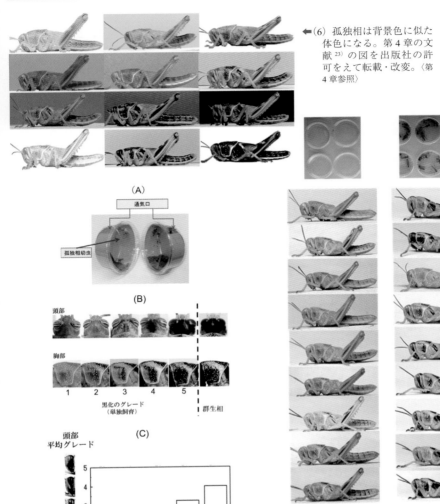

（6）孤独相は背景色に似た体色になる。第4章の文献[23]の図を出版社の許可をえて転載・改変。〈第4章参照〉

対照区　　バッタ5匹

（7）1〜10頭の黒い幼虫をカップにいれて、それを緑色の2齢幼虫にみせると、みせた幼虫の数が多いほど実験個体の体色はより黒くなった。（A）飼育容器。（B）亜終齢（5齢）の頭部と胸部の黒化グレード。（C）みせた幼虫の数と黒化グレードの関係。第4章の文献[23]の図を出版社の許可をえて転載・改変。〈第4章参照〉

（8）同胞の動画をみせると黒化する。群生相5頭の幼虫の動画を緑色の2齢幼虫にみせつづけると、亜終齢（5齢）までに黒化した。空のシャーレをみせた対照区では黒化しなかった。〈第4章参照〉

(A)  無処理

通常の群生相幼虫  コラゾニン遺伝子発現を抑制した群生相幼虫

(B)  ＋コラゾニン

(C)  ＋コラゾニン

（9）緑色の幼虫にコラゾニンを注射すると黒化する。〈第5・6章参照〉

（10）コラゾニン遺伝子をノックダウンすると黒斑紋は後退する。〈第6章参照〉

38℃   30℃

（11）高温では黒斑紋が退行し黄化する群生相幼虫。〈第1・4・6章参照〉

通常のアルビノバッタ

JHを注射して黄色くなったバッタ

JHを注射して緑色になったバッタ

（13）高温で黄化した幼虫の黄化遺伝子（*YPT*）をノックダウンすると黄色が退行する、上：対照区、下：ノックダウンした幼虫。〈第6章参照〉

（12）アルビノの亜終齢幼虫に幼若ホルモンを処理すると脱皮後に黄色または緑色の体色が発現する。第6章の文献 19) の図を改変。〈第6章参照〉

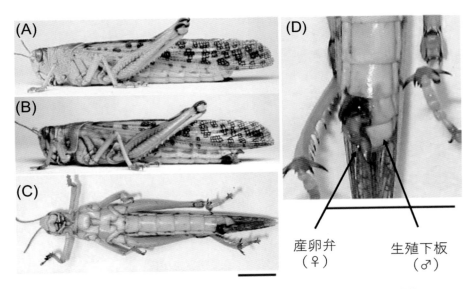

産卵弁　　　　　　　生殖下板
（♀）　　　　　　　（♂）

（14）サバクトビバッタ成虫の黄化は幼若ホルモンに対する皮膚の感受性が雌雄
で異なるので、オスの方で顕著にあらわれる。性モザイク個体は、集団飼育
下で羽化後20日までに体の左半分（A）が黄化し、右半分（B）は黄化しなかっ
た。腹面でも真ん中を境に左半分だけが黄化していた（C）。腹部末端の構造
は写真の左半分がメス、右半分がオスだった（D）。第5章の文献 13) の図を出
版社の許可をえて改変して転載。〈第5章参照〉

通常のオス成虫　　　　　　**通常のオス成虫＋YPTノックダウン**

（15）黄化遺伝子（YPT）をノックダウンすると（右）黄化が無処理（左）
とくらべ抑制される。〈菅原亮平原図：第6章参照〉

野生型　　　　　　　　　緑型

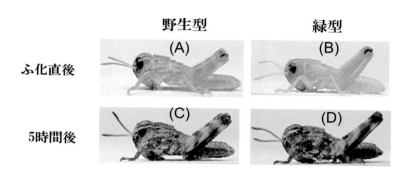

（16）ふ化幼虫の体色多型。トノサマバッタの野生型（A・C）と緑型（B・D）のふ化直後と5時間後の幼虫。緑型は近親交配によって出現した。第4章の文献[4]の図を出版社の許可をえて転写・改変。〈第4章参照〉

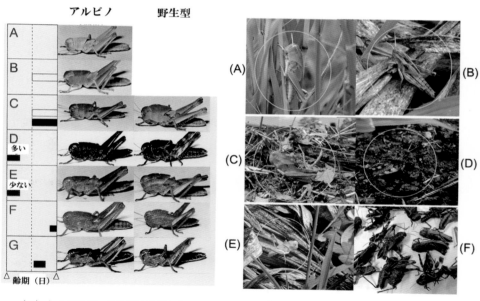

（17）トノサマバッタの体色多型のホルモン制御モデル。体内のJH（□）とコラゾニン（■）の量によって次の齢の体色が決まる。説明は第5・6章を参照。第5章の文献[20]の図を出版社の許可をえて改変して転載。

（18）トノサマバッタの幼虫にみられるカモフラージュ。幼虫の場所を円で示した（A〜E）。野焼きで焦げた地面の棲息地で採集した真っ黒な幼虫を氷で冷やして撮影（F）。〈第4・5章参照〉

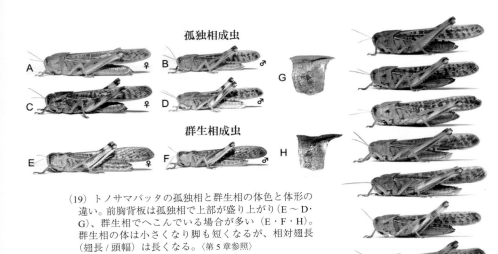

孤独相成虫

群生相成虫

（19）トノサマバッタの孤独相と群生相の体色と体形の
　　　違い。前胸背板は孤独相で上部が盛り上がり（E〜D・
　　　G）、群生相でへこんでいる場合が多い（E・F・H）。
　　　群生相の体は小さくなり脚も短くなるが、相対翅長
　　　（翅長 / 頭幅）は長くなる。〈第 5 章参照〉

（20）孤独相成虫の緑・
　　　茶色多型は連続的。
　　　茨城県つくば市採
　　　集。〈第 4 章参照〉

（22）中国新疆系統の青
　　　色の孤独相成虫。
　　　〈第 4 章参照〉

（21）緑色の体液を臭化
　　　カリウム不連続密度勾
　　　配超遠心法を用いて分
　　　離すると水色（下）と
　　　黄色（上）に分かれる。
　　　（片桐千仭・田中誠二
　　　原図）〈第 4 章参照〉

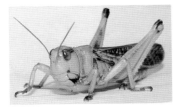

（23）群生相オス成虫は性
　　　成熟すると黄化する。
　　　〈第 4 章参照〉

1齢幼虫　　　　　　成虫

(A)　トノサマバッタ
分布：アフリカ、欧州、
　　　アジア、豪州

(B)　サバクトビバッタ
分布：アフリカ、欧州、
　　　中東、インド

(C)　タイワンツチイナゴ
分布：アジア

1mm　　　　　　1cm

（24）トノサマバッタ、サバクトビバッタ、タイワンツチイナゴの
　　　ふ化幼虫と成虫。〈第9・11章参照〉

（25）中北米に分布するアメリカトビバッ
　　　タ成虫（左）と幼虫（右）〈第4・5章参照〉

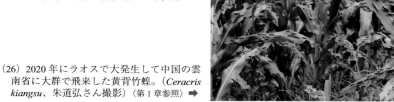

（26）2020年にラオスで大発生して中国の雲
　　　南省に大群で飛来した黄背竹蝗。（*Ceracris
　　　kiangsu*、朱道弘さん撮影）〈第1章参照〉➡

バッタの大発生
の謎と生態

田中誠二

編

北 隆 館

Locust outbreaks and biology: recent studies from Japan

Edited by

Seiji Tanaka Ph. D.

はじめに

　バッタは人類が農業をはじめる前から、時々大発生しては人々に脅威を与えてきたに違いない。旧約聖書には、数千年前におきたサバクトビバッタの大発生の記録が記されている。2020年にアラビア半島と東アフリカの国々の沙漠でこのバッタが大発生し、その映像が世界中に配信された。その後、バッタの大群は移動し、拡散して、アフリカ南方ではケニヤやタンザニアにまで、アジアでは東方インドやネパールにまで達した。我が国でも、それらの映像が毎日のように報道され、日本列島への飛来の可能性を指摘する専門家もあらわれた。中国では、夏前に内モンゴルと東北地方でクルマバッタモドキに似たモンゴルイナゴが大量発生し、雲南省ではラオスから別のイナゴが大量に飛来した。隣国でおこったそれらの出来事を伝えたニュースでは、サバクトビバッタの映像が使われるなど、情報は一時かなりの混乱をみせていた。一部の人々にとっては、バッタはすべて同じものに思えるのかもしれない。時期を同じくして、南アメリカでもサバクトビバッタによく似たバッタが大量発生し、異常気象や温暖化との関連が指摘されたりもした。一方、ロシアではツンドラ地帯で38℃まで気温が上昇し永久凍土がとけはじめた。北極では氷がとけつづけ、ホッキョクグマの生存圏が脅かされている。また大型台風やハリケーンが頻発し、中国武漢で新型コロナウイルスが猛威を振るった後、パンデミックがおこった。人々の不安と混乱が高まった一年だった。そして、それらの異常現象が何か共通した原因によるものではないかという憶測すら飛び交った。バッタの大発生との関りはあるのだろうか？本書では、サバクトビバッタの大発生の経過を追うとともに、彼らの謎に満ちた生態と最近の研究による興味深い発見についてご紹介するのが目的である。

　大発生が広く報じられる前に、ニューサイエンス社の「昆虫と自然」という科学雑誌で「バッタ研究の現状と今後」という特集が組まれた（2019年7月号）。そこでは、あまり知られていない日本でのバッタ研究の取り組みを中心に、いくつかのトピックが紹介された。本書は、2020年春に、アフリカと西アジアでのサバクトビバッタの大発生をきっかけに、上述の特集の内容をくわしく紹介する本を出版してはどうかという企画を受けたものである。サバクトビバッタの大発生の勃発に人々の関心が集まる中、バッタの生態に興味をもつ幅広い層

の読者に読んでもらえるよう、できるだけ平易な文章で執筆するよう心がけた
つもりである。また、どの章から読みはじめても理解できるように、主要な用
語は各章で説明をつけるよう工夫した。

　まず、今回、問題となったサバクトビバッタの大発生の経過、原因、被害そ
して人々のこうじた対策や協力などに関する情報をまとめ、関連するバッタの
生態について解説する。とりわけ、バッタの混み合いにおうじて行動や体色を
変化させる相変異と呼ばれる現象と大発生との関係について論じ、大群で移動
する適応的意義について考える。(第1章)

　サバクトビバッタとトノサマバッタは大発生すると作物に甚大な被害をもた
らす悪名高い二大バッタであるが、最近のDNA解析法の進歩によって、これ
らのバッタの起源に関する研究が進んだ。日本列島のトノサマバッタの起源を
探る中で、世界のトノサマバッタが2つの大きな遺伝的グループに分けられる
という大きな発見があった。DNA解析は、飛蝗とも呼ばれる本種の意外な歴史
と生態を投影するシナリオを映し出した。(第2章)

　大発生時に幼虫が集団で大地を歩いて移動する様は、人々に恐怖すら与える
かもしれない。普段はたがいに避け合うバッタたちが、大発生時にはひかれ合
うようになる。この劇的な行動変化の仕組みとして、しばしば謎めいた仮説が
報じられる。ユニークな測定装置を開発してバッタの活動量を測定し、ふ化幼
虫の活動性が親の経験した混み合い状態によって、定説とは違った形で影響を
受けることが明らかになった。(第3章)

　普段は緑や茶色だったバッタの幼虫が、大発生すると黄色や濃いオレンジ色
となり黒斑紋があらわれる。バッタの体色変化を制御する環境要因と多様な体
色を誘導するホルモン、そしてその遺伝子について、どのくらい明らかになっ
ているのか?これらは、本書でくわしく解説する相変異という、混み合いにた
いする反応と深く関連しており、実験室での研究を通して、最近かなり本質的
な進展がみられた。それらの研究の過程を振り返りながら、発見と解明の過程
をくわしく解説する。(第4〜6章)

　サバクトビバッタのふ化幼虫の大きさと体色は相変異を示す。その場合、母
親の混み合い経験が子世代に影響するという不思議な現象がみられる。過去20
年間に、その仕組みに関する研究がさかんに行われ、いくつかの仮説が発表さ
れている。真相を解明するために緻密な実験が行われ、その結果を巡って激し

い論争がくり広げられてきた。真実を手探りで追及しながら、苦難の先にみえてきたものとは？研究の時系列をたどりながら、最近の研究成果を紹介する。（第7章）

トノサマバッタは群生相化してもコムギの葉は好むがオオムギは食べない。オオムギの染色体をコムギに移した変異系統を利用し、このバッタがなぜオオムギを避けるのかに研究の焦点をあてた。その結果、オオムギの異なった染色体上にある遺伝子が摂食阻害ばかりでなくそれ以外の形質にも悪影響を与えていることがわかってきた。（第8章）

サバクトビバッタを飼育していると、突然、卵を産まなくなる怪現象に遭遇した。その原因は産卵用に置いた砂にあった。新鮮な砂にはたくさん産卵するのに、その砂には一向に産まなかった。この不思議な砂には産卵阻害効果があることがわかった。阻害要因の由来とそれを避ける行動の適応的意義とは何か？（第9章）

バッタ類は地中に卵を産むのが特徴であるが、ふ化のタイミングには温度や光が重要な役割をはたしている。実験室で観察するとサバクトビバッタは温度が低く、暗い時間帯にふ化するが、トノサマバッタは温度が高く、明るい時間帯にふ化する。雨が降ったり、温度が変動する野外では、バッタはいつふ化してくるのか。その制御には驚くべき精度と不思議な仕組みが存在することがわかってきた。（第10章）

カマキリのふ化でみられるように、トノサマバッタも卵鞘から幼虫が一斉にふ化する。しかし、ふ化直前に卵鞘から卵を取ってばらばらにすると、一斉ふ化はみられない。バッタの胚が、あるシグナルを発し一斉ふ化を制御しているという、世界初の証拠がえられた。どんなシグナルで、どのように発せられるのか。他の昆虫ではどんな仕組みなのか？これらの不思議な現象については第11章で紹介する。

バッタとイナゴは英語ではそれぞれ locust と grasshopper と記す。しかし、その区別はあいまいで、呼び方も一貫していない。たとえば沖縄県に棲息するタイワンツチイナゴは現地ではセズジツチイナゴとかトノサマバッタと呼ばれることもあるが、英語ではボンベイローカスト（Bombay locust）という。混み合いにおうじて行動、体色、形態などが変化する相変異現象を示すものを locust と呼び、その他を grasshopper と呼ぶ場合もある。しかし、オンブバッタ、ショ

ウリョウバッタなど、日本語でバッタと呼ばれているほとんどの種は相変異を示さない。locust をトビバッタと呼んで普通のバッタと区別することもあるが、本書では特に定義はせずバッタあるいはトビバッタと呼ぶことにする。

　本文中の種名はできるだけ和名のみにして、学名、目、科については、末尾に昆虫種名リストを作成した。引用した文献は網羅的なものではなく、例としていくつかを引用したにすぎない。さらに詳細を知りたい読者は、参考文献または執筆者に直接問い合わせていただければ幸いである。

　2020 年 2 月、ミナミアオカメムシのふ化行動に関する先駆的な研究（第 11 章で紹介）をされた桐谷圭治さん（1929 年生。元農林水産省農業環境技術研究所昆虫管理科）が他界された。1986 年には田中章さん（元鹿児島県農業試験場）らと馬毛島でのトノサマバッタ大発生の調査記録を残された。博士の長年にわたる昆虫学への偉業と貢献を讃え、本書を捧げることをお許しください。

2020 年 12 月　つくばにて　田中誠二

目　次

5

第1章

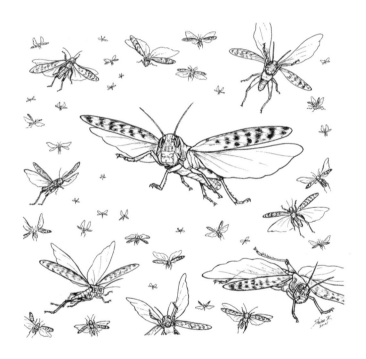

第1章　サバクトビバッタ大発生の謎

田中誠二

　2020年になって東アフリカや中東の国々でサバクトビバッタが大発生した。バッタの大集団や群れで飛翔する様子がニュースで頻繁に報道され、注目を集めた。どのように大量発生がはじまったのか？バッタはどんな被害をもたらし、どんな対策がとられたのか？大量発生の原因とは？地球規模の温暖化などとのかかわりはあるのか？サバクトビバッタとはどんな昆虫なのか？なぜバッタは大移動するのか？本章では、そのような疑問と謎について考えてみたい。

序　〜大発生とは

　大量発生についてくわしく述べる前に、サバクトビバッタとはどのような昆虫なのかについて、簡単にふれておきたい。成虫の体長は5〜8cmで、トノサマバッタに匹敵する大型昆虫である（口絵−I（2）左）。名前が示すとおり沙漠や半沙漠地帯（年間降雨量が200mm以下）に棲み、植物を食べる。これらの地域に分布する植物は意外に多く、モーリタニアのサハラ沙漠でも1300種が知られている。2009年に行われた調査によると、サバクトビバッタの棲息地である北部モーリタニアの沙漠地帯でも、400種にのぼる植物が記録されている[1]。しかし、それぞれの植物は、個体数も生育時期もかぎられている。わずかな雨が降ると芽をだし、花を咲かせ、種をつけると枯れてしまう。そんなきびしい沙漠に棲むサバクトビバッタは、ふつう数も少なく群れることもないし、人のいとなみとは無縁な生活をすごしている。このような状態のバッタを孤独相という。そんなバッタが大発生するのだから、不思議に思われる読者も少なくないだろう。大発生したバッタは集団で行動するようになり、体色は黒化してまるで別種のようにみえる。このような状態のバッタを群生相と呼ぶ。

　サバクトビバッタはアフリカ大陸、アラビア半島、西アジアの熱帯地域に棲息している。国でいえば、およそ30ヶ国である。彼らの棲息地の3条件は、餌となる植物、休むためのシェルター（植物、地面の割れ目や岩など）、そして産卵のための裸地である。大発生すると分散と移動をくり返し、その分布範

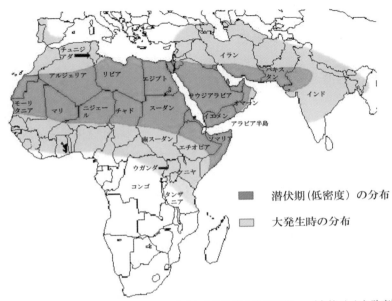

図 1　サバクトビバッタの分布域。通常時と大発生時の分布の違い。（文献 [11] より改変）

囲は 60〜65 ヶ国に広がり、面積に換算すると地球の陸地面積の 20% にもおよ
ぶ（図 1）[2]。

　沙漠の植物には、乾燥やきょくたんな温度に適応した、さまざまな工夫がみら
れる。乾燥を最小限にするための多肉葉やとげをもつものが多い。また少ない
植物資源を多くの動物がうばいあい、攻撃しつづけた結果、葉や茎にアルカロ
イドのような毒をたくわえた植物が進化した。大発生したらバッタを食料にし
たらどうかと提案する人もいるかもしれないが、そんな植物を食べるサバクト
ビバッタを安易に人が口にするのは危険である。バッタ自体には問題なくても、
消化管には未消化の植物片に含まれる毒が残っている可能性があるからだ。現
地では、そんなバッタの頭部を除いてから食べる習慣が残っているところもあ
るようだが、これは頭部をひっぱると消化管も一緒に付いてくるからのようだ。
　大発生の過程は大ざっぱに、4 つのステージに分けられるかもしれない。1)
孤独相の状態のバッタしかみられない潜伏期（recession）、2) 個体数が増加して、
幼虫や成虫の群れがみられるようになり、体色や成虫の形態が変化しはじめる
大量発生期（outbreak）、3) 混みあった状態で 2 世代以上経過し、広範囲にわ
たって群生相がみられる大発生期（upsurge）。そして、4) 1 年以上にわたって

大発生がつづいて、群生相の幼虫と成虫集団による被害がおこると蝗害（plague）が生じる。2020 年の東アフリカと西アジアでの状況は大発生がおこり、蝗害にいたったと考えられる。

1.1.　2020 年の大発生

　今回のサバクトビバッタの大発生は、突然おこったわけではない。2018 年にアラビア半島南部でこのバッタが増えはじめた[2]。通常、個体数が少ない棲息地でみられる孤独相の幼虫の体色は、棲息地の背景色に似た隠蔽色をしている（図 2）[3]。しかし、混み合いを経験すると集合するようになり、体色は脱皮をくり返すうちに黒くなっていく[4]。このように孤独相と群生相の中間的バッタの状態を転移相という。2018 年にそれらの地域の沙漠では、5 月と 10 月のサイクロン（熱帯性低気圧）によって、あちらこちらで湖ができた。餌となる植物が繁茂しつづけ、サバクトビバッタはどんどん増えていった。無数の幼虫が群れをつくり、成虫も群れをなして空を舞うようになったに違いない。残念ながら、それらの地域では効果的防除がなされなかった。

　2019 年 3 月までに 3 世代が経過し、大量の幼虫が兵隊のように列をなして行進し、成虫は群れで飛翔する移動型へと完全に変身していた。バッタ集団はさらに巨大化し、成虫が大群をなして周辺諸国のオマーンやサウジアラビアに移動し、繁殖した。2019 年後半には、成虫集団がイランやパキスタンとインドの国境あたりにまで達した（図 3）。

　2020 年 2 月に、パキスタンでは非常事態宣言が発令され、バッタへの警戒が高められた。インドでは、バッタがパキスタンから飛んでくれば、麦やアブラナ科作物、ワタなどに被害がおよぶのではなかと警戒した。また、イエメンで

（A）孤独相幼虫　　　（B）転移相幼虫　　　（C）群生相幼虫

図 2　サバクトビバッタの孤独相（A）、転移相（B）、群生相（C）。

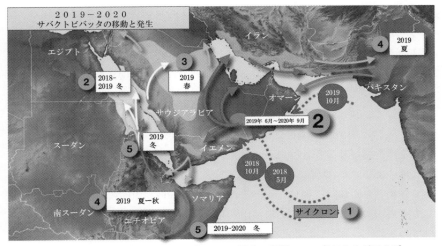

図 3　2018 ～ 2020 年のサバクトビバッタの発生の記録。2018 年にサウジアラビア半島をサイクロンが襲い、繁茂した植物を餌に大量のバッタが繁殖し、その後 2 年間にわたって群飛と繁殖をくり返し多くの国で甚大な農業への被害をもたらした。数字は発生の順番を示す。（FAO, Locust Watch より改変）

増えた集団の一部が、アフリカの角とよばれる東アフリカのソマリアとエチオピアに移動し、バッタによる被害範囲は拡大した。2020 年になってエチオピアやソマリアでバッタはさらに増殖し、一部の集団がイエメンやサウジアラビアに逆移動した。別の集団は西あるいは南方に移動し、2 月にはスーダン、ウガンダ、ケニア、タンザニアにまで達した。

　インドでは 2020 年 5 月の時点で、防除効果もあり、サバクトビバッタの増殖は一時抑えられた。しかし、6 月になってパキスタンから成虫集団が飛来し、西部ばかりでなく広い地域にわたって成虫の群れがインドを襲い、7 月には群れの一部が隣国のネパールにも達した。過去には、インドのさらに東方にまで侵入した歴史もあるようだ。2012 年に私がコガネムシの調査のためにアッサム地方を訪問したとき、アッサム農業大学の博物館に 50 年ほど前にアッサム州ジョールハット県で採集されたサバクトビバッタの乾燥標本があった。

　2020 年にパキスタンでサバクトビバッタが増殖し、アラビア半島からの成虫集団が到達したときに、隣接する中国も関心をよせた。過去に、中国のチベット自治区、雲南省そして新疆にたどりついたという記録があったからだ。バッタ集団が来れば、中国側で栽培する穀物類やヒマワリなどに被害がでると心配したのだろう。新疆への侵入には、パキスタンからカザフスタンを通る経路が

考えられるが、その道のりは長く、複雑で侵入の可能性はきわめて低い。それらの地域は冬には -20℃ にもなる極寒の地である。冬前にたどり着いたとしても、繁殖のチャンスはないだろう。サバクトビバッタの成虫の群れは、1000m 以上の山をこえられないといわれている。鳥などと違い、変温動物であるバッタは寒いと動けなくなるからだ。サバクトビバッタが群れで飛びたつときの体温は 25〜34℃ で、24℃ 以下では飛び立つことはないことが古くから知られている[5]。パキスタンと中国の国境付近は山岳地帯で、5000m 級の山々が連なっている。山脈を吹きあげるような強風がふけば、高山にまで吹き飛ばされる可能性はないとはいえないが、低温によって不時着するのが関の山である。1974 年にチベットで採集されたのは 1 個体だが、それは標高 2250m の山岳地帯だった[6]。アフリカの高山やアルプス山脈の雪の中からも、サバクトビバッタの死骸が発見されている。

　そこで気になるのが日本への侵入の可能性である。サバクトビバッタが過去に日本に侵入したという記録はない。同様に、中国に侵入し被害をもたらしたという記録もない。これからも絶対にないと断言することはできない。しかし、中国に侵入して黄砂とともに日本に飛んでくるなどという可能性は、きわめて低い。また、ネパールやインド、バングラディッシュ、ミャンマー経由の東南アジアルートも、サバクトビバッタの苦手な熱帯雨林と湿潤な気候が介在することから、そのルートを経て日本に侵入する可能性はさらに低いだろう。貨物や荷物に紛れて数頭侵入したとしても、湿潤な日本での繁殖は難しく、寒さに弱いので越冬はできないし、発見も簡単なことからすぐに駆除されてしまうだろう。

1.2.　大発生による被害

　サバクトビバッタは何を食べるのか。沙漠では、ハマビシのような草本からアカシアのような木本の葉や芽を好んで食べる。大発生すると、アフリカで広く栽培されるトウモロコシやソルガム、豆類、蔬菜類から、放牧されているヤギや牛が食べる草本類、道路沿いに植えられたヤシやシュロなど、じつにさまざまな植物を食べるのは事実である。しかし、たくさんの種類の植物を食べると強調するリストの中には、それらを食べて繁殖できる寄主植物と、かじる程度の植物が一緒にされている場合が多い。中には、人を襲うという情報もあるようだが、人の皮膚や服をかじったりする直接的被害を引きおこすことはない。

図 4　サバクトビバッタの若齢幼虫の群生相集団。(FAO EMPRES)

　私は 20 年以上サバクトビバッタを飼育して研究をしていたが、そのような経験は一度もなかった。

　大発生時の幼虫集団は、大きなものでは幅は 5〜10m くらいだが（図 4）、長さが 10km 以上にもわたって切れ目なくつづく場合があり、幼虫集団が 500km²以上の面積をおおうこともある[5]。

　2020 年にケニアでは、成虫集団が 2400km²（神奈川県の面積）をおおい、1000 億から 2000 億頭のバッタからなっていたと推定された[7]。しかし、ウヴァロフ（Uvarov, B. P.）[5]によれば、1 つの成虫群飛集団はせいぜい 1000km²であり、含まれる個体数は 400 億頭くらいであろうと述べている。いずれにせよ驚くべき数字である。1 頭の体重を 2g とすると、バッタの総重量は前者の推定では、10 〜20 万 t になる。1 日に体重と同等の植物量を消費するといわれているので、成虫集団が農地に飛来すれば、そこに栽培されている作物は瞬時に食べつくされてしまう（口絵 – I（2）右）。バッタが放牧地を襲えば、食べるものを失った牛やヤギは餓死するしかない。ケニアでは 70 年ぶりの蝗害であったが、少なくとも 7 万 h の農地がバッタの被害をうけた。

　25 年ぶりの蝗害となったエチオピアでは、2020 年 6 月までに農作物の 50%がバッタの被害にあった。ソマリアでは、それまでの干ばつや内戦で困窮していた農民が頼りにしていた、わずかな放牧地の草が、バッタによって食べつく

されてしまった。

　ネパールには24年ぶりにサバクトビバッタが侵入した。2020年6月と7月に成虫の群れが飛来し、トウモロコシ、野菜、マンゴの木などの果樹への被害があり、1118ha におよぶ農地などに殺虫剤が散布された[8]。

　国際連合食糧農業機関（FAO）の報告によると[9]、2020年3月までに、バッタの作物への被害によって2000万人が食料不足となり、3〜6月の作物の栽培期に被害がつづけばさらに1億3000万人に被害がおよぶだろう、と警告していた。

1.3.　大発生の原因と気候変動

　サバクトビバッタが大発生するには、成長と繁殖に必要な餌植物の繁茂が一番重要な要因である。今回大発生した地域では、サイクロンにみまわれ大量の雨が降った[2]。通常ならすぐに乾燥して草が枯れるのだが、その後もサイクロンが頻発したために、餌となる植物が長期間繁茂することになった。今回大被害を受けたソマリアでは、2019年に8回のサイクロンの襲来を受けたのだが、これは史上最多記録だった。それは、干ばつで農作物や牧草が枯れ、餌を奪われた牛がたくさん死んだ2015〜17年と対照的だ。

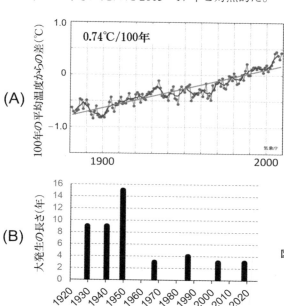

　ある気象学者は、たびかさなるこのサイクロンはインド洋のダイポールモード現象によって、東アフリカ沿岸の海水温度が上がり、海からの水蒸気が雲をつくり、大量の雨が降った、と説明している。そして、このダイポールモード現象は地球規

図5　過去100年の平均気温の変化日本気象庁；日本気象庁 https://www.data.jma.go.jp/cpdinfo/temp/an_wld.html）とサバクトビバッタの大発生頻度（FAO；Desert Locust Bulletin に基づく）。

模でおきている温暖化と関連している、と指摘する学者もいる。

　しかし、温暖化がサバクトビバッタの大発生を頻繁に引きおこすかどうかについては、基礎データが乏しく、安易な判断は避けるべきであろう。温暖化が植物の分布を変え、沙漠化が進んだり、逆に緑化が進んだりする可能性もある。すでにそれらを示すデータは世界中から報告されている。サバクトビバッタの大発生は、旧約聖書の「出エジプト記 10:1〜20」にも記されているように、紀元前からの記録があり、人々の暮らしに大きな影響を与えてきた。その頻度は一定とはいえない。今回の大発生を含めると、過去 100 年にサバクトビバッタの大発生は 7 回おきている [2]。気象庁の気象データによると、世界の気温はこの 100 年で平均 0.74℃上昇しているが（図 5A）、最近 50 年間の上昇幅はその前の 50 年間より、少し大きくなっている。一度の大発生の長さは 3〜15 年と幅があるので単純に比較はできないが、大発生は 1920〜1970 年の 50 年間に 4 回、1971〜2020 年の 50 年間には 3 回おきている（図 5B）。大発生がみられた年の合計は、それぞれ 36 年と 13 年である。どうみても、最近顕著になってきたといわれる温暖化が、サバクトビバッタの大発生の頻度を上げているとは思えない。

1.4.　バッタ対策と問題

　大発生したバッタを撃退するために、FAO やアフリカ諸国で編成されている研究機関などは、さまざまな活動をしている。大発生のないときでも、気温、雨量、風向、植物の繁茂の程度などの情報と各国のバッタの発生具合に関する情報を定期的に集め、スーパーコンピューターで分析して、公開しているのだ。これは場当たり的対応ではなく、バッタが大増殖する前にバッタを駆除し大発生を防ぐための「予防的防除」という考え方である。そのような情報をもとに発生初期に警告を発して、防除をうながしている。2020 年 3 月には、そのような警告をうけて、ウガンダ政府はバッタ防除のために軍隊を動員した。

　2009 年秋、モーリタニアでサバクトビバッタの大発生の兆候がみえはじめた。私は、その年の 10 月にモーリタニアの国立バッタ防除センターの防除隊に同行させてもらう機会をえた。このセンターは首都のヌアクショットにある。夏世代の成虫が集団をつくりはじめ、すでに防除が進められていた。防除隊はいくつかの班に分かれていて、GPS（全地球測位システム）と無線をたよりに、防除機が設置されたランドクルーザー（大型クロスカントリー車）などに乗って

図6　モーリタニアの国立バッタ防除センターによるサバクトビバッタ防除風
　　景。防除車と農薬の入ったドラム缶(A)。噴霧の準備(B)。野営用のテント(C)。
　　センター長のバーバさん（Dr. Mohamed Abdellahi Bahba Ebbe）。

沙漠をパトロールし、バッタ発生状況を定期的にモニターしている（図6）。広
大な沙漠を一日でカバーすることはできないので、一度出動すると、何日も野
宿することになる。料理人も同行していて、おいしい食事を用意してくれる。
しかし、3日もすると、ヤギの肉もいたんできて、慣れない私の喉は通らなくなっ
た。無線で連絡し合い、発生場所を特定すると散布がはじまる。私が同行した
年は、群生相化がはじまったところだったので、小さな成虫集団を発見すると、
殺虫剤散布を施していた。散布すると、成虫はすぐに飛び立って分散してしま
うので、防除は容易ではない。数週間前に散布され、駆除されたとみられるバッ
タ成虫の死骸が、沙漠のいたるところでみられた。殺虫剤のついた死骸は他の
生物に食われることなく、そのまま砂の上で乾燥していた。それらのバッタは
形態的には、まだ孤独相と区別がつかなかったが、体色はすっかり黄化してい
た。これは、彼らが低密度下の環境で孤独相として成長したが、成虫になって
からある一定期間、混み合いにさらされていたことを物語っていた。当時、国
際テロ組織アルカイダの活動が活発となり、隣国のアルジェリアとの国境近く
の防除には、神経をとがらせていた。当時のセンター長だったバーバさん（Bahba
Ebbe, M. A.; 図6D）によると、その年は、防除隊の努力もあって、さらなるバッ

タ集団の拡大はみられな
かった。これは、大発生が
おこる前に、群生相化した
集団を抑えることを目的と
した予防的防除の成功例と
いえるかもしれない[10]。

　バッタの襲来をうけた地
域で人々が困惑する光景
が、頻繁にニュースで映し
出された。人々は、鍋をた

図7　手動による農薬の散布。（FAO / Petterik Wiggers）

たいて音で成虫を追い払ったり、土から卵鞘を掘りおこして焼き殺したり、畑
沿いに掘った溝に幼虫を追い込んで退治したり、さまざまな伝統的な方法でバッ
タに対抗した。しかし、2020年のように大発生してしまうと、できることはか
ぎられる。広大な面積にわたって繁殖した成虫集団はあまりにも数が多く、多
少農薬を散布したとしても、ほとんど効果が期待できない。東京ドームの屋根
を色鉛筆で塗りかえるようなものである。できることは二つだ。一つは農地周
辺を集中的に防除して農作物を守ること。もう一つは幼虫集団を防除して、次
の成虫群の移動をくい止めることである。散布は、人力（図7）、自動車そして
小型飛行機（図8）を使って行う。最近は、ドローンを使ってバッタの発生数
をモニターしたり、農薬散布する試みもはじまったようである。大型ドローン

図8　小型飛行機による散布。（FAO / Sven Torffinn）

を開発すれば、自動車では到達困難な地点にも殺虫剤を効率的に散布できる。しかし、大量の燃料を積まねばならず、法律的な問題もあって実現は簡単ではないようである。

　殺虫剤は化学合成農薬とバイオ農薬がある。化学合成農薬は有機リン系のマラソンなどが主で、速効性があり、安価で、大発生時には広く使われている。有機リン系殺虫剤は、ヒトや他の動物が共通してもっている神経系のコリンエステラーゼを阻害するので、安全とはいえない。自然公園や放牧地などで、農薬の残留性が心配されている。しかし、大量発生したバッタ集団を防除するには、即効性のあるこれらの殺虫剤を使わざるをえないのが現状である。そのような状況で、FAOやアフリカの研究機関では、安全な散布方法について検討してきた。たとえば、幼虫の群れ全体に散布するかわりに、群をはさむように2列、帯状に草原に殺虫剤をまいて、その間は散布しない方法である。散布する殺虫剤の量ばかりでなく、作業量も最小限にとどめることができる。散布された草を食べたバッタは、効果的に防除される[11]。

　一方、昆虫糸状菌メタリジウムを使ったバイオ農薬は安全だが、目にみえる効果があらわれるまでに2週間くらいかかることに加え、比較的高価であることから国立公園や発生初期の幼虫の防除に使われている。デストラキシンという毒がバッタを殺すことがわかっている。これはバッタだけに特異的に効いて、バッタの天敵である鳥、ハ虫類、寄生バチ、寄生バエそして他の節足動物に直接的害はない。以前は、乾燥地に散布される糸状菌は活性が低く、効果的な防除手段とはいえなかった。しかし、油性製剤の開発などによって、その問題は克服され、散布機を含む散布方法も大幅に改善されている。FAOは、これらの殺虫剤を購入し、必要な国に配布している[11]。最近では、オーストラリアやアフリカで商品化され、バイオ農薬がよく使われるようになってきたようだ。

　FAOでは、大発生に対する防除の一環として、防除作業のモニタリングも行っている。これは化学者、生物学者、農学者、医学関係職員などによる組織で、防除職員とは独立して活動している。主な仕事は、殺虫剤処理の質と効果の評価、バッタ以外の生物への影響などの環境リスクの査定、現地の人々へのリスク査定、防除スタッフの健康チェックそして残留農薬のサンプリングである。また、FAOは農薬散布の作業員や指導者の育成にも貢献している[11]。

　アフリカや中東地域の問題は治安と貧困である。発生場所が特定されても内戦や戦争のために、そこに行けなければ防除はできない。武装ゲリラや地雷も

障害になっている。また経済的に貧しい国々では、バッタが農地と無縁な広大な沙漠で大繁殖した場合、その場所に到達する道路もなく、防除する手段も余裕もない。そのような地域での発生が大発生のきっかけになる可能性がある。

1.5.　大発生の終息

　今回のサバクトビバッタ大発生が、いつ終息するのかを予想するのはむずかしい。東アフリカでは 3〜6 月は少雨季が訪れ、作物の栽培と収穫期となる。2020 年、ケニアではその季節に予想通り雨が降り作物には好適な環境となったが、同時にバッタの食料となる草の生育をうながし、大量にふ化した幼虫と若い成虫の群れをいっそう勢いづかせた。3 月に、FAO は防除が効率的になされなければ、6 月までにサバクトビバッタの数は 400 倍に増殖すると、警告した。産卵の準備ができた成虫集団が移動すれば、周辺国への被害は一層深刻なものになると予想した。

　すでに述べたように、東アフリカとアラビア半島沖のインド洋の海面温度は、以前にくらべ高く推移しており、短期間で低下する見通しはたっていない。それが長くつづけば、大雨やサイクロンが再び頻発する可能性があり、それはバッタの食料である植物の生育を助長するであろう。もしそうなれば、夏世代と秋世代の繁殖と増殖がたもたれ、短期のうちに終息する可能性は低くなる。一方、大雨が群生相化した群れを消滅させることもある。1893 年にインドで異常なほどの大雨がふり、卵、幼虫そして成虫が大量に死んだ。残ったバッタは、そのあと孤独相にもどっていった[5]。東アフリカでは、引きつづき注意が必要だ。

　生物の生存はさまざまな

図 9　(A) 糸状菌などに侵されたサバクトビバッタ（文献[11]より転写）、(B) トノサマバッタ（2007 年関西空港にて）と (C) タイワンツチイナゴ（2006 年伊平屋島にて）。

要因によって影響をうける。大雨はバッタの餌である草の生長を促すかもしれないが、次の大雨の前に干ばつがくれば、草は枯れて、バッタは餓死してしまうだろう。沙漠に草が繁茂しつづけるだけの雨が降りつづけば、天敵や糸状菌が蔓延するかもしれない。わが国でも、雨との関係は不明だが、大量発生したトノサマバッタやタイワンツチイナゴが昆虫疫病菌に集団感染して、個体数が激減したという例は知られている（図 9）。

1.6.　国際社会にできること

　まず遠い国でおこっている天災とも呼べる、この深刻な出来事に耳を傾けることが重要である。日本にとっても、それほど無縁な国々ではない。次に FAO などのバッタと闘っている機関への資金援助と、生活の糧を奪われた人々への人道的支援が急務となる。FAO が今回の大発生の対策に必要としている予算は約 140 億円だが、支援金は十分に集まっていない。不運なことに、新型コロナウイルスのパンデミックが同時におこり、国際社会の関心がバッタ大発生に向きにくい状況が生まれた。

　外務省によると、日本政府はバッタ被害に対して、東アフリカのケニア、ソマリア、ジブチへ、2020 年 3 月に約 8 億円の緊急支援を決定し、6 月には南スーダン、スーダン、ウガンダへ国際連合世界食糧計画（WFP）を通して食料の配布や生活支援などのために約 5 億円を拠出した。ちなみに、WFP は紛争や自然災害などの緊急時に食料支援を届けるとともに、途上国の地域社会と協力して栄養状態の改善と強い社会づくりに取り組んでいる団体で、その功績が認められ 2020 年のノーベル平和賞が授与されている。

　新型コロナウイルスの蔓延によって、防除の専門家、農薬や散布する機材などの移動が大きく制限され、効果的な防除が阻まれた地域も少なくなかったようだ。それは誰しもが想定しえなかった悲劇的偶然だったのかもしれない。しかし、この想定外を教訓にして、人の命と食料を守るために、国際社会が積極的に対策をこうじることが重要になってくるだろう。

1.7.　サバクトビバッタの生態：　変身するバッタ

　ここからは、大発生に関連したサバクトビバッタの生態について紹介したい。好条件がつづいてサバクトビバッタの数が増えると、混み合いが生れる。数が増えなくても、孤独相成虫が風によって吹きよせられたり、まばらに棲息する

植物に集まって、混み合いができることもある。混み合ってくると、それまで遭遇しても、たがいを避ける習性を示していた孤独相バッタが、たがいにひかれ合って集まるようになる。これは行動にみられる群生相化である。若齢幼虫では、1㎡あたり5〜15頭になると、その集団の幼虫は体色と行動が変わりはじめる。たとえば、孤独相の3齢幼虫を複数の幼虫がはいった容器に2日いれておくと、他のバッタに近づこうとする集合性がみられようになる[4]（第3章3.2.参照）。体色の反応はもっと敏感だ。8時間の混み合いを経験するだけで、つぎに脱皮した後に、黒い斑紋が顕著にあらわれる。この現象については、第4章（4.5.）でくわしく述べる。幼虫が黒くなるのは、脳から分泌されるコラゾニンという脳ホルモンが作用するからである。この脳ホルモンは、私たちが1996年にケニアのナイロビにある国際昆虫生理生態学センターで手がけた、サバクトビバッタの体色に関する研究[12]が発端となり、1999年に化学構造が決まり[13]、2015年にその遺伝子の解明にたどりついた[14]（第5章5.4.参照）。

1.8.　相変異、提唱100年

　混み合いによって行動や体の色や形などに連続的な変化がおこる現象を、相変異という。上述したように、さかんな増殖によって混み合いが生じ、それがきっかけとなって幼虫が大群で行進し、成虫が群れで飛ぶようになる。この状態の群生相バッタが作物に大きな被害をもたらすのである。相変異はバッタの他にも、ヨトウムシ類やオオスカシバなどでも知られている。これらの幼虫では、混み合い状態で育つと黒くなる傾向がある。アワヨトウでは、混み合い条件で育った幼虫は、単独飼育したものよりも、飢餓状態での生存能力が高い[15]。

　バッタの相変異現象を、はじめて世界に知らしめたのはウヴァロフ卿である（図10）。彼は1888年に現在のカザフスタン共和国で生まれ、レニングラード大学（現在のロシア、サンクト

図10　バッタ学の創設者ボリス・ウヴァロフ卿（Sir Boris P. Uvarov）。（2021 © Copyright National Portrait Gallery）

ペテルブルク大学）で生物学を学び、その後、農業局や大学でバッタの研究を行った。しかし、1917年のロシア革命によりソビエト連邦が樹立し、政情が不安定化し、ウヴァロフは1920年にイギリスへ逃れ、以後、イギリスでバッタの研究に没頭した。当時、トノサマバッタの孤独相と群生相は、それぞれダニカ（*Locusta danica*）、ミグラトリア（*L. migratoria*）と呼ばれ、別種とされていた。しかし、これらは別種ではなく、混み合いによってひきおこされる、連続的な種内変異であることを、ウヴァロフが指摘した。その根拠となった他の研究者らの研究結果や、自らの観察結果をまとめ、今からちょうど100年前の1921年に相変異理論（相理論）を提唱した[5]。孤独相と群生相の用語も、そのときに彼がつくった。孤独相成虫は英語で solitarious adult と書くが、'solitarious' は造語で、'孤独相の 'という意味にあてた。孤独相成虫が混み合いにさらされた場合に、crowded solitarious adult（混み合った孤独相成虫）と表現するが、これは、今は混み合った条件にさらされているが、孤独相として育ったバッタであることを意味する。本来の単独あるいは孤独を意味する形容詞（solitary）を使って crowded solitary adult（混み合った単独成虫）と書くと、混乱を招くからである。

　1928年に、ウヴァロフは「Locusts and Grasshoppers」というハンドブックを著し、その中で、相変異はサバクトビバッタにもみられる現象であることを記した。彼は、後にイギリスに創られたバッタ対策研究センターの所長として活躍し、退職後は FAO でバッタ対策に貢献した。大著「Grasshoppers and Locusts」二巻を1966年[16]と1977年[5]に出版し、「バッタ学」を創設した。ウヴァロフは1970年に82歳で亡くなったため、彼の原稿を基に研究センターが6年の歳月をかけて第2巻を出版した。その研究センターは、重要な成果とともに、多くのバッタ研究者に影響をあたえた。

　そのひとりであるペナー博士（Pener, M. P.）（図11）は、イスラエルの大学でバッタ研究を進め、過去半世紀にわたりバッタの相変異に関する生理学的研究成果を10年ごとにまとめ、ていねいで示唆に富んだ総説を出版してきた。彼の多くの原著論文と総説[17]は、近代バッタ学の進歩に大きな貢献をもたらしている。

図11　近年バッタ学の最大貢献者の一人、エルサレムのヘブライ大学のペナー博士（Professor M. P. Pener）。（M. P. Pener 教授の好意による）

1.9.　群生相幼虫の特徴

　大発生すると、黒い幼虫の大群が植物上に群がったり、地面を行進する光景がみられる。若齢のサバクトビバッタ幼虫である。彼らは老齢になると、黄色っぽくなる。孤独相幼虫の若齢は緑色か薄茶色が多いが、老齢幼虫では背景色に似た体色になる。群生相の老齢幼虫は温度によって体色が変化する[18]。40℃前後の高温で飼うと、黒い模様はわずかとなり、幼虫の体は全体的に黄色になる。一方、30℃くらいで飼育した幼虫は、黄色の部分が少なくなって、黒っぽくなる（口絵 –Ⅳ（11）；第4〜6章参照）。

　沙漠では日中の地表温度が50℃以上になることもある。行進している幼虫の体温は25〜44℃である。実験室で調べると、幼虫は44℃以上で動けなくなるという報告がある一方、沙漠の地表温度が58℃であっても幼虫の大行進がみられたという観察がある[5]。長い脚で地面から体との距離をたもち、すばやく動くことで、体を冷やしながら歩いているのだろうか？この謎はまだ解けていない。

　行進する幼虫の群れを、先導するリーダーはいない（図12）。朝は日光浴をして、まず体のウォーミングアップをする。体を太陽の方向にかたむけて熱吸収を高める。体が温まったバッタが動きはじめると、他のバッタもそれにした

図12　サバクトビバッタの終齢幼虫は沙漠の高温で黒斑紋が抑制され黄化する。（FAO EMPRES）

がい、行進がはじまる。強い集合性によって、群れからはなれたバッタは、すぐにもどる。これには、視覚と集合フェロモンが重要な役割をはたしている。たがいに触れあって、つねに刺激しあうことで集合性が強化される。あるバッタがはねると、べつの複数のバッタがはね、さらに多くのバッタがはねる。そのようにして行動が同期化され、兵隊の行進のようにみえる。進行方向は風向きに、かならずしも影響されないようだ。風の方向とはかかわりなく、数日間同じ方向に行進がみられた、という報告もある。風速も重要なので、それを考慮した、さらなる研究が必要だろう。植物の匂いや姿にたいしては、選択的に反応するようだ。興味深い観察がある。トノサマバッタも大発生すると群生相化して集団で行進する習性がある。行進中のあるサバクトビバッタの群れに、トノサマバッタがまざっていた。行進中の群れの前方にトノサマバッタの食草があり、そこでトノサマバッタは行進をやめて草を食べはじめた。しかし、サバクトビバッタはそのまま行進をつづけたという[5]。

　夕方になると集団の先頭集団が歩行をやめ、後につづくバッタたちもそれにならい、最終的に大きな集団ができて行進は止まる。植物や岩の上や下に群がって休む。行進の停止には、温度の低下がシグナルになっている。一日に移動する距離は、幼虫の大きさによってことなり、若齢幼虫では数mだが、終齢幼虫になると最長1.6kmも移動し、幼虫期間中の総移動距離は約30kmにも達する[5]。なんのために、そんなに歩くのかについては、あとで考えてみたい（1.13.）。

1.10.　群生相成虫の特徴

群飛　成虫になると集団で草や木の葉を食べ、群飛して移動する。比較のために、孤独相成虫について少しふれておく。彼らは、交尾するとき以外は単独で行動する。飛翔するのは、おもに夜間である。孤独相成虫も、繁殖前には分散のために移動する時期があり、風にのって長距離飛翔するようだ。夜間に飛ぶのは気温が低いので適さないのだが、昼間飛べば鳥などの天敵にねらわれやすいので避けているのであろう。20〜24℃が飛びはじめる最低温度だといわれている。飛びはじめると体温が上昇することから、19.5〜33℃の範囲で飛翔可能となる。群生相にくらべ、孤独相が棲む分布範囲がせまいのも、夜の飛行にあると考えられている。20℃以下では飛べないことから、飛ぶ時間も範囲もかぎられてくるのだ。マリとニジェールのサハラ・サヘル沙漠で25000km²の面積に、孤独相成虫がとつぜん飛来したことがある[5]。平均すると5000m²あたり1頭と

いう計算になったが、バッタの分布は餌植物ハマビシやアブラナ科の *Schouwia* の群落のある地域にかたよっているので、じっさいには、100㎡あたり 1〜50 頭という見積もりとなった。孤独相は自分の棲息地に引きこもり、あまり動かないというイメージが一般的かもしれない。それは隠蔽色を呈する幼虫にはいえるが、繁殖前の成虫は飛んで分散する。だから先入観をもって孤独相を探索すると、なかなかみつからない。彼らの棲息地は不安定で、雨量の年変動や、1 回の砂嵐でとつぜん餌となる植物が消えてしまうことだってあるだろう。1 カ所にとどまるのは得策ではなく、リスクを分散する意味でも、飛翔による分散は孤独相にとっても重要な行動となっているのだろう。

　群生相成虫は、夜ではなく昼間に飛ぶ。大集団で飛ぶバッタにとって、天敵からの攻撃は痛くもかゆくもないだろうし、視覚は群飛の維持や餌植物の探索そして着陸場所の選択に重要な役割をはたす。午前中は日光浴をして体をあたため、翅をバタバタと開閉させて筋肉をあたためる。体温が 24℃ 以上になると、準備完了だ。一部の成虫が飛びはじめ、他のバッタがそれにつづいて、大空に舞いあがる。その光景は、まるで流れる雲のようである（図 13）。飛翔高度は数十 m で、高くても 100m 以下が一般的である。これも体温を下げないための対策になっているのだろう。

　群飛中の群生相バッタは独特の行動パターンをみせる。横からみると、ちょ

図 13　サバクトビバッタの成虫が雲のように群飛する光景。（FAO EMPRES）

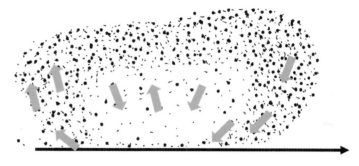

移動の方向

図14　サバクトビバッタ成虫の群飛形成。成虫は、離陸すると上昇し、群れの前方に移動し、先頭にたっすると下降する。群れが通過すると、地面に降りたバッタは再び離陸し、上昇、前方への移動をくり返す。

うどブルドーザーのキャタピラーのように回転するように動くのだ（図14）。群れの上部のバッタは前方に到達すると、風にむかって滑走するように降下してゆき、最後は地表に降りる。仲間が通過して行くころ、ふたたび飛びたち、群れにもどる。このパターンは、風速と湿度と関連しているようで、風がおだやかで湿度が高い日には、離陸せずに飛びつづけるようである。気温によっては、地上数百 mにも達する場合もある。風速しだいでは一日に150〜300キロメートルも移動することがあるといわれているが[2]、強風のときは飛ばない。紅海の東西を飛んで移動する光景は頻繁に記録されている[5]。その距離は300kmにおよぶ。群れのバッタが性成熟してくると、着陸は頻繁になる。草をたべて、卵を産むからである。

長距離飛翔　1988年、当時西アフリカでサバクトビバッタが大発生し、群れの一部が大西洋をわたって約4500km離れたカリブ海の島にたどり着いた、という記録がある。これはフロリダ大学の昆虫の記録を記した本によると、長距離移動記録No.1である[19]。西アフリカとカリブ海の島との間には島も陸地もない。これは全行程を飛んで移動したことを意味する。もちろんサバクトビバッタが連続して飛びきったとは考えにくい。ジェット気流によって6日で渡ったという説もあるが、ジェット気流の高さは地上10km以上で気温も低く、バッタが連日飛翔しつづけるのは困難と思われる。もう一つは、疲れた大群は海に不時着し、休んではまた飛び立つ行動をくり返した、とする説である。その場合、はじめに不時着したバッタは海水に溺れてしまったのだが、海面に浮いたバッタの死

骸を、いかだがわりにして休憩をとり、死骸の一部を食べエネルギー補給をしながら、一部のバッタがなんとか島にたどりついた、と説明されている [20]。じっさい過去にも、西アフリカから群れが大西洋上を飛翔したときに、海路をおおうように大量のサバクトビバッタの死骸が海面に浮いていた、という記録もある [5]。

長距離飛翔の仕組み　バッタが長距離飛翔する秘密は、そのエネルギーにある。バッタを含むほとんどの昆虫の血糖はブドウ糖ではなくトレハロースである。トノサマバッタやサバクトビバッタでは、短距離の飛翔にはトレハロースが筋肉の活動のエネルギー源となる。しかし、飛翔開始後短時間でトレハロースは枯渇してしまう。すると脳と神経でつながっている側心体という器官から脂質動員ホルモン（AKH）というペプチドホルモンが分泌される。このホルモンが、ヒトでは肝臓に相当する脂肪体に作用すると、脂肪消化酵素リパーゼが活性化されて脂肪（ジアシルグリセリド、DG）が体液中に放出しはじめる。DG はエネルギーを必要とする筋肉やその他の組織に送られ、エネルギーとなる脂肪酸を供給する。糖と違ってコンパクトでエネルギー量が豊富な脂肪は、昆虫のような小さな生物の飛翔には優れたエネルギー源となる。

　ほとんど水である体液の中を、どうして DG のような脂質が移動できるのか？体液中の DG はタンパク質と脂質が結合してできたリポタンパク質によって包まれ体液中を移動しているのである。これは哺乳類と似ているが、昆虫ではこのリポタンパク質が何度も脂肪体と各組織をシャトルとして運搬役を担うので、哺乳類のように中性脂肪を運搬するたびに壊されることはなく、きわめて効率的な仕組みとなっている。これを発見したのは元北海道大学の茅野春雄教授だった [21]。後に、このリポタンパク質はリポフォリン（脂質の運び屋）と名づけられた。リポフォリンは AKH の作用により脂肪体から DG を積み込むことがわかっている。同様の仕組みはコオロギなど他の昆虫でもみられる [22]。

羽化と繁殖　群生相のもうひとつの特徴は、そろって成虫になることである。孤独相は 5 回か 6 回脱皮して成虫になるが、群生相では 5 回脱皮すると成虫になる（口絵−Ⅰ (1)）。群生相幼虫はふ化したときに孤独相幼虫より大きく、6 齢幼虫にはならないのだが、野外では孤独相の発育期間とあまり差はない。群生相幼虫が集団で行進する時間が長く、同時に大量のエネルギーを消費するから

だ、といわれている。実験室では、運動する空間が小さいので、集団でバッタ
を飼育すると、単独で飼育するより、速く成虫になる。

　群生相成虫は孤独相より早く卵を産みはじめる。これはトノサマバッタと逆
である[17]。サバクトビバッタの群生相のオス成虫は成熟してくると、若い成虫
の性成熟（メスでは卵発育、オスでは交尾行動のはじまり）を早めるフェロモ
ンを放出する。一方、幼虫と若い成虫は、他の成虫の性成熟を遅らせるフェロ
モンを出す。野外では、群れの中のバッタの発育は、どうしてもばらついてし
まう。これらのフェロモンの効果によって、早く羽化した成虫は性成熟を遅らせ、
遅く羽化した成虫は性成熟を速めることになり、群れの中のバッタの性成熟は
そろうよう作用すると考えられている。

　集団の中でサバクトビバッタのオスはメスの獲得のためにし烈な闘いをみせ
る。ところが、オスがメスの上にマウントしているときに、他のオスたちは邪
魔しようとしない。この謎はドイツのフェレンツ（Ferenz, J. H.）らによって解
明された[23]。群生相オス成虫はPAN（フェニルアセトニトリル）とよばれる
フェロモンを前翅などから出す。このフェロモンには2つの役割がある。1つ
は、混み合った中で他のオスからの性的アプローチ（ホモセクシャル行動）を

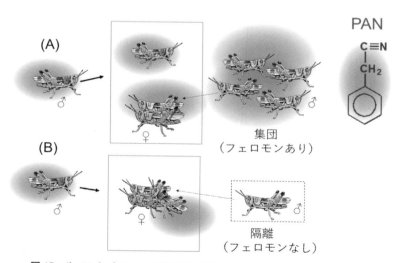

図15　サバクトビバッタの群生相オスはPAN（フェニルアセトニトリル）
というフェロモンを放出し交尾したメスを他のオスからガードする（A）。
孤独相のオスはPANを出さないので、メスへのマウント中に他のオスに
よって邪魔される（B）。（Hans-J. Ferenz教授の好意による）

防ぐ。このフェロモンを出すオス個体にたいして、他のオスは間違えて交尾を
しようとしなくなる。実験的に、このフェロモンを出さない孤独相オスを提示
すると、孤独相オスはマウントされてしまう。もう 1 つの機能は、メスにマウ
ントしているときに、オスはこのフェロモンを出してメスを奪われないように
することである（図 15）。私はモーリタニアの沙漠で、そんな光景を目撃した
ことがある。交尾集団内で、マウントした雌雄のペアに対して、他のオスが素
通りしていったのだ [10]。サバクトビバッタは、産卵前の最後に交尾したオスの
精子が使われるので、このようなフェロモンへの反応と行動が進化したと考え
られている [23]。ちなみに、トノサマバッタでは交尾前にオスが長時間メスにマ
ウントし、交尾後にオスはメスから直ぐ降りる [24]。サバクトビバッタのような
フェロモンはないと思われ、オスどうしがしばしばホモセクシャル的な交尾行
動を示し、飼育下では、時には 1 頭のオスの背中に何頭ものオスが乗っかるこ
ともある。

　群生相のメスは、1 回に 80 卵くらいつまった卵鞘を地下 10〜15cm に産む。集
団で産卵する性質があり、これにも集合フェロモンが重要な役割をはたしてい
る。私は、モーリタニアの沙漠で群生相化した成虫が、夜間も集団で産卵する
のを目撃したことがある。そんな行動を可能にしているのが、このフェロモン
なのだろう。夏には約 4〜6 週間の寿命のあいだに、平均 3 回ほど産卵する。ち
なみに、孤独相では 1 卵塊当たり 120 卵くらい産むが、卵は小粒となる。大き
な卵からふ化する群生相幼虫の体は、孤独相の 2 齢幼虫くらいの大きさで、多
量の養分をたくわえている。水以外なにもあたえないと、群生相幼虫は孤独相
幼虫より 20〜50%、生存時間が長い [5]。

　このようにサバクトビバッタは混み合いに反応して、群生相化し、まさに「大
繁殖マシーン」へと変身するのである。しかし、強調しておきたいのは、大発
生の原因は相変異ではない。数が増えて混み合いが生じた結果、相変異がみら
れるのである。相変異を示さないのに、人の生活に深刻な影響をおよぼすほど
の大量発生をみせるバッタやイナゴは、決して珍しくない。2020 年に中国東
北地方で大発生したクルマバッタモドキ属のモンゴルイナゴや、ラオスで大
量発生し雲南省に飛来したトノサマバッタ亜目の 1 種（*Rammeacris (Ceracris)
kiangsu*）（口絵 –Ⅷ（26））も相変異は示さないし、日本でかつて猛威をふるっ
たことのあるハネナガフキバッタ、ヒゲマダライナゴ、コバネイナゴも同様で
ある。

1.11.　大発生と繁殖地の移動

　大発生時のサバクトビバッタの繁殖と移動パターンには、季節性がある。それは雨量の少ない沙漠に雨が降る季節と、おおかた一致する。3つの繁殖シーズンがある（図16）[5]。

　夏（7月〜9月）の主な繁殖場所は、アフリカ大陸ではサハラ沙漠の南にある半沙漠地帯のサヘル沙漠で、西はセネガル、モーリタニア、マリ、ニジェール、チャド、スーダン、エチオピアである。また、アラビア半島の紅海沿岸とパキスタンと北西インドでも夏の繁殖がみられる。成虫になる頃には雨量が少なくなり、乾燥してくる。アフリカ大陸では西風にのって東から西への移動がみられる。群れは大西洋からの風におしもどされ、たいがい海に向かうことはなく、南と北に移動する群れにわかれる。南下した群れは、風にのってもとの繁殖場所にもどされる。北上する群れはモロッコ、アルジェリア、チュニジア、リビアへと移動する。パキスタンとインドで羽化した群れは、アラビア半島や東アフリカまで移動する場合がある。

　冬（10〜2月）の繁殖地は、サハラ沙漠の西側と紅海沿岸にみられる。春（2月〜6月）はアフリカ北部と東アフリカの少雨期が主な繁殖場所になる。アラビア半島とイラン、パキスタン、インドでも新世代がうまれる。アフリカ北部

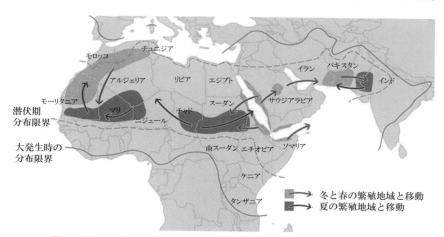

図16　サバクトビバッタの繁殖地。夏（7月〜9月）の主な繁殖場所と冬（10〜2月）と春（2月〜6月）の主な繁殖場所を示す。東アフリカからは冬世代が南下し、赤道を越えてタンザニアにまでとどくことがある。春には、北上してケニアやソマリアに移動する。（文献[11]より許可をえて掲載）

からは南への風にのって、サヘル地帯への移動がおこり、そこで夏に繁殖する。東アフリカからは冬世代が南下し、赤道を越えてタンザニアにまでとどくことがある。春には、北上してケニアやソマリアに移動する。

　これらの移動パターンは、風によって影響されるので、年によって大きなばらつきがある。今回の大発生では、西アフリカへの群飛はまだ報告されていない。風下には湿った環境があり、繁殖に適した場所にバッタがたどりつく確率が高い。群飛によってサバクトビバッタは、1シーズンあたり2000〜3000km移動し、大陸の横断または大陸間のダイナミックな移動サイクルをつくりあげている。このパターンは固定されたものではなく、上述したように、今回の移動パターンとは違っていた。

1.12.　サバクトビバッタの天敵

　他の昆虫でもいえるように、サバクトビバッタには多くの天敵がいる。卵を食べるのは、クロバエ、タマバエ、エンマムシやコガネムシ類の幼虫である。これらの幼虫の活動は、大発生したときのようにバッタの卵がたくさんあるときだけにみられ、局在化している。ふつうは、これらの天敵は地中の腐食物や植物の根などを食べている。乾燥している土壌では数も少ない。したがって、大発生時の卵への影響は限定的である[5]。

　若齢幼虫の死亡率は非常に高い場合がある。ある野外調査によると、30万頭のふ化幼虫は、羽化するまでの間に、99.97%が死亡した。そのうち天敵による死亡は23%だった。そのうちの40%は、最強の天敵、ニクバエ（*Blaesoxipha agrestis*）によるものだった。ニクバエは卵胎生で、成虫はバッタの幼虫や成虫の体にウジをうむ。ウジはバッタの体内に侵入し、養分を吸収して育つ。生長すると、バッタの首のあたりから出てきて、土の中で蛹になる。鳥、トカゲやクモの捕食は、ほとんど重要な役割をはたさなかったようだ。別の報告によると、16000頭までの小規模な幼虫の群れは、鳥をひきつけやすく、壊滅的な攻撃をうけることがあるという。この規模をこえると、天敵の影響は小さくなる。一方、成虫の群れには、コウノトリやハゲタカをはじめ多くの鳥たちが、一緒に移動している。しかし、数千万頭からなる大きな群れでは、つねに無数の鳥による捕食がみられたにもかかわらず、バッタ集団への影響はほとんどなかった。

　これらの天敵の他に、バッタの体内にはいって卵生産を減少させる線虫や微生物の天敵も知られているが、バッタ集団への影響は小さい。菌類は乾燥した

環境では、寄主のバッタには感染しにくく、影響力は小さい。

　大発生したときのサバクトビバッタは、天敵をものともしない勢いがある。

1.13.　バッタはなぜ大移動するのか?

　サバクトビバッタの幼虫が集団で移動するのは、おもに餌を求めて移動せざるをえないからであろう。バッタの食欲はものすごい。混み合ってくれば、たちまち草はなくなってしまう。成虫も幼虫も移動するのは当然だ。しかし、なぜ、ばらばらに分散しないで集団で行動するのだろうか?

　幼虫の移動:　まず幼虫について考えてみよう。もし分散したら、幼虫は沙漠の棲息地一面にみられるようになる。これは鳥や他の多くの捕食者の餌食になるリスクを上げるにちがいない。集団で移動しても、捕食者から完全に逃れることができるわけではない。集団でいることのメリットとはなんだろうか。

　たとえば帯のように連なって移動する幼虫の群れは、鳥にとっては驚異にみえるのかもしれない。幼虫は行進中に暑い沙漠環境にさらされるので、黒い斑紋が薄れ、鮮やかな黄色に変化している。温度に対する敏感な反応から推察しても、黒化が薄れるのは、熱吸収を和らげる反応と考えられる。アルカロイドなどの毒をふくんだ植物を食べる幼虫にとって、黄色の体色は鳥などの捕食者に対する警戒色になっている可能性がある。警戒色は集団になると、効果が強化されるということが、他の昆虫で指摘されている。しかし、上述したように、群生相の大群にとって天敵の影響はほとんどないはずである。この群生相の体色の意義については、第4章(4.7.)でくわしく論じる。

　熱帯の森林で、なにも食べずに10ヶ月も集団でじっとしているテントウムシダマシがいる。彼らは強い集合性を示し、集団でいることで集団中の安定した湿度環境をつくり、代謝率をさげ、省エネをはかっている[25]。サバクトビバッタも集合して休むので、似たような集合のメリットがあるのかもしれない。私の予備実験ではあるが、1、2、6頭の終齢幼虫を水なしで小さなカップにいれ、2日後に体重を測定したところ、6頭の集団幼虫は1あるいは2頭でおいたものより体重の減少率が低かった。

　満腹になった幼虫たちが行進をやめるわけではないので、空腹を満たすだけに行進しているわけではない。この行動は、実験室でもしばしば観察できる。ケージの中で、餌には目もくれず、さかんに歩き回る行動がみられる。やはり、餌

不足からパニックになっているわけではない。観察していると、なにか衝動にかられたような動きにみえてくる。じっさい、そう表現する研究者もいる。そのような行進の衝動は、目の前の餌を食いつくすのではなく、ある程度広い面積にわたって資源を利用するための適応につながっているのだろう。また、捕食性昆虫や寄生性昆虫から、逃げる効果もあるにちがいない。移動することで、菌類などからの感染からのがれる効果もあるだろう。もしそうだとしたら、群生相幼虫が広範囲に行進する理由は、幼虫の集団餓死や病原菌感染を避けるための適応といえるかもしれない。

　成虫の移動：　上述したような移動することのメリットについては、成虫でも同じことがいえるのだろう。しかし、群飛することのメリットとはなんなんだろうか。この行動がサバクトビバッタの特徴でもあるので、なにかしらの適応的メリットがあるはずである。混み合った棲息地を離れて、分散し、到達した先で子孫を残すことなく死に絶えるとしたら、群飛という行動は淘汰されてしまうはずである。

　昆虫の移動様式は大きく分けて2種類に大別できる。1つは餌の探索や交尾相手の探索、産卵などのための成長や繁殖にかかわる単純移動。もう1つは、そこにとどまると将来生存や繁殖に不利になるので、棲息地を離れ、新天地を探すための分散移動である[26]。多くの昆虫は、繁殖をはじめると、分散移動はしなくなる。養分と時間をもっぱら繁殖にかたむけるためだ。しかし、サバクトビバッタは移動と繁殖をくり返すめずらしい昆虫の一つである。

　沙漠は、不安定で、将来の予測がむずかしい環境である。すでに述べたように、孤独相の若い成虫も繁殖期の前に、活発な飛翔移動をみせる。1974年にチベットの山岳地帯で発見されたサバクトビバッタは孤独相だった[6]。繁殖前は、生殖腺が未発達なので体が軽い。卵生産がはじまる前なので、蓄えたエネルギーを飛翔にまわすのだ。また、移動先でよい新天地がすぐにみつからなくても、体に蓄えた脂肪があるので、すぐには餓死しないですむ。分散するには、繁殖前がいちばん合理的な時期なのである。モーリタニアの沙漠のど真ん中で、自動車のヘッドライトをつかって夜間採集をしたことがある。そこにも孤独相の成虫が1頭近くにやってきた。飛翔による分散移動は、サバクトビバッタや他の昆虫でもふつうにみられる現象なのだ。ヘッドライトの明かりにはガ類をはじめイナゴ類、カマキリ、ウスバカゲロウ、フタホシコオロギやイエコオロギ

図 17　モーリタニアの沙漠で夜間、灯に集まってきた昆虫。左上からカマ
キリ、イエコオロギ、ノコギリカミキリ。下左からショウリョウバッタ、
イナゴの 1 種、ヒヨケムシ。

などが飛んできた。そして、それらを捕食しに来たヒヨケムシも集まってきた（図
17）。沙漠の昆虫相の豊かさと多様性をはじめて目の当たりにして、えらく感激
したのを覚えている。

　群れで移動する短期的なメリットは、なんだろうか？集団でいると、排泄物
の量もかなりなものになり、おおぜいで呼吸することで湿度があがれば、菌類
の繁殖もさかんになるだろう。不衛生な環境から逃れることは、生存上の大き
なメリットだ。糞の混ざった砂が産卵に適さないばかりか、卵の生存にも悪影
響があることも、最近の私たちの研究でわかってきた（第 9 章参照）。

　群生相が風にのって大移動すれば、その途中でも移動先でも、死んでしまう
リスクはある。それでも群飛するということは、そのリスクを上回るメリット
があると理解するほうが自然であろう。2020 年に 70 年ぶりにサバクトビバッ
タの群れがケニアに到達したが、ケニアのステップやサバンナには、このバッ
タはふつうみられない。大発生したときにだけ、南下してきた成虫集団がケニ
アを襲うのである。2020 年には、さらに南下してタンザニアにも成虫の群れは
とどいた。それらの集団の一部の子孫は、再び北上して、元の分布圏にもどっ
ていった。しかし、新天地に残ったバッタは、しだいに消えていくのだろう。
気候の変化に加え、そこに棲息している天敵や在来種との競争が、多くの侵入

者にとっては高いハードルとなるからだ。ある調査によると、西アフリカで、降水量が200〜300mmの場所では、サバクトビバッタの群れが産んだ卵の死亡率が80%だったという。肉食性の甲虫類がほとんど卵を食べつくしていた。それが75〜100mmの場所では、6〜19%だった。わずかしか雨の降らないサハラ沙漠では0%だった[5]。

　しかし、長期的な気候変動や、それにともなう植生の変化がおこれば、侵入者が定着できるチャンスが生まれるだろう。日本でも、温暖化にともなう生物の北上や、新たな定着とみられる例が報告されている。以前は、迷チョウといわれマニアの間で珍重されていた種が、今では本土に定着している例も少なくない。生物は移動というチャレンジをやめない。一見無駄としかみえない行動も、わずかなチャンスがあれば、将来むくわれることもある。言い換えれば、そのようなチャンスにめぐまれた個体が、新天地をきり拓き、現在の棲息分布をつくっている。サバクトビバッタでも、そのようなわずかなチャンスが、群飛といった行動の進化と維持につながっているに違いない。

　サバクトビバッタの場合、アラビア半島からアフリカ大陸に群飛して移動しても、季節によって風向きが変わるので、世代は同じでなくても、子孫の一部がふたたびアラビア半島にもどる。春に北西アフリカで繁殖した集団は、そのあと南下してサヘル沙漠にたどりつき、そこで夏に繁殖する。その子孫の一部は、西方に向かい、ふたたび北上して北西部にもどる。大発生時にみられる、この季節的な大移動は、アフリカ大陸とアラビア半島集団の遺伝的多様性の増加と融合をもたらしているはずだ。移動に成功した個体は、失敗した個体よりも、飛翔力や生命力に優れている可能性がある。もしそうだとしたら、サバクトビバッタの移動は、それらの特性を強化する効果があるはずである。群飛は、長距離移動を成功させ、沙漠で生きぬくための重要な戦術としても機能しているに違いない。この仮説は、次のセクションで述べるミナミアフリカサバクトビバッタとの比較などを通して検証可能かもしれない。近い将来、分子レベルでのアプローチがなされることを期待したい。

1.14.　群れをつくらないミナミアフリカサバクトビバッタ

　じつはサバクトビバッタは、南半球にもいる（第2章2.1.参照）。これは、南西アフリカにすむミナミアフリカサバクトビバッタという亜種だ[5]。二つの集団は熱帯雨林によって地理的に隔離されているが、実験室で交配させると子孫

ができるので、別種というほど遺伝的に離れていないようだ。大西洋上に浮かぶイギリス領の亜熱帯の島にも棲息している。このバッタは、小さな幼虫と成虫の群れをつくることはあるが、アフリカ北部にすむサバクトビバッタと異なり、大群で移動しない。興味深いことに、この集団のふ化幼虫は混み合いに関係なく緑色で、北部のサバクトビバッタの群生相ふ化幼虫のように黒くならない（第7章参照）。一方、老齢幼虫は混み合った条件下で、北部のサバクトビバッタと同様、黄色と黒の体色をみせるが、成虫は性成熟しても黄化しない。これらの違いは、ミナミアフリカサバクトビバッタが、かなり長い間、北アフリカの集団と遺伝的交流がなかったことを示している。アフリカ中央部の熱帯雨林が北と南の集団の障壁になっているようだ。

　ミナミアフリカサバクトビバッタがあまり移動しないということから、最近、アフリカ南部に分布する個体群の遺伝的多様性が調査された[27]。各個体群の分化がみられるかもしれないと考えられたのだが、予想に反して、調査した個体群間での遺伝的分化はあまり進んでいないことがわかった。個体群間には目立った地理的バリアがないことが、主な原因だと解釈されている。その研究では、群生相の行動の違いに着目していたが、孤独相成虫の分散に関しては言及されていない。上述したように、サバクトビバッタの孤独相成虫は、繁殖前にかなりの長距離分散をみせる。ミナミアフリカサバクトビバッタでの孤独相の行動についての情報はあまり存在しないが、孤独相成虫の移動分散が個体群間の遺伝的融合を維持していた可能性は十分考えられる。

1.15.　きびしい環境を生きぬく適応：　休眠するのか？

　沙漠はいつも乾燥しているわけではなく、季節的にわずかな雨が降る。しかし、年によってはまったく降らないこともあり、干ばつとなる。そのあとに雨がたくさん降っても、餌である草はすぐには生えてこない。そんな過酷な時期をサバクトビバッタはどうやって生きのびているのだろうか？

　卵：　サバクトビバッタの卵は、ふ化に必要な日数が季節によって大きくことなる。30℃では15日でふ化するが、1、2月の沙漠で平均気温が15℃くらいのところもあり、ふ化まで最長78日もかかるという記録がある[5]。発育ができなくなるぎりぎりの温度は16℃だが、昼間の暖かい時間に、少しずつ胚発育がすむ。一方、7、8月の平均気温は30℃以上となり、10〜15日でふ化する。胚

発育にかかる時間の季節的なちがいは、温度のちがいで説明できるようである。

　しかし、野外では卵期間が 80 日以上つづいたという記録もある。これは温度では説明できない。胚発育に影響するもう一つ重要な要因として水分がある。他のバッタでは、乾燥すると卵が休眠し、後に湿った環境にすると胚が長い休眠から覚めるバッタが知られている。そこで、サバクトビバッタが卵で休眠するかどうか、徹底的な研究がイスラエルで行われた [28]。卵は発育中に水分を吸収すると、重さが 9mg から 22mg になり、倍以上重くなる。この場合、水が卵に直接ふれていることが重要で、湿度 100% の条件におかれても、卵は空気中から水分をとることはできない。それどころか、逆に、卵はどんどん水分を失ってしまう。胚の発育にともなう代謝活動によって水分が失われるからである。しかしはじめの 3 日間湿った砂の中に卵塊をうめて、卵が少し水をとりこんだ後に、湿度 100% の条件におくと、最長 98 日生存した。湿った条件に移したところ、しばらくしてふ化したのである。水分があたえられればいつでも発育が再開する、そのような乾燥耐性は、休眠とはいえないが、干ばつをやり過ごす卵の適応的手段として機能しているのだろう。実験が 27℃ という高温で行われたことを考えると、このバッタの乾燥耐性は驚異的である。

　似たような現象が、マダガスカルのトノサマバッタの卵でもみられる。このバッタの卵は、季節によって 12 日から 42 日でふ化するのだが、乾燥した土ではふ化までに 90 日もかかる [5]。実験的に乾燥条件にさらすと、胚のあるステージで 2 ヶ月間発育がとまり、湿らせると、ふ化してくる。その胚ステージは、温帯のトノサマバッタや他のイナゴ類の休眠ステージと同じであった。サバクトビバッタの場合、その胚ステージ以外では、乾燥耐性が弱いことから、休眠の進化の前適応を連想させる。

幼虫：　孤独相の幼虫は、しゃく熱の沙漠で高温や乾燥に遭遇しても、植物の葉の下や影に避難することができる。そのような場所は、直射のあたる裸地より 10℃ 以上低いし、植物を食べれば水分もとれる。一方、群生相の幼虫は、若齢のうちはまだ体が小さいので植物や岩陰に隠れることができるかもしれないが、行進中の老齢幼虫は、近くに隠れる場所や水分補給できる植物をすぐにみつけるのは難しいかもしれない。40℃ 以上の砂面を歩きつづけることができるサバクトビバッタの幼虫は、熱と乾燥にきわめて強いといえる。若齢幼虫にくらべ、老熟幼虫は好む温度が 2 か 3℃ 高い [5]。飢餓耐性も高く、実験室で餌を

のぞいて放置しても、トノサマバッタなどよりずっと長く生存できる。しかし、幼虫期に休眠のような現象はない。

　　成虫：　群飛するサバクトビバッタが、到達先で十分な食草にありつける保証はない。群飛する成虫たちは3週間で産卵をはじめる場合もあれば、10〜20週間、ときには40週間たってようやく卵を産みはじめることがある[5]。そこで、このバッタは成虫で休眠するのではないか、と疑う研究者も少なくなかった。

　成虫の休眠は、多くの昆虫でみられる。身近なものでは、キタテハ、クサギカメムシ、ナミテントウ、キチャバネゴキブリ、ツチイナゴなどがいる。休眠中の成虫は、交尾や産卵をしない。メスでもオスでも、生殖器官は完成していても、小さく未発達のままである。体の代謝が低いため、エネルギー消費も少なく、長い間の絶食にも耐えることができる。それらの昆虫の多くは冬の寒さに備えて、秋に日長が短くなると、成虫休眠にはいる。四季が毎年おとずれるように、彼らの休眠も季節適応として毎年くり返される現象である。

　成虫休眠は、一般に卵巣発育を刺激する幼若ホルモンの分泌が抑えられていることが原因だといわれている[29]。このホルモンは頭部にあるアラタ体とよばれる器官でつくられ、脳から分泌されるアラタ体制御ホルモンによって、その分泌量が調節されている。休眠中の昆虫に、幼若ホルモンを処理すると、メスでは休眠から覚めて卵巣が発達する。オスも、同じホルモンで休眠から覚める場合もあるが、まったく影響されない種もある。サバクトビバッタでは、アラタ体を外科的に摘出すると、メスでは卵巣発育がおこらず、オスは交尾行動をみせなくなる。バッタの繁殖活動にとって、幼若ホルモンは重要なホルモンである。

　アフリカの赤道をまたいだ草原を棲みかとするアカトビバッタは、ときどき大発生しては作物に深刻な被害をもたらす悪名高い大型バッタで、成虫で休眠する。このバッタは短い日長を経験した後、徐々に長くなってゆく日長に反応して、休眠を終え、繁殖する。そのような条件は春にしかおとずれないので、毎年春に休眠からさめて、初夏に繁殖することができる[30]。似たような生活史は、沖縄県に棲息するタイワンツチイナゴにもみられる[31]。一方、サバクトビバッタの成虫では、同じ季節でも、場所によって産卵までの期間に著しい変異がみられることもあり、日長では説明できない。

　重要な要因と考えられるのが雨量だ。ある程度の雨が降る季節には、産卵も

短期間ではじまることが指摘されている。しかし、これは雨が餌である植物の生長に影響し、餌の質と量がバッタの生殖腺の発達に、間接的に影響している可能性が高い。

　サバクトビバッタをインセクタ FL という人工飼料で飼育すると、おおかたの幼虫や成虫は死んでしまう。しかし、一部（17％）はなんとか生きのびて、7 ヶ月もの間、30℃の飼育室で生存した。その間に交尾や産卵は、まったくみられなかった。当時、国際農林水産業研究センターで、この実験をしていた中村達さんから、その実験を引き継いで、温度と光周期、食物条件はそのままにして、つぎのような実験をした。

　一部のメス成虫に生殖腺を刺激する幼若ホルモン類似体（幼若ホルモンと似た効果をもつ合成ホルモン）を処理し、残りの成虫には対照区としてアセトンを処理した。実験をはじめて 1 週間以内に、ホルモン処理したバッタは全部、産卵を開始した。驚いたことに、幼若ホルモン効果のないアセトンを処理したバッタも産卵をはじめた個体がいた。なにがおこったのだろうか。じつは、同じ飼育室にはイヌムギを食べて育った大量のサバクトビバッタがいた。飼育室はオス成虫が出す性成熟刺激フェロモンで充満していたにちがいない。インセクタ LF は、バッタの正常な発育と繁殖をもたらすには、十分な飼料とはいえない。しかし、飼育室に充満していた性成熟刺激フェロモンが、その成虫の性成熟を促したのかもしれない。もう一つの可能性は、新鮮な植物の匂いである。スーダンの紅海沿いの沙漠にカンラン科ミルラノキ属の低木が棲息する。その葉の抽出物は、サバクトビバッタの性成熟を刺激する効果がある。同じ飼育室で、他のバッタにあたえていたイヌムギの匂いが、人工飼料で飼育していたバッタに影響した可能性も否定できない。

　休眠は生存に不適な条件が周期的におとずれる環境にたいする適応である。その周期は 1 年の場合もあるが、もっと長い場合もある。サバクトビバッタの成虫は、たしかに長期間繁殖をしないこともあるが、これは休眠といえる現象ではない。不適な環境条件に遭遇したときに、生きのびるための強い耐性がある。繁殖に好適な条件である新鮮な草があれば、すぐに繁殖をはじめ、それがなければ粗食に耐え長期間がまんできる。しかし、繁殖に好的な条件を知らせる合図ともとれる、植物の匂いや繁殖をはじめようとしている同胞の匂いにたいしても、敏感に反応して、いつでも繁殖をはじめる準備ができているのかもしれない。興味深い現象であり、将来、実験的に明らかにされるに違いない。バッ

タ成虫のもつ耐性は、不安定で、将来の予測がむずかしい沙漠という環境で生きていくための適応といえる。

展望

　サバクトビバッタの大発生がおこるたびに、人々は大発生のスケールの大きさと破壊力に圧倒される。1950 年代には大発生が 15 年もつづいた。初期に防除がなされれば回避できたかどうかはわからないが、当時のアフリカ諸国にそのような技術や資金があったとも思えない。アフリカの広大なサヘル・サハラ沙漠のあちらこちらで大量発生が同時におこり、群生相化がはじまったとすれば、それは防ぎようのない自然現象であり、一瞬にして作物を失った農家にとってみれば、地震や火山爆発と同じような自然災害としか受け止めようがない。飛来する無数のバッタを目の前にして、切羽詰まった政府や国際機関が即効性の農薬を使いたくなるのは、現実的対応として理解できないわけではない。2020 年には殺虫剤による防除により、東アフリカとイエメンで 5000 億頭のバッタを駆除し、100 万 t の作物を救ったと、FAO は明らかにしている。しかし、アフリカの大地にバイオ農薬だけでなく、有機リン系の農薬を大量に散布することの是非は再考されるべきであろう。

　今回の大発生ではサイクロンがアラビア半島の沙漠に雨をもたらし、植物が繁茂し、バッタが増殖した。道もなく自動車では到達困難な沙漠のど真ん中で、群生相化がおったとするなら、防除は不可能に近い。たとえ防除可能な地域であっても、国や民族間の紛争が、効果的対応を難しくしている場合もある。もしそれが障害となり、そうでなければ抑えることができた蝗害を引きおこしたとすれば、それはもはや自然災害とはいえないかもしれない。

　バッタには国境がないので、そのような国や地域で大発生がおこれば、他国に移動して多大な被害をもたらす事態につながる。農作物への打撃は、国際社会に広く波及するため、どんな国も傍観者ではいられないはずである。国連機関が中心となり対策に取り組んでいるが、人々の関心と認識はまだ十分とは言えない。

　明るい兆しもないわけではない。人工衛星からの気象や植生情報、GPS の位置情報、スーパーコンピューターによる解析などによって、バッタ発生の予報技術は飛躍的に向上している。ドローン技術も、別の目的だが、大国が改良に力をいれている。近い将来、より精度の高いバッタ発生の実態把握やその予報

が可能となり、さらに、道のない沙漠で群生相化した初期集団に対して、ドローンを使って迅速なピンポイント防除ができれば、大発生をくい止めることができるかもしれない。そうなれば農薬の散布量も大幅に削減できるだろうし、即効性に乏しいバイオ農薬も有効に活用できるだろう。しかし、それには国際的な協力と、なにより関係諸国の平和が大前提となる。

　バッタの生態については未知な部分が多く、持続的な基礎研究への支援が重要である。天災は忘れたころにやってくる、という言葉通り、サバクトビバッタの大発生は毎年おこる問題ではないので、大発生が終息すると、人々の関心はしだいに薄れてしまう。2009 年のモーリタニアでの防除の成功例を上述したが、防除が成功すると大発生がおこらないので、注目されないという皮肉な面もある。研究費も削減されて、継続して研究するのが困難になる。また、日本では短期的な成果を前提とした研究費の配分や同一課題内での研究活動の制限などが、自由な発想と新分野の開拓の足かせとなっている側面がある。バッタ防除の拠点であるアフリカの防除研究センターや FAO、多くのバッタ研究者や防除関係者が集う国際学会や研究機関などへの持続的な支援が望まれる。基礎研究は人類にとって、将来への投資なのだから。

最新の発生状況：　FAO によると、2020 年 12 月現在、広範囲の防除活動にもかかわらず東アフリカのエチオピアとソマリアで多くの若い成虫集団がみられ、幼虫の集団も形成されている。これらの集団は 12 月から 2021 年 1 月にかけて南下すると予想されている。ケニア北部への被害が懸念されている。エチオピア、イエメン、サウジアラビア、エリトリア、スーダンの紅海沿岸の国々では、まだ繁殖がつづいており、冬に若い成虫と幼虫集団の形成が予察される。11 月にサイクロンがソマリアを襲い、バッタの発育に好適な条件が作られたため、繁殖がつづいている。サウジアラビアの内陸部には若い成虫集団が確認され、防除が開始された。パキスタンでは、少数の未成熟成虫がいくつかの地域で 11 月にはみられたが、多くの地域でバッタの個体数は減少し、大増殖する兆しはみられなくなった。インドでは、バッタの姿は、ほとんどみられなくなった。東南アジア、中国、日本への侵入の記録はない。

文　献

1) Duranton, J. F. *et al.* 2012. Florule des biotopes du Criquet pèlerin en Afrique de l'Ouest et du Nord-Ouest à l'usage des prospecteurs de la lutte antiacridienne. FAO/CLCPRO/CIRAD, Alger/Montpellier,

France.

2) FAO 2020. Locust watch. January-December. http://www. Desert Locust situation update 10 December 2020 (fao.org)

3) Tanaka, S. *et al.* 2012. Journal of Insect Physiology 58: 89–101.

4) Tanaka, S. *et al.* 2016. Entomological Science 19: 391–400.

5) Uvarov. B. 1977. Grasshoppers and Locusts. Vol. 2. Centre for Overseas Pest Research, Cambridge.

6) Chen, Y.-L. 2002. Entomological Knowledge 39: 335–339.

7) Stockstad, E. 2020. Science, doi:10.1126/science.abb2759

8) Shrestha, S. *et al.* 2021. Journal of Agriculture and Natural Resources 4: 1–28.

9) FAO 2020. Desert Locust Bulletin No. 500–506, June 4-December 3.

10) Tanaka, S. *et al.* 2010. Applied Entomology and Zoology 45: 643–654.

11) FAO, 2006. バッタと闘う. The chief: Publishing Management Service, Information Division, FAO. （翻訳　田中誠二）.

12) Tanaka, S. and Yagi, S. 1997. Japanese Journal of Entomology 65: 447–457.

13) Tanaka, S. 2006. Applied Entomology and Zoology 41: 179–193.

14) Sugahara, R. *et al.* 2015. Journal of Insect Physiology 79: 80–87.

15) 巌俊一. 1988. 巌俊一生態学論集. 全一巻. 思策社.

16) Uvarov, B. 1966. Grasshoppers and Locusts. Vol. 1. Cambridge University Press, London.

17) Pener, M. P. and Simpson, S. J. 2009. Advances in Insect Physiology 36: 1–286.

18) 茅野春雄. 1980. 昆虫の生化学. 東京大学出版.

19) Tanaka, S. *et al.* 1999. Entomological Science 2: 457–465.

20) Seidelmann, K. and Ferenz, H.-J. 2002. Journal of Insect Physiology 48: 991–996.

21) Zhu, D.-H. and Tanaka, S. 2003. Annals of Entomological Society of America 95: 370–373.

22) Tanaka, S. *et al.* 2016. Current Opinion in Insect Science 17: 10–15.

23) Tipping, C. 1995. Book of Insect Record, Chapter 11, pp. 23–25. University of Florida.

24) Ferguson, J. 2018. Caribbean Beat Magazine Issue 153.

25) 田中誠二. 1993. 熱帯昆虫の不思議. 文一総合出版.

26) 藤崎憲治・田中誠二（編著）. 2004. 飛ぶ昆虫、飛ばない昆虫の謎. 東海大学出版会.

27) Chapuis, M. P. *et al.* 2017. African Entomology 25: 13–24.

28) Shulov, A. and Pener, M. P. 1963. Anti-Locust Bulletin No. 41: 1–59.

29) Denlinger, D. L. and Tanaka, S. 1998. Reproductive diapause. In The Encyclopedia of Reproduction, Vol. 1 (Knobil, E. and Neill, J. D. eds). Academic Press, New Yolk.

30) Norris, M. J. 1965. Journal of Insect Physiology 11: 1105–1115.

31) Tanaka, S. and Sadoyama, Y. 1997. Bulletin of Entomological Research 87: 533–539.

第 2 章

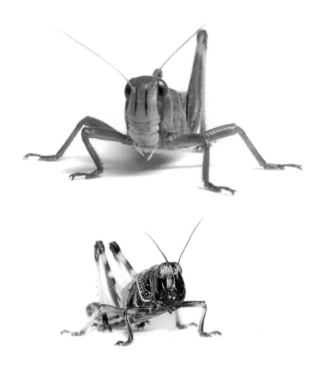

第2章　サバクトビバッタとトノサマバッタの起源

徳田　誠

　しばしば大発生を繰り返すサバクトビバッタとトノサマバッタ。彼らの祖先は、もともとどこに棲息していて、どのように棲息域を広げたのだろうか。近年の遺伝子解析の結果から、これらのトビバッタ2種の起源が分かってきた。サバクトビバッタの起源はアフリカなのか、それとも南アメリカなのか？また、トノサマバッタはどこからどのようにして日本にやってきたのだろうか？最新の情報を紹介したい。

序　〜大移動するバッタの特殊な事情

　サバクトビバッタやトノサマバッタは、幼虫の頃の生育密度によって体型や体色、行動が大きく変わる相変異を示す[1,2]。低い密度で育つと、体の色は緑や茶色となり、単独での行動を好み、同じ場所に留まる性質が強い孤独相の成虫となるのに対し、混み合った環境で育つと体が黒くなり、集団での行動を好み、長距離を飛翔して移動する群生相となる。したがって、これらのトビバッタ類は、低密度のときには棲息地の間をあまり移動せず、それぞれの地域で特有の遺伝子が蓄積するが、一度大発生が生じると、群生相の成虫になって長距離を移動するため、他の場所に住んでいる個体と交尾する機会が増え、地域間で遺伝子が混ざり合うと考えられる[3,4]。また、こうした長距離の飛翔は、トビバッタ類が分布する地域を拡げることにも繋がる。このような性質を持つトビバッタ類において、それぞれの地域に棲息している集団がどのような成り立ちを持つのか明らかにすることは、とても興味深い研究課題である。

2.1.　サバクトビバッタ属の特徴的な分布

　サバクトビバッタは、バッタ目の中でツチイナゴ亜科に含まれる。日本では、ツチイナゴとタイワンツチイナゴがこの亜科に属する。この亜科には35の属が知られており、その多くはユーラシア大陸やアフリカ大陸など、生物地理学で

Chapter 2　Origins of the desert and migratory locusts. *Written by Makoto Tokuda*

"旧世界"と呼ばれている地域に棲息している[5]。このうち、とくにアフリカ大陸ではツチイナゴ亜科の多様性が高いことが知られている[5]。一方、生物地理学で"新世界"と呼ばれる南北アメリカ大陸では、ツチイナゴ亜科に含まれる昆虫はとても少なく、サバクトビバッタが含まれている *Schistocerca* 属（以下、サバクトビバッタ属）とガラパゴス諸島のみに棲息している *Halmenus* 属のわずか2属しか知られていない[6]。このうち、*Halmenus* 属のバッタは、翅が退化しており、飛翔することができないバッタである[7]。

サバクトビバッタ属の分布はとても特徴的で、この属に含まれる約50種のバッタのうち、サバクトビバッタ1種だけがアフリカ大陸から中東にかけての旧世界に棲息しており、残りすべての種は南北アメリカ大陸に分布している[3,8]。サバクトビバッタは、しばしば大発生して長距離を移動し、農作物に大きな被害を及ぼすのだが、南西アフリカには大群での移動はしないとされるミナミアフリカサバクトビバッタ（*S. g. flaviventris*）という亜種がいる[9]。一方、南北アメリカ大陸では、大発生して長距離移動するのはチュウオウアメリカトビバッタ（*S. piceifrons*）、ミナミアメリカトビバッタ（*S. cancellata*）の2種だけで、その他の種は同じ場所に留まる性質が強く、大発生して長距離移動することはないと言われている[5,10,11]。これらの種の中には、混み合いに反応した相変異を示すものもあるが、まったく示さないものも知られており、混み合いに対する反応には同じ属の中でもかなりの種間差があるようである[5,12–17]。

アフリカ大陸と南北アメリカ大陸に分布しているサバクトビバッタ属の祖先は、もともとどちらの大陸で出現したのだろうか？

初期の研究を行ったソン（Song, H.）らは、サバクトビバッタ属の祖先は南北アメリカ大陸で誕生し、アフリカ大陸へと渡ったと考えた[11]。その理由は、アフリカ大陸や中東に棲息しているサバクトビバッタの外見上の特徴が、南北アメリカ大陸に棲息するサバクトビバッタ属のうち、Americana 種群とよばれるグループとよく似ていることと、サバクトビバッタがそれらのうちのいくつかと、子供は残せないものの交尾することができたためである[7,11]。この仮説は新世界起源説と呼ばれている（図1）。

しかし、1988年の10月から11月にかけて、西アフリカでサバクトビバッタが大発生した際、大群が大西洋を渡って、カリブ海や南アメリカの近隣地域にまで到達した[18–20]。このような4500〜5000kmにも及ぶ長距離飛翔は、いくらサバクトビバッタが長距離移動できると言っても、さすがに無理ではないかと思

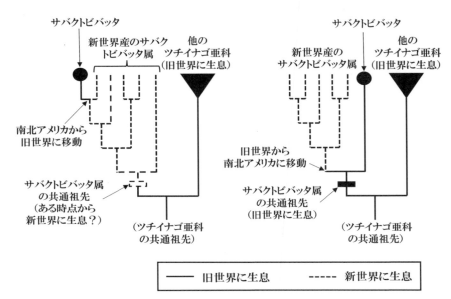

図1　サバクトビバッタ属の起源に関する2つの仮説。
(A) 新世界起源説、(B) 旧世界起源説。

われていたが、もしアフリカ大陸から中央アメリカや南アメリカ方向に吹く北東貿易風と呼ばれる風に乗ることができた場合、サバクトビバッタの大群は、わずか10日前後でアフリカ大陸から新世界に到達できたと推測された（第1章参照）。このアフリカ大陸から南北アメリカ大陸方向への移動から、サバクトビバッタ属の祖先はアフリカ大陸で誕生し、北東貿易風に乗って南北アメリカ大陸にたどり着いたのではないか、という旧世界起源説がケヴァン（Kevan, D. K. M.）[18]、および、リッチー（Ritchie, M.）とペジレイ（Pedgley, D. E.）[20] によって提唱された。

　これら2つの仮説は、大陸間の移動の方向も対照的であるが、トビバッタの性質の変化を考えた場合にも対照的である。もし新世界起源説が正しいとすると、サバクトビバッタ属の祖先は同じ場所に留まる性質が強く、めったに大発生しなかった可能性が高く、南北アメリカからアフリカ大陸に渡ったあとで性質が変わり、しばしば大発生して猛威を振るうようになったと考えられる。一方、旧世界起源説が正しい場合、アフリカ大陸で猛威を振るっていたサバクト

ビバッタが、南北アメリカ大陸に渡ったのち、大発生して長距離移動する性質をほとんど失ってしまい、同じ場所に留まるようになったと考えられる。はたして、どちらの仮説が正しいのだろうか。

2.2.　サバクトビバッタ属の起源はどこか？

　もし、サバクトビバッタ属の祖先が新世界で誕生したのであれば、旧世界に棲息しているサバクトビバッタは、南米アメリカ大陸から移住した集団の子孫であるため、サバクトビバッタ属の種間の系統関係を明らかにすれば、旧世界のサバクトビバッタは、南米アメリカ大陸のサバクトビバッタ属の系統の中に含まれるはずである。一方、サバクトビバッタ属の祖先が旧世界で誕生したのであれば、それらの一部が南北アメリカ大陸へと移住したことになるため、系統関係を調べれば、旧世界に棲息しているサバクトビバッタの中に南北アメリカのサバクトビバッタ属が含まれるはずである（図1）。

　どちらの仮説が正しいのかを確かめるため、2004年にサバクトビバッタ属の系統関係を調べた論文が初めて発表された[8]。この論文を書いたソン（Song, H.）らは、形態的特徴からサバクトビバッタ属の系統を推定した結果、アフリカ大陸に棲息しているサバクトビバッタが新世界産の系統の中に含まれたことから、新世界起源説を支持した。ただし、サバクトビバッタ属の祖先が、どのようにして新世界で誕生したのかに関しては結論を出さなかった。

　ちょうどその頃、遺伝子解析の技術が急速に進展したことにより、遺伝子の情報を用いてサバクトビバッタ属の系統関係を明らかにすることが可能になった。そして、2006年には、ラブジョイ（Lovejoy, N. R.）らがミトコンドリアDNAの遺伝子情報（約1,700塩基対）を利用して、サバクトビバッタ属の系統関係を明らかにした論文を発表した[3]。この解析では、ソンらによる形態的特徴による推定結果とは対照的に、サバクトビバッタ属の中で旧世界に棲息しているサバクトビバッタがもっとも外側に位置し、その内側に、南北アメリカ大陸産のサバクトビバッタ属が含まれた。つまり、遺伝子情報に基づく解析では、旧世界起源説が支持されたのだ。それだけでなく、サバクトビバッタ属とは別属として扱われているガラパゴス諸島の *Halmenus* 属も、サバクトビバッタ属の系統の中に含まれたことから、この属もアフリカ大陸から新世界へと渡ったサバクトビバッタ属の子孫であると考えられた。

　さらに2017年には、形態的特徴から2004年の論文で新世界起源説を支持

していたソンらが、最新の遺伝子の情報を用いてもう一度系統関係を調べ直した論文を発表した[7]。この論文では、2006 年の論文の約 10 倍の遺伝子情報を用いて、より精密な系統関係が調べられた。その結果、ソンらも、初めに提唱した新世界起源説を取り下げて、やはり旧世界起源説の方が正しいだろうと主張した。また、*Halmenus* 属はサバクトビバッタ属に含まれるという説も支持した。旧世界起源説は、ほぼ旧世界に限られているツチイナゴ亜科の分布やアフリカ大陸におけるこの亜科の多様性を考慮に入れても理解しやすく、現在ではサバクトビバッタ属の起源は旧世界であるという考えが主流になっている[7,21]。

　また、2017 年のソンらの論文では、遺伝子の情報から、それぞれの種がどのくらい昔に誕生したのかを検討した結果、サバクトビバッタ属の祖先は、今から約 790 万年前に誕生したと推定された。そして、旧世界から新世界への移動はその約 190 万年後に起こり、その時に新世界へと渡ったバッタたちの子孫が、現在の南北アメリカ大陸に棲息しているサバクトビバッタ属や、ガラパゴス諸島に棲息している *Halmenus* 属であると考えられている[7]。

　さらに、系統関係と現在のそれぞれの種の性質を照らし合わせてみた結果、南北アメリカ大陸に渡ったサバクトビバッタの子孫は、混み合いに応じて行動を変化させる性質を一旦はほとんど示さなくなり、比較的新しい時代になって、チュウオウアメリカトビバッタやミナミアメリカトビバッタが再びこの性質を示すようになったと解釈されている[7]。一方、混み合いに応じた体色の変化は南北アメリカ大陸に渡った後も継続して維持され、比較的新しい時代になって、一部の種でこの性質が失われて現在に至っていると説明されている[7]。なお、南西アフリカのミナミアフリカトビバッタでも、混み合いに応じて行動や体色を変化させる性質が失われている（第 1 章参照）。サバクトビバッタ属において、「移住生活」と「定住生活」という性質の変化がどのような要因により生じるのかは今後の興味深い研究課題である。

2.3.　日本列島の成り立ちとトノサマバッタの起源

　続いて、日本でもおなじみのトノサマバッタについて紹介したいが、その前に、私たちが住んでいる日本列島と、日本の生物相の特徴について触れたい。

　大小約 7000 の島々からなる日本列島は、陸地の面積は世界の陸地の約 0.3%に過ぎないが、日本だけに棲息している生物の割合が高く、世界の生物多様性

のホットスポットの 1 つとされている [22,23]。例えば、植物に関しては、コケや
シダ類も含めて 7000 種が報告されており、そのうちの 40% が日本列島に固有
の種であることが知られている。その多様性は、ヨーロッパ全土を超えるほ
どである [24]。また、学名が付けられている昆虫は約 3.2 万種であるが、まだ学
名がつけられていない種まで含めると、約 10 万種が棲息していると推定され
る [23]。こうした生物多様性をもたらした要因として、日本列島が亜寒帯から亜
熱帯までの約 3000km に及ぶ多様な気候帯を含んでいること、雨が豊富で湿潤な
気候であること、起伏が多い陸地と海峡とが複雑に入り組んだ地形をしている
ことなどが挙げられる。さらに、日本列島はユーラシア、北米、フィリピン海、
太平洋の 4 つのプレートの境界に位置しており、複雑な過程を経て現在の状態
になったことがわかっている [23]。これだけのプレートがひしめき合っている場
所は、地球全体で見ても非常に珍しく、日本列島は生物地理学的にも興味深い
地域である。

　果たして、トノサマバッタの祖先はどこで誕生し、どのような経路を経て、
この日本列島へとたどり着いたのだろうか？

2.4.　日本のトノサマバッタはどこから来たか

　トノサマバッタは旧世界に広く分布しており、形態的特徴や休眠性などから
10 前後の亜種が知られている。日本国内でも北海道から南西諸島までの広い地
域に棲息している [26]。私たちは、世界各地から採集されたトノサマバッタの標
本から DNA を抽出し、ミトコンドリア DNA の遺伝子情報（約 2,200 塩基対）
を解析した。そして、様々な地域に棲息しているトノサマバッタ集団の間の系
統関係を明らかにした [26]。その結果、世界のトノサマバッタは、北方系（中国
大陸、日本）と南方系（ヨーロッパ、アフリカ、東南アジア、オーストラリア、
日本）の大きく 2 つに分けられることが判明した [26]。このうち、日本国内では、
北海道から九州にかけて北方系が、南西諸島や小笠原諸島には南方系が棲息し
ていた（図 2）。また、興味深いことに、対馬や本州からは、南方系の遺伝子型
も一部の地域で確認された。

　まず、北方系に含まれた集団についてより詳しく調べてみると、日本国内で
は、北海道と、本州〜九州とで、遺伝子型が異なっていた。このことは、北海
道に棲息しているトノサマバッタと、本州〜九州に棲息しているトノサマバッ
タとは、同じ北方系であっても日本に渡ってきたルートが異なっていることを

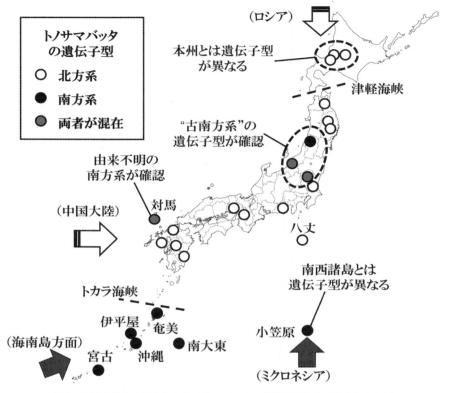

図 2　国内各地から得られたトノサマバッタの遺伝子型および推定された侵入経路（矢印）。文献 24) を許可を得て改変、転載。

示している。さらに、本州～九州でみられる遺伝子型は中国大陸のものと近く、系統樹の中ではそれらが入り混じっていることが確認された。したがって、本州～九州のトノサマバッタと中国大陸のトノサマバッタの間では、比較的新しい時代まで遺伝的な交流があったことが推察される。前述の日本列島の成り立ちから考えると、本州～九州のトノサマバッタは、今の日本列島の形が形成された後で、大陸と本州～九州が陸続きになっていた時代に大陸から移動してきた可能性が高い。

　一方、南方系に関しては、解析した個体の間の遺伝的な変異が北方系にくらべて全体的に大きかったことから、北方系よりも古くから存在していた系統であると考えられる。南方系はさらに 2 つのグループに分けられ、このうち 1 つ

のグループには、日本の小笠原諸島や南西諸島に棲息している集団が含まれていた。ただし、より詳しくみると、小笠原諸島と南西諸島の個体は、系統樹の中で異なる場所に位置しているため、同じ南方系でも由来が異なると考えられる。そして、南西諸島のトノサマバッタは、中国海南島のトノサマバッタと遺伝子型が比較的近く、南西諸島の中では、遺伝子型にはっきりとした地理的な変異は確認されなかった。このことから、南方系の中でも、小笠原諸島のトノサマバッタと南西諸島のトノサマバッタとでは、由来が異なっていると考えられる。そして、南西諸島のトノサマバッタは、中国海南島方面から日本へと侵入して来たこと、南西諸島の中では、比較的最近まで島間で遺伝的交流が生じていたことが示されている。なお、南西諸島の中でも、大東諸島は小笠原諸島と同じく、これまで大陸とつながったことがない海洋島である。今回の解析では、大東諸島に含まれる南大東島から得られたトノサマバッタの遺伝子も解析した。その結果、南大東島のバッタにはいくつかの遺伝子型が確認されたが、いずれも南西諸島の島々のものと同じグループに入った。したがって、大東諸島へは、他の南西諸島から海を渡って移動したものと考えられる。実際、1900年代前半には、フィリピン群島で大発生したトノサマバッタが台湾や八重山諸島に襲来したという記録が残っており[25]、気象次第では大発生の際に海を越えての移動が生じ得ると言える。

　前述のように、小笠原諸島は海洋島であり、今まで一度も大陸と繋がったことがない島であるため、トノサマバッタが陸伝いに移動してくることはできない。したがって、小笠原諸島のトノサマバッタは、おそらくどこかで大発生が生じたときに海を渡ってやってきたか、あるいは、海に流れ出た植物などに乗って流されてきたものと考えられる。私たちが解析した世界各地のバッタの中では、残念ながら小笠原諸島のトノサマバッタと近縁なものは見出されなかったが、地理的に考えると、私たちがまだ解析していないミクロネシア方面からたどり着いたのではないかと考えている。

　南方系のもう1つのグループは、本州の北東部（山形、新潟、栃木）で確認された。このグループは、南方系の中では系統樹のもっとも外側に位置していることから、解析した中では、南方系でもっとも古い系統であることがわかった。分子時計に基づいて推定した結果、この系統は、約100万年前（更新世氷河期）に他の南方系と分かれた遺存的な系統であると考えられる（以下、古南方系とする）。おそらく、更新世氷河期の日本列島が大陸と繋がっていた時代に、

南方系のバッタたちは現在の日本列島にあたる部分まで分布を広げており、それらは日本列島が島になった際に取り残されてしまったものなのだろう。そして、その後氷河期になり、上述の北方系のバッタたちが日本列島に到来すると、徐々に棲息地を追いやられ、現在では、本州東北部の一部にしかその遺伝子型が残されていないのだろう[26]。

なお、対馬では北方系と南方系が混在していたが、この南方系の遺伝子型は本研究で解析した南西諸島や世界の他地域の遺伝子型とは異なっており、由来は不明である。より多くの地点の南方系を解析すればその由来が明らかになる可能性もあるが、日本の周辺地域では確認されていない遺伝子型であるため、何らかの偶発的な原因による侵入が起こったのかもしれない。

以上をまとめると、日本に棲息しているトノサマバッタは非常に複雑な遺伝的背景を持っており、様々な経路で日本にたどり着いたと考えられる。北海道で見られた遺伝子型は、おそらく、北海道がロシア（サハリン）と陸続きになっていた時代に、ロシア方面から北海道へと分布を拡大したと考えられるが、津軽海峡を超えて本州までは南下していないようである。

一方、本州から九州にかけて広く見られた遺伝子型は、本州〜九州が大陸と陸続きになっていた時代に、朝鮮半島経由で日本へと侵入し、東北地方まで分布を拡大したものの、やはり津軽海峡を越えて北海道へは渡っていないと考えられる。

また、海洋島である小笠原諸島で確認された遺伝子型は、小型の爬虫類などで想定されているように植物の断片などにしがみついて流されてきたか、あるいは、大発生時の長距離飛翔により、おそらくミクロネシア方面からたどり着いたと考えられ、日本の他地域のトノサマバッタとは遺伝子の交流を持たずに現在まで生き残っていることが示唆されている。

奄美以南の南西諸島で見られた遺伝子型は、南西諸島が台湾や中国大陸と陸続きになっていたか、あるいは、わずかに海で隔てられていた時代に海南島方面から南西諸島へと分布を拡大してきたものの、トカラ海峡より北へは進出していないことが示唆されている（図3）。

そして、本州東北部に残っている"古南方系"の遺伝子型は、更新世の時代には南方系の祖先がこの地域まで棲息域を広げていた証拠とみなすことができ、その後、日本への北方系の遺伝子型の侵入によって棲息地を追いやられ、現在では本州東北部の一部でしか生き残っていない可能性が考えられる[26]。このよ

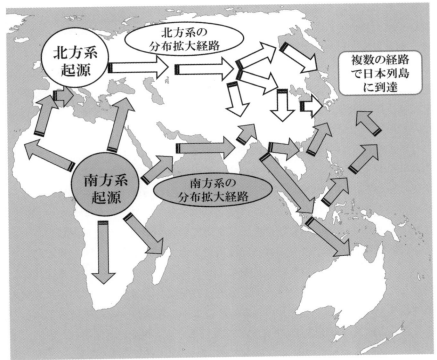

図 3　遺伝子解析から推定されたトノサマバッタの起源と分布拡大経路。文献 30) を許可を得て改変、転載。

うに、複数の経路で日本列島に定着したと思われる例は、クロツバメシジミやトノサマガエルなどでも知られている[23,27,28]。

　私たちの研究ののち、より多くのミトコンドリアゲノム（約 16000 塩基対）の遺伝子情報に基づき、世界のトノサマバッタ個体群の解析が実施された[29]。その結果、トノサマバッタは私たちの解析と同様に南方系と北方系の 2 つの系統に大きく分けられることが確認された。また、南方系は北方系よりも古く、おそらく鮮新世（約 500 ～ 258 万年前）の時代にアフリカで誕生し、インドを経て東南アジアやオーストラリア、日本方面へと棲息場所を広げたことが推定されている。北方系は更新世の氷河期（約 100 万年前）の時代に南方系から分かれてヨーロッパで誕生し、ユーラシア大陸を東へ東へと進み、中国大陸や日本までたどり着いたことが示唆されている[29]。

　遺伝子情報に基づく系統解析の結果から、日本のトノサマバッタは、様々な

経路で日本列島に到達したことが明らかになった[30]（図3）。また、古南方系の遺伝子型が検出されたように、トノサマバッタは古くから何度も日本列島に到達したと考えられた。こうした複雑な成り立ちを反映して、トノサマバッタという1種の昆虫だけを見ても、遺伝子のレベルで確認すると、多様性がとても高いことが判明した。これは、日本列島における昆虫相の成り立ちを考える上でとても興味深く、日本列島でなぜ生物多様性が高いのかを考える上でもたいへん示唆に富む結果である[26]。また、トノサマバッタは旧世界に広く分布しており、大発生すると集団で長距離移動をすることが知られているが、今回の私たちの解析では、トノサマバッタが、津軽海峡やトカラ海峡を超えて移動した証拠は確認されず、狭い海峡でさえ、トノサマバッタが移動する際の障壁になっていることが示唆された。これは、ウンカやハスモンヨトウのような飛翔力の比較的小さな昆虫が台風などによって東南アジアや中国などから海峡よりもはるかに距離が長い海を渡って容易に九州や本州に飛来するケースと異なる。その一方で、フィリピン諸島で大発生したトノサマバッタが台湾や八重山諸島に到達したように、大発生に伴う長距離飛翔の際に、海域を越えての移動も気象条件次第では稀に生じることがある。このような性質は、本章の冒頭で述べたように、孤独相の定住性と、群生相の移動性という、相変異と関連したトビバッタ類の二面性を現しているようで、非常に興味深い。

まとめ

　本章では、サバクトビバッタとトノサマバッタがアフリカ起源であることと、現在に至る分布の広がりの過程について、遺伝子の情報を用いた最新の系統解析から判明したことを紹介した。サバクトビバッタ属では、約600万年前に大西洋を渡った集団の子孫たちが、現在の南北アメリカ大陸に分布していることが明らかになってきた。そして、南北アメリカ大陸に渡ったサバクトビバッタの子孫たちは、集合性と大発生する性質を一旦失い、"定住生活"を始めて（中には、ガラパゴス諸島の Halmenus 属のように飛ぶことすらやめてしまって）、地域ごとに特殊化していった結果、別種となるほどに分化が進んだ。しかし、ミナミアメリカトビバッタのように、一部の種は何らかの理由でかつての性質を取り戻し、現在ではしばしば大発生して私たちの生活に問題をもたらしている。

　一方のトノサマバッタは、アフリカで誕生したのち、ヨーロッパへと分布を

広げたが、約100万年前の氷河期の間にアフリカ集団（南方系）とヨーロッパ集団（北方系）との間の遺伝的な交流が断たれた。そして、ヨーロッパに取り残された北方系の集団は、その後もアフリカ集団と交流することなく、ユーラシア大陸を東へ東へと進み、ロシア方面から北海道へ、そして、中国大陸か朝鮮半島から最東端の本州や九州までたどり着いたと考えられる。また、北方系集団と交流がなくなったアフリカ大陸の南方系の集団は、中東からインドを経て東へと進み、一部は南下して東南アジアやオーストラリア方面まで到達、また、ミクロネシアを経て日本の小笠原諸島へとたどり着いた。そして、南方系の中でも北側のルートを経て分布を広げた集団は、中国南部の海南島付近を経由して日本の南西諸島へとたどり着いたと考えられる。

　遺伝子による系統解析の結果が教えてくれたトビバッタ2種の大海を渡る壮大な旅や大陸を横断する劇的な旅は、まるで我々人類の祖先がアフリカから世界各地へと分布を拡大した過程を彷彿とさせるものであり、トビバッタの大発生と並び、地球を舞台にした生物のダイナミックな営みの象徴と言えるだろう。

文　献

1) Pener, M. P. 1991. Advances in Insect Physiology 23: 1–79.
2) Pener, M.P. and Simpson, S. J. 2009. Advances in Insect Physiology 36: 1–286.
3) Lovejoy, N. R. *et al.* 2006. Proceedings of the Royal Society B: Bioological Science 273: 767–774.
4) Chapuis, M. P. *et al.* 2008. Molecular Ecology 17: 3640–3653.
5) Song, H. and Wenzel, J. W. 2008. Cladistics 24: 515–542.
6) Dirsh, V. M. 1969. Bulletin of the British Museum (Natural History). Entomology 23: 1–51.
7) Song, H. *et al.* 2017 Scientific Reports 7: 6606.
8) Song, H. 2004. Proceedings of the Royal Society B: Bioological Science 271: 1641–1648.
9) Chapuis, M.-P. *et al.* 2017. African Entomology 25: 13–23.
10) Harvey, A. W. 1981. Acrida 10: 61–77.
11) Dirsh, V. M. 1974. Genus *Schistocerca* (Acridomorpha, Insecta). Dr. W. Junk B.V. Publishers, The Hague.
12) Duck, L. G. 1944. Journal of the Kansas Entomological Society 17: 105–119.
13) Gotham, S. and Song, H. 2013. Journal of Insect Physiology 59: 1151–1159.
14) Kevan, D. K. M. 1943. Bulletin of Entomological Research 34: 291–310.
15) Sword, G. A. 2003. Journal of Insect Physiology 49: 709–717.
16) Antoniou, A. and Robinson, C. J. 1974. Journal of Natural History 8: 701–715.
17) Rowell, C. H. F. and Cannis, T. K. 1971. Acrida 1: 69–77.
18) Kevan, D. K. M. 1989. Antenna 13: 12–15.
19) Lorenz, M. W. 2009. Quaternary International 196: 4–12.
20) Ritchie, M. and Pedgley, D. E. 1989. Antenna 13: 10–12.
21) Palacios-Gimenez, O. M. *et al.* 2020. Genome Biology and Evolution 12: 88–102.
22) Zachos, F. E. and. Habel, J. C. 2011. Biodiversity hotspots: distribution and protection of conservation

priority areas. Springer, New York.

23) Tojo, K. *et al.* 2017. Entomological Science 20: 357–381.

24) Government of Japan. 2014. Fifth National Report of Japan to the Convention on Biological Diversity, Government of Japan, Tokyo.

25) 台湾総督府殖産局 . 1933. 移住飛蝗の調査並に駆除顛末 . 殖産局出版第 635 号 , 台湾総督府殖産局 , 台北 .

26) Tokuda, M. *et al.* 2010. Biological Journal of the Linnean Society 99: 570–581.

27) Jeratthikul, K. *et al.* 2013. Molecular Phylogenetics and Evolution 66: 316–326.

28) Komaki, S. *et al.* 2015. Journal of Biogeography 42: 2159–2171.

29) Ma, C. *et al.* 2012. Molecular Evolution 21: 4344–4358.

30) 徳田誠 . 2019. 昆虫と自然 54(8): 3–6.

第3章

第3章　行動から見たバッタの相変異

原野健一

　個体数が少ないときには、他個体を避け定住的なバッタの幼虫も、大発生時には群れをなして何kmも大移動する。このようなバッタの行動は、自身が経験した混み合いの影響だけでなく、親の経験した混み合いの影響を受けて決まるといわれている。本当にそうなのだろうか？この章では、ふ化幼虫の活動性に注目した私たちの研究の過程と新たな知見を紹介しながら、大発生時にバッタが行動を変化させるメカニズムとその意義に迫る。

序　〜バッタ研究との出会い

　私がバッタの研究に初めて関わったのは、学位取得後の2008年、茨城県つくば市にある農業生物資源研究所（以下、「農生研」と呼ぶ。現在は、農業・食品産業技術総合研究機構に統合）で博士研究員として研究を始めたときだ。私は、通称「バッタ研究室」の田中誠二さんと、バッタの相変異を行動面から調べる研究員として働くことになった。それまで私は、ミツバチの行動生理学などに関する研究をしていたが、その後のキャリアを模索しているときにこのポストが公募されていた。研究対象とするのにミツバチとバッタではあまりに違いすぎると感じる方もいるかも知れない。たしかに、ミツバチとバッタは遠縁の生き物だ。しかし、共通点もある。それは、同種の個体どうしが互いに影響を及ぼし合って、行動を変えていくという点だ。ミツバチは、巣の中で働き蜂どうしが情報をやりとりして行動を変えていくが、バッタは、数が増えて混み合いが生じると個体どうしが影響をおよぼしあって群れを作るようになる。そのような、同種個体間の相互作用を見せる生物は、純然たる単独性の生物とはまた違った魅力がある。ミツバチが群れの中で適切に振る舞うために見せる行動調節も興味深いが、単独生活から群れ生活へと、またその逆へと生活の様式をガラリと変えるバッタもダイナミックで面白いと思った。

　農生研に移るまではミツバチしか研究したことがなかったので、当時の私はバッタについてあまり詳しく知らなかった。相変異についても、一般向けの書

Chapter 3　Behavioral aspects of phase polyphenism in locusts. *Written by* Ken-ichi Harano

62

籍などで少し読んだことがある程度だった。だから、数が増えた時にバッタの
行動が変わる原因と言われても、他個体と接触することなどが行動変化を引き
起こす刺激になるのだろう、というくらいに漠然と考えていた。しかし、いろ
いろ情報を集めていく中で、バッタの行動を変えるのはふ化後に感受する混み
合い刺激だけではないことを知った。バッタの行動は、そのバッタが経験した
混み合いだけでなく、親が混み合いを経験したかどうかということにも影響を
受けるのだという。すなわち、親の経験が子の行動を変えるということである。

　育児をするような動物であれば、親が子の行動に影響を与えることはあるだ
ろう。学習能力の高い鳥類や哺乳類では、親が自分の経験に基づいて、天敵と
なりうる危険な生物や、餌の採り方などを子に教えるかもしれない。しかし、バッ
タのように親と子が一緒に暮らさないような生物において、親の経験が子に影
響するなどということが本当にあるのだろうか？

　この章では、まず、大発生時に見られるバッタの行動変化を概観し、行動面
におけるバッタの相変異について、最近の報告に触れながら解説する。そのあと、
トノサマバッタとサバクトビバッタという 2 種のトビバッタを使って、親の経
験が子の行動に影響することを示した私たちの研究を紹介したい。

3.1.　どのような行動がどう変わるか？

　相変異を示すトビバッタ類は約 20 種存在するが、相と関連した行動変化は、
ある程度共通している。大発生していないとき、すなわち個体群が低密度で、
混み合いのない状態で棲息しているときの孤独相のバッタは、概して活動性が
低い[1,2]。エサさえあれば、驚かされない限りあまり広い範囲を動き回るような
ことはない。通常、私たちの周りで見られるトノサマバッタは、孤独相である。
私が農生研でバッタの研究をしていたとき、圃場で孤独相のトノサマバッタの
薄茶色い終齢幼虫を見つけたことがあったが、その個体は 1 週間くらいの間、
いつ行ってもだいたい同じ場所で見つかった（図 1）。そのくらい、孤独相は移
動しない。また、孤独相の幼虫は、他個体を避ける傾向があることも知られて
いる[3]。

　この行動上の特徴は、大発生時には大きく変化する。TV ニュースなどで、大
発生したバッタが群れて飛んでいる映像をご覧になった方も多いのではないか
と思う。バッタは大発生すると群生相となり、群れをつくって大移動をする（第
1 章参照）。成虫が群れて飛ぶ行動を「群飛」という。群飛しているバッタは各

図1　農生研の圃場で見つけた孤独相のトノサマ
バッタ終齢幼虫。約1週間のあいだ、昼間はいつ
も同じ場所で見られた。（写真提供：田中誠二さん）

個体がデタラメに飛ぶの
ではなく、集団を維持し
つつ、だいたい同じ方向
に向かって飛ぶ。このよ
うな状態になったバッタ
の群れは驚くほどの距離
を移動する。第1章で紹
介されたように、サバク
トビバッタが 1988 年に
は西アフリカから大西洋
を渡り、カリブ海地域ま
での 4500 km を約 10 日で
移動したという記録もあ
る[4]。孤独相のバッタ成虫の中にもかなりの長距離を飛翔する個体がいるよう
だが、群れでは飛翔しないし、概して定住的と言われている。

　群生相のバッタは、幼虫のときにも集団で移動する。翅がないので飛翔する
ことはできないが、同じ方向を向いて歩いたりジャンプして移動するのである。
まるでバッタが行進しているように見えるので、この幼虫の集団移動を「行進」
という。このように、バッタは低密度では仲間を避け、定住的な生活をしてい
るが、大発生したときには集団移動をするようになる。

　この劇的な行動変化はどのように引き起こされるのであろうか？初期の研究
では、飼育条件を様々に変えたバッタ幼虫を室内で同じ容器に入れて、その中
で同じ方向を向いて早足で歩く行進のような行動が見られるかどうか、といっ
たことが調べられた[1]。しかし、複数の個体が関わる集団行動は、解析や評価
が難しい。近年でも、画像処理の技術を用いて、幼虫集団の行動をそのまま解
析しようという研究[5]もあるが、多くの研究ではバッタの行動を、より単純な
要素に分解して解析を行うという研究手法をとる。先に述べたように、大発生
時には、活動性と集合性にかかわる行動に顕著な変化が見られるため、これら
の行動要素に注目する場合が多い。

　私が農生研にいた時には、主に活動性に関する研究を行っていた。その話を
紹介する前に、相変異におけるもう一つの重要な行動要素である集合性につい
ての研究の動向を紹介したい。

3.2.　相変異と集合性

　トノサマバッタでもサバクトビバッタでも、孤独相のバッタは集合性が低く、他個体を忌避する傾向があるが、群生相では集合性があり、集団になりやすい[3]。低密度で棲息する孤独相は、たまたま別の個体と出会っても、それを避けるので、個体どうしが接触する機会は一層減ることになる。そのため、孤独相は孤独相であり続けることになる。しかし、たまたまある年の天候がバッタの生育に向いていたというような理由で、バッタの数が増えたときには、バッタはあちらこちらで他個体に遭遇することになるだろう。他個体を避けて移動していった先で、別の個体に遭遇するようなことも起こるかもしれない。あるいは、地域レベルでの生息密度はそれほど高くなくても、エサなどの資源が少なく、パッチ状に存在する状況では、バッタは資源のある場所に集まらざるを得なくなる。そうなると、接触などの他個体との相互作用はいやおうなしに増加し、それが集合性を誘導するように働くと考えられる。個体数が多い状況では、いったん集合性を示すようになったバッタは、互いに集まるようになるので、さらに接触の機会が増え、坂道を転がり落ちるように群生相化が進んでいく。逆に、群生相のバッタの集合性が何らかの理由により低下すれば、孤独相へ移行していくことになる。例えば、大きな植物群落に遭遇すると、バッタ集団は接触の機会が減少し、集合性が低下する。このように集合性は、相の移行を推し進める重要な働きをする（図2）。

　相に関連する形質は、行動の他にも体色や形態などがあるが、これらの形質はバッタが混み合い刺激を感受しても、すぐに変化しない。体色や形態は、脱皮することによってしか変えられないからである（第4〜6章参照）。しかしながら、行動は脱皮を待たずに変化しうる。実際、この後説明するように、バッタの行動のなかには比較的短時間で変化するものがあり、相が移行する最初の段階で、集合性が変わると考えられる。集合性が変わると、他個体との相互作用の量も変わるので、その影響によって、行動以外の形質も次第に変わっていくのだろう。

　一口に集合性といっても、そこにはいくつかの異なる要素が含まれている。一つは、離れたところに別個体を見つけた場合に、近づいていくという性質である[6-8]。しかし、他個体に近づいていく性質があったとしても、近づいたバッタに避けられてしまったのでは、いくらたっても集団は形成されない。このこ

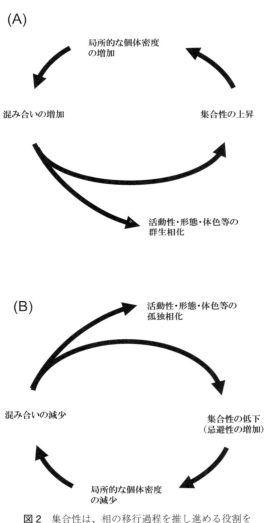

図2　集合性は、相の移行過程を推し進める役割を果たす。(A) 群生相化。(B) 孤独相化。

とを考えると、他個体が近くにいることを許容する性質も集合性の重要な要素の一つであるといえる。バッタの行動上の相変異の研究が本格的に始まった 1950 年代には、イギリスにあったバッタ対策研究センターのエリス (Ellis, P. E.) が、集合性獲得に関する重要な発見をした。ここではまず、その研究[3] を紹介したい。

　群生相と孤独相で、他個体の幼虫への許容性が異なることを最初に発見したのは、エリスである。彼女は、トノサマバッタやサバクトビバッタの幼虫をくわしく観察して、他個体が接触したときの反応が、相によって異なることに気づいた。単独飼育した孤独相の幼虫は、他個体が触れるとびっくりしたように跳びのいたり、それを避けようとする

のに対し、集団飼育した群生相幼虫は、そのような反応をあまりみせず、むしろ他個体の近傍に居つづけたのである。

　またエリスは、多数のトノサマバッタやサバクトビバッタの幼虫を実験アリーナに放し、どちらの種でも群生相幼虫の方が孤独相幼虫よりも集団を作りやすいこと、孤独相幼虫も 7 時間の集団飼育の後では、群生相同様に集団を形成す

るようになることを示した。そして、どのような刺激が集合性の獲得に必要な
のかを明らかにするため、いろいろな生物と孤独相幼虫を一緒に飼育した。相
変異を示さないイナゴの仲間や、昆虫でさえないワラジムシなどとも一緒に飼
育してその影響をみている。そして、生物種に関わらず、一緒に飼育すること
で集団形成を促進する効果がバッタにあらわれることを示した。それどころか、
細い針金を容器の中で動かし続けて、機械的な刺激を与えただけでも同様の効
果があったのである。つまり、バッタに集合性をもたらし、それを増強させる
のに重要なのは、何か動くものに触れられたという機械的な刺激なのだ。エリ
スはこれらの結果と、相によって他個体と遭遇した時の反応が違うという観察
を組み合わせて、バッタが集合性を獲得する過程では、まず他個体との頻繁な
接触により接触刺激に対する慣れが生じ、他個体への許容性が高まる（触られ
ても逃げなくなる）ということが重要なステップになる、と結論した。

　では、バッタの集合性を構成する他の要素は、相の移行に際してどのように
変化するのだろうか？最近の研究を見てみよう。サバクトビバッタでは、遠く
から他個体を見つけた場合に、それに近づいていくか、忌避するかという性質が、
相によって異なる。孤独相は他個体から遠ざかり、群生相は近づいていく傾向
がある [6-8]。この性質も、幼虫を混み合いにさらしたり、あるいは隔離すること
で変化させることができる。しかし、変化を起こすのに必要な時間については、
研究グループによって意見が分かれている。イギリス・オーストラリアの研究
者を中心にした研究グループは、孤独相を集団飼育して 1 時間後にはすでに顕
著な変化が起き、4 時間後には変化が完了すると報告している [7]。つまり、エリ
スが調べた他個体への許容性と同じくらい容易に、誘引 / 忌避の性質も変化す
るということだ。これに対して、農生研のバッタ研究室で田中さんらが行った
研究は、顕著な変化が見られるのに 2 日間は必要で、変化が完了するにはそれ
以上の時間がかかることを示している [6]。この研究では、群生相幼虫を集団か
ら隔離した時に他個体へ誘引される性質が失われるのにも、2〜3 日間が必要で
あることを明らかにしている。1988 年に発表されたジレット（Gillett, S. D.）の
研究でも、集団から隔離した群生相幼虫の集合性の変化を調べているが、やは
り隔離の効果が見られるには 2 日以上かかるという結果が得られており [9]、田
中さんらの結論と合致する。エリスが調べた他個体への許容性がこれよりもずっ
と短時間で変化するのは、この性質が接触に対する慣れによって生じているか
らだろう。他個体への誘引 / 忌避の変化は、単純な慣れによって起きているの

ではないだろうから、より長い時間がかかったとしても不思議ではない。

　なぜ、研究グループによって異なる結論が導かれているかはわからないが、実験に使うアリーナの構造や見せるバッタと直接触れるか否かなど、実験手法の違いがことなる結果をもたらした原因の一つになっているかもしれない。たとえば、田中さんらがバッタを放して行動を調べるために用いている実験アリーナは、楕円形で角がなく、全体を均一に照明しているのに対し[6,8]、海外のグループが用いているのは、長方形のアリーナである[7]。後者では、アリーナの片方の端に群生相個体を複数入れたケージを、もう片方の端に空のケージを置き、放たれたバッタがどちらかに誘引されるように、両端をより明るく照明して実験している。また、長方形アリーナには角があるので、この部分にバッタが長時間とどまりがちになる。そのため、野外ではほとんど影響がないくらいのわずかな行動の違いを増幅して検出してしまっているのかもしれない。また、海外のグループは行動観察をはじめの 10 分程度で行っているが[7]、田中さんらは、その 10 分はバッタを落ち着かせる時間とみなしてその後 30 分間の観察で評価するという方法をとっている[6,8]。こういった方法の違いが、結論の違いに関係していたのかもしれない。

　集合性に影響を与える要因についても、近年新しい発見があった。バッタは、接触刺激を含む複数の刺激を通じて混み合いを認識し、相に関連した形質を変えると考えられている[10]が、集合性については視覚的刺激が決定要因の一つであるということが明らかになった。この研究では、孤独相のサバクトビバッタの幼虫を、2 重の透明な壁越しに 10 頭の同種個体を見せながら 2〜3 日飼育すると、群生相のように他個体に引きつけられるようになることが示された[8]。集団の中にいるバッタは、他のバッタを見ており、そのことによっても集合性が高まるのである。

　群れをつくる昆虫の中には、特別な匂い（フェロモン）を放出して、同種の他個体を引き付けるものがいる。トビバッタ類の群生相が群れを作る際にも、そのような集合フェロモンが働いているのではないかと考えられてきたが、2020 年に中国の研究グループによって、トノサマバッタの集合フェロモンが同定された[12]。このフェロモンは、バッタの体や糞から放出される 4-ビニルアニソールという物質で、群生相幼虫も孤独相幼虫も両方引き付ける。群生相だけが放出するのだが、孤独相幼虫であっても混み合いにさらすと 24 時間後には放出を始めることが確認されている。このフェロモンが孤独相も誘引するという

結果は、相の移行や維持の仕組みを考える上でたいへん興味深い。この結果が本当であれば、孤独相幼虫も群生相の匂いに対しては、エリスの指摘した慣れの期間を経ることなく誘引されるということになる。これは、孤独相幼虫が群生相幼虫に近づいていく性質をもつということであり、「孤独相幼虫は他個体を忌避する」ということを示した多くの研究結果と矛盾する。この点を詳細に検討することで、新たな相変異の仕組みが見えてくるかもしれない。

　これらの研究結果をみると、幼虫が感受した混み合い刺激が集合性に影響を与えることは間違いない。しかし、親の効果（親が経験した混み合いが子の集合性を変えるかどうか）については、複数の研究者がトノサマバッタとサバクトビバッタで実験を行ない、否定的な結果を得ている [6,11,13]。つまり、幼虫の集合性は、ふ化時には相（親の経験）による違いがなく、その後に経験する混み合いによって決まってくるのである。そして、このことが孤独相から群生相への移行時に重要な意味をもつと指摘されている。

　くり返し述べているように、単独飼育した孤独相幼虫は他個体を忌避し、集団飼育した群生相幼虫は集合性を持つ。バッタの数が増えたときには、他個体と接触することなどを通じて孤独相は群生相化していくのであるが、孤独相が他個体を避け続けていれば、群生相化に必要な接触などの刺激が得られない。そのため、どのようにして孤独相が他個体への忌避性を乗り越えて群生相化するのか、ということが問題になってきた。一つの可能性として、先に述べた視覚刺激による集合性の獲得が群生相化のきっかけになるということが考えられる。バッタの数が多くなった時には、孤独相幼虫は何度も他個体の姿を見るので、しだいに忌避性を失っていくのかもしれない。あるいは、避けても避けても、別個体に出会ってしまうほど密度が高くなれば、出会いのくり返しにより、孤独相幼虫も集合性を獲得するだろう。もう一つの可能性は、忌避性がないふ化直後の時期に集合することで、群生相化が進むという可能性である。成長した幼虫や成虫が集合性を示さない種でも、ふ化後の短い期間だけ幼虫が集合するものは比較的多く知られている（図3）。相変異を示すトビバッタ類でも、孵化幼虫にそのような性質があるのであれば、この集合が群生相化で重要な役割を果たすということがあるかもしれない。

　サバクトビバッタがふ化する場所には、草や灌木などの植物が生えている。イスラエルのグエルション（Guershon, M.）とアヤリ（Ayali, A.）は、そういった環境を再現して実験することが重要だと考え、実験アリーナに植物の代わり

図3　タイワンツチイナゴは、ふ化後にだけ集合する。（東大東島
にて。写真提供：相澤昌成さん）

として細い木の棒（論文の写真を見ると、おそらく爪楊枝）をたくさん立て、
アリーナの中でふ化したサバクトビバッタの幼虫の行動を観察した[13]。彼らは、
孤独相または群生相の親が生んだ卵鞘を使って親の効果を検証したが、どちら
の卵鞘でも結果は同じで、親の効果は検出されなかった。幼虫はふ化後に棒に
登り、複数の幼虫が同じ棒に登って先端部分でグループを作ることもあった。
それぞれの棒に何頭の幼虫が登ったかを調べてみると、ランダムに棒を選んだ
場合よりも幼虫が集中していることがわかった。つまり、孤独相でもふ化直後
には忌避性を示さず、むしろ弱い集合性を示すのである。この結果は、バッタ
の密度が高まり、多数の卵鞘が一度にふ化するようなときには、親が孤独相で
あっても、ふ化幼虫は植物などの先端部で集団をつくる可能性を示唆している。
そのような中で幼虫どうしが刺激し合って、さらに強い集合性を獲得すること
が、群生相への移行の始まりになるのかもしれない。それに必要なのがふ化幼
虫数の増加なのだろう。

3.3.　行動変化を作り出す仕組みは解明されたか？

　バッタは混み合いを感受することで、行動を変化させる。行動は神経系によっ
て作り出されるので、混み合い刺激が何らかの仕組みを通じて、神経系の働き
に影響を与えて、行動を変えるのだと考えられる。この混み合い刺激と行動を

つなぐ仕組みについては、多くの研究者が関心を寄せてきた。

　人間など脊椎動物では、脳からの指令によって行動が起こるが、昆虫は脳以外にも神経節という神経の塊を持っており、そこからも行動の指令が出される。例えば、胸部にある神経節は、歩行や飛翔に関する行動指令を出して、これらの行動を制御していることが知られている。この胸部神経節が、バッタの行動を群生相化させる際に重要な役目を果たしているという仮説もある。

　2004年に、イギリスのロジャース（Rogers, S. M.）らは、サバクトビバッタの孤独相幼虫を4時間混み合いにさらすとセロトニンという物質が胸部神経節で一時的に約8倍も増加する、と報告した[14]。セロトニンは生体アミンの一つで、神経を伝わる信号を別の神経に伝えたり（神経伝達物質）、神経の性質に影響して信号の伝わりやすさを変えたりする物質（神経修飾物質）である。彼らの結果では、混み合い後のセロトニンの増加は一時的であり、混み合いに24時間さらした後では、もとのレベルに戻っていた。しかし、彼らは、この物質によって集合性が増加すれば、セロトニン量が元に戻ったあとでも、集合した個体どうしが刺激し合って群生相化が進んでいくだろうと考えた。数年後、同じ研究グループのアンステイ（Anstey, M. L.）が中心になり、孤独相幼虫の胸部神経節に直接セロトニンを滴下したり、セロトニンの原料となる物質（前駆物質）を孤独相幼虫に注射すると行動の群生相化が起きること、セロトニンの働きを阻害する薬剤や合成を阻害する薬剤を注射すると、行動の群生相化が起きにくくなることなどを示した。彼らは、胸部神経節内のセロトニン量が多いほど、行動の群生相化度合いが強いことも報告している[15]。これらの結果はどれも、混み合いによって生じる一時的なセロトニンの増加が、行動の群生相化を引き起こすという彼らの仮説を支持していた。

　たしかに昆虫は複数の神経節を持ち、私たちが脳で行うような行動制御の一部をそこで行っている。とはいっても、神経節が制御するのは通常、歩行や飛翔などの比較的単純な行動であり、複雑な情報処理は脳で行われることが多い。ほんとうに、集合性のような複雑な行動が胸部神経節で制御されているのだろうか？この問題については、2つの研究グループが別々に追試を行っており、どちらも否定的な結論に至っている。どのような追試が行われたのかを説明しておこう。

　最初の追試は、バッタ研究室の田中さんらが行った。セロトニンを孤独相幼虫の胸部神経節の近くに注射して、報告どおり集合性が増加するかどうかを確

認しようとしたのであるが、注射の回数を 1 回だけでなく、3 回にしたり、低濃度での注射を 6 回行ったりと、かなり徹底的な実験を行なったにもかかわらず、セロトニン投与による集合性の上昇は確認できなかった[6]。この結果が発表されると、ロジャースらは反論の論文を出版し、注射されたセロトニンが胸部神経節を包む膜を通り抜けることができなかったため、効果がでなかったのだと主張した[7]。彼らの実験では、幼虫の胸部を切開して神経節を包む膜を酵素で除去した上でセロトニンを滴下していたからだ。その論文では、そのような処置をせずにセロトニンを投与したときには、行動の群生相化は起きないという彼ら自身の実験結果が示されていた。しかし、膜除去を行えばセロトニン投与が群生相化を引き起こすことを再確認したわけではない。また、他の昆虫では、比較的低濃度で注射された生体アミンが脳（胸部神経節と同じような膜に包まれている）に取り込まれることが示唆されており[16]、ほんとうに膜除去に決定的な効果があるのかどうかには疑問が残る。胸部切開という大手術をした後にもかかわらず、直ぐにアリーナに導入して集合性の違いが検出できるのだろうか、という疑問もいくらか感じる人もいるかもしれない。

　もう一つの追試は、イギリスのスミス（Smith, J. M.）が彼の博士論文[17]のための研究の中で行った。彼はロジャースらとほとんど同じ方法を用いて、同じ実験を繰り返した。そして、孤独相幼虫を混み合いにさらすと、行動は群生相化するが、胸部神経節内のセロトニン量は変化しないという結果を得た。複数の家系や系統を使って実験を繰り返しても、結果は同じだった。スミスの研究では、アンステイらが報告した、セロトニン量と行動の群生相化に関する相関も見られなかった。さらに彼は、セロトニンやその合成阻害剤の注射が、行動の群生相化にはほとんど影響を与えないという結果も得た。混み合い経験後にセロトニンの増加がないのであれば、セロトニンや合成阻害剤の投与に効果がないこともうなずける。

　この問題については、今後さらに研究が行われる必要があるが、私自身は、脳でなく胸部神経節が集合性などの複雑な性質を制御していることはないだろうと考えている。混み合いを感受すると、セロトニンが胸部神経節で増加し、そこで生み出された信号が脳へ伝わり、行動を変えていくのだろうか？しかし、スミスの追試結果を見ると、セロトニンの増加は混み合い後に必ず起きるわけではないようにみえる。そして、それがなくとも群生相化が起きている。この結果を素直に解釈すれば、行動の群生相化は胸部神経節でのセロトニンの増加

によって引き起こされているのではない、ということになるだろう。ロジャースらがセロトニンの役割に関する論文を出版してから、すでに 16 年が経過している。セロトニン合成 / 受容の分子機構に関しては詳しい情報も存在することから、遺伝子レベルでのアプローチが望まれる。

3.4.　活動性を測定する

ここからは、私が共同研究者らと進めたトビバッタの相変異と活動性に関する研究を紹介したい。

活動性は、集合性とともにバッタの相に関連して顕著に変化する代表的な行動要素である。研究室でこれを調べる場合、バッタを小さな容器に入れ、その中でどのくらい動き回るかを測ることが多い。容器の中でたくさん動くのであれば、広いところでは長い距離を移動するだろうと仮定している。

私が取り組んだテーマは、トビバッタ類の成虫が経験した混み合い条件と彼らの子自身がふ化後に経験した混み合い条件が、ふ化幼虫の活動性にどのような影響を与えるのかを明らかにする、というものであった。先に述べたように、バッタが感受した混み合いの影響は世代を超えて、その子の形質に影響を与える場合がある。行進などの活動性と関わりのある行動にも、親の効果があると言われてはいたが、過去の研究にはいくつかの問題点があった。その一つは、比較的発達段階の進んだ幼虫を材料に用いているという点だ。バッタはふ化してから時間が経っていればいるほど、ふ化後の環境（単独飼育か集団飼育かなど）の影響をより大きく受けると考えられる。したがって、発達の進んだ幼虫では、親の効果がふ化後の環境の影響によって覆い隠されてしまっているかもしれない。ふ化してからあまり時間の経っていない幼虫を用いれば、もっとはっきりと親の効果について観察できる可能性があった。そこで私たちは、トノサマバッタの 1 齢幼虫（図 4）に焦点を絞って、活動性を

図 4　トノサマバッタの 1 齢幼虫。

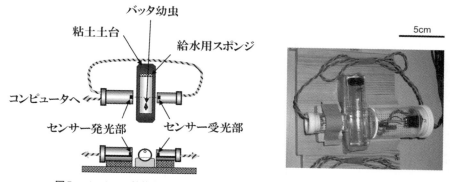

図5　バッタの1齢幼虫の活動性を測定するのに用いた赤外線アクトグラフ。ここでは、水を供給するためのスポンジを入れているが、標準的な測定条件ではこれを入れなかった。

調べてみることにした。

　昆虫の活動性を測定する方法はいくつかあるが、私たちの研究で用いたのは赤外線アクトグラフという赤外線センサーを利用した方法である。この方法は、バッタに限らずさまざまな動物の活動性の高さや1日の活動周期などを調べるのに使われている。私たちの実験では、バッタ幼虫を小さな容器に入れ、その中央を赤外線ビームが横断するようにアクトグラフに設置した。バッタが容器内を歩き回って、この赤外線ビームを横切ると、それがセンサーによって感知され、その回数をパソコンが記録するという仕組みである（図5）。遮断回数が多いほど、活動性が高いと判断する。

　私が実験で使用したアクトグラフは、共同研究者である芦屋大学の齋藤治さんと渡康彦さんが60セット以上も手作りしてくれたので、多数の幼虫の活動性を同時に測定することができた。実は私が始める前に、村田未果さん（現在、農研機構）が予備的な試験をしてさまざまな情報を集めていてくれた。それを踏まえて、さらに私なりに改良して装置を完成させた。バッタは卵鞘で産卵し、ふ化はかなり斉一におこるので（第10、11章参照）、一度に多数のバッタ幼虫の活動性を測定できることが、実験を効率よく進めるために必要だった。また、1つの卵鞘から同じ条件でふ化した幼虫に異なる処理をして、同時に活動性を測定することができたので、処理の効果をより明瞭に検出できただろうと考えている。高価な既製品のアクトグラフを購入していたら、ここまでの数を揃えることはできなかったかもしれない。

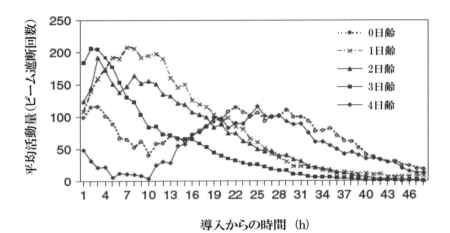

図 6　トノサマバッタ 1 齢幼虫のアクトグラフ導入後の活動性の変化。
0 日齢は 1 ～ 3 日齢と異なり、二山形の活動パターンを示す。文献 [18]
の図を改変・転載。

　赤外線アクトグラフでバッタの活動性を測定した研究はそれまでになかった
ので、活動性をきちんと測れるようになるまでは、バッタを入れる容器の形や
センサーの感度などいろいろと細かい条件を検討することが必要であった。1、
2 ヶ月ほど試行錯誤すると、どうにか活動性が測定できるようになったので、
私たちはまず、どのような内的・外的要因が 1 齢幼虫の活動性に影響を与える
かを調べることにした [18]。

　このときの実験では、ふ化からの日数、背景色、エサの有無、湿度、照度、
体サイズの影響とアクトグラフに入れてからの活動量の変化を、集団飼育した
群生相由来の卵鞘を得て、そこからふ化した 1 齢幼虫を使って調べた。

　ふ化からの日数の影響を調べる実験では、トノサマバッタの 1 齢期間はおよ
そ 4 日間だったので、0、1、2、3、4 日齢の 1 齢幼虫をアクトグラフにセット
して活動量を測定した。測定時の容器にはエサは入れなかったが、測定を始め
るまでは自由に草を食べられるようにした。図 6 に示したように、1 ～ 3 日齢の
幼虫については、アクトグラフに入れてからの活動量の変化はほぼ共通してい
た。実験を開始してはじめの数時間に少しずつ活動量が上がり、2 ～ 10 時間の
間にピークに達し、その後は下降を続けてやがて動かなくなるというパターン
である。別の実験で、測定容器の中に草を入れてそれを食べられるようにすると、

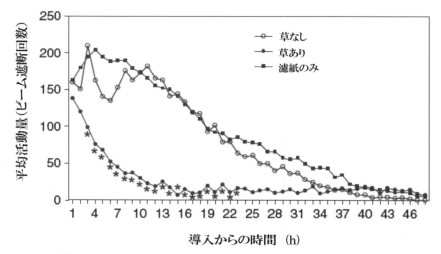

図7　トノサマバッタ 1 齢幼虫はエサがあることで不活発になる。*は、2 つの対照区との間に統計学的な差異があることを示す。文献[18]の図を改変・転載。

活動量は大きく低下するということもわかった（図 7）。エサなしの容器に入れた幼虫は、だんだんと空腹になって活動量を増加させるが、その後エネルギー切れのために動けなくなるというのが、この一山型の活動パターンが作られる理由のようだった。

　4 日齢の幼虫は、アクトグラフに導入すると次第に活動量を減少させ、2 齢に脱皮した後に活動量のピークを示した。

　0 日齢幼虫は、一山型ではなく、実験開始 2〜3 時間後と 24 時間以上後にピークになる二山形の活動パターンを示した（図 6）。2 つ目のピークの後には、だんだんと活動量が減少して最終的には動かなくなっていたので、これはその後の日齢でも見られた空腹による活動量の増加と減少であると考えて良さそうだ。しかし、1 つ目のピークはなぜ生じるのだろうか？ふ化してしばらくは刺激にとくに敏感で、容器に移した人為的影響によって活発になっただけ、ということも考えられた。そこで、実験開始後 7 時間目に、幼虫を容器から取り出し、再度容器に入れるという操作を行ってみた。しかし、その操作のあとには活動性の増加は見られなかった（図 8A）。さらに、ふ化直前の卵を容器に入れ、アクトグラフにかけた状態でふ化させても、この二山形のパターンが確認された（図 8B）。これらの結果から、1 つ目のピークは導入時の人為的刺激が原因では

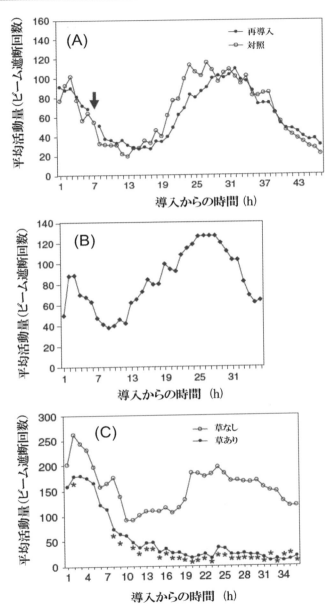

図8　トノサマバッタ幼虫のふ化直後の活動性。(A)再導入では、ふ化直後に見られるようなピークは現れなかった。矢印はアクトグラフへの再導入時期を示す。(B) アクトグラフ内でふ化させた場合でもふ化直後にピークが現れた。(C) エサがあってもふ化直後のピークは消えなかった。* は対照区との間に統計学的な差異があることを示す。文献 18) の図を改変・転載。

ないことがわかった。

　このふ化直後に見られる高い活動性は、それまでに報告がない、新しい発見であった。しかし、なぜトノサマバッタがふ化直後の数時間だけ活動性を増加させるのかは、いまだよくわかっていない。野外でふ化した幼虫は、地上に現れたあとに脱皮して、その場所から離れて近くの植物などの高い場所に登り、そこでゆっくり体が硬くなるのを待つ。このふ化後の行動と関連しているのかもしれない。容器内にエサを入れてやっても、この最初のピークはやや低くなる傾向はあるものの、無くなることはなかった（図 8C）。幼虫は、ふ化後 6 時間は餌を食べないので、飢餓による活動性の増加ではないのである。この後述べるように、私たちは同じ実験をサバクトビバッタでも行ったのだが、面白いことにサバクトビバッタには、このふ化直後の活動性の増加は見られなかった（後述の図 12 参照）。平坦で植物が少ない沙漠でふ化するサバクトビバッタの幼虫にとって、そのような行動は徒労につながっても必ずしも生存を高めることにはならないからだろうか？

　第 10 章に詳述されているように、これら 2 種のバッタはふ化のタイミングが異なる。トノサマバッタは昼間にふ化するが、サバクトビバッタは、気温の比較的低い明け方にふ化する[19-21]。昼間にふ化するトノサマバッタは、熱や紫外線、アリなどの天敵から身を守るため、地上に現れたらすぐに安全な場所に移動する必要があるのかもしれない。こういった考えは単なる想像でしかないが、ふ化幼虫がどのような行動をとるのかを、より自然に近い条件下で観察すれば、この行動の意味に関するヒントが得られるかもしれない。

　このように、アクトグラフの測定系ができあがってからは、比較的順調に実験が進んでいった。アクトグラフの実験の良いところは、一度セットしてしまえば、あとは機械がデータを取ってくれるというところである。行動の研究は、動物を長時間、直接観察しなくてはならない場合も多い。そういうタイプの研究は楽しいが、やはりたいへんで、観察できる時間にも限りがある。アクトグラフを使えば、そのような制限はなく、長時間のデータ収集が可能である。また、機械によるデータ収集なので恣意的な問題の介入を排除できることも、重要な側面であろう。

　一方で、機械を使った実験には、機械が壊れると、何もできなくなってしまうという恐ろしさがある。私が実験を行っている時も、1 度だけアクトグラフの調子がおかしくなったことがあった。

　私たちのアクトグラフには、センサーが赤外線を感知しているときに小さな赤いライトが点灯する仕掛けがあった。バッタがセンサーの前を歩いて、赤外線を遮断すると、このライトが一瞬だけ消える。だから、実験中であってもほとんどのライトは点灯しており、まれに消えて、またすぐに点くというのが正常な状態である。ところが、あるときアクトグラフの様子を見に来ると、設置してある 60 個以上のアクトグラフのほとんどで、ライトが激しく点滅していた。あきらかにバッタの動きとは関係のない点滅で、アクトグラフが故障してしまったのだと思った。

　この不調の原因としてまず考えたのが、電源の故障の可能性だった。電圧が不安定になったために、センサーがそれに反応して点滅が起きているのではないかと考えたのだが、研究所の電気関係の保守をしている部署の人に調べてもらっても、電圧に異常はないという。配線の接続不良ではないかということも疑ったが、それらしき箇所もみつからない。もともと、私は電気機器に強い方でもないので、すぐに打つ手は尽きてしまった。

　これはもう、アクトグラフを作ってくれた芦屋大学の研究室に送って修理してもらうのがいいだろう。プロジェクトリーダーだった田中さんと相談して、そのように決めはしたのだが、私はなんとなく諦めがたく、一日中アクトグラフをいじって過ごしていた。すると、ちょっとした発見があった。コピー用紙でアクトグラフを覆って、陰を作ると、少し調子が良くなるような気がしたのだ。光が当たっているのが良くないのだろうか？その通りだった。部屋の照明を消してみると、点滅は解消した。しかし、照明をつけるとまたもとに戻ってしまった。

　実は、アクトグラフに異常はなく、照明に使っていた蛍光灯に問題があったということが、この後判明した。全てが済んでから芦屋大学の齋藤さんに解説をしてもらったのだが、私の理解したかぎりでは、この不調の原因は以下のようなものだった。

　蛍光灯は、可視光のほかに赤外線も放射している。通常は、これがある一定の強さでアクトグラフに届くので、特に問題は生じないが、蛍光灯が古くなってくると、光の強さが不安定になってくる。つまり、赤外線が強くなったり弱くなったりする。私の実験では、バッタの 1 齢幼虫という小さな物体の移動を感知しなくてはならなかったので、センサーの感度を比較的高く設定し、赤外線のちょっとした変化にも反応するようにしていた。おそらくそのせいで、蛍

光灯からの赤外線が弱くなったときに、赤外線ビームが途切れたとセンサーが判断してしまっていた、ということのようなのである。

たしかに、蛍光灯が古くなるとチカチカするようになるが、この時の実験室の蛍光灯はそのような状態にはなっていなかった。しかし、人の目ではわからない程度であっても、ちらついていたのだろう。蛍光灯を新しいものと取り替えた途端、アクトグラフの不調は嘘のように治まり、それ以降同じような不調が生じることはなかった。

3.5.　トノサマバッタ1齢幼虫の活動性への 親の効果とふ化後の混み合い効果

トノサマバッタの1齢幼虫の活動性におよぼす内的・外的要因が明らかになったので、本題である親の効果の検証に移った[22]。1齢幼虫期は30℃では4日間あるので、どの日齢で測定を行うのかというのが一つの問題であったが、日齢の影響を詳しく調べたので、この問題は解決した。他の日齢と異なるパターンを示す0日齢と、その後の日齢を代表して2日齢の活動性を測定することにした。

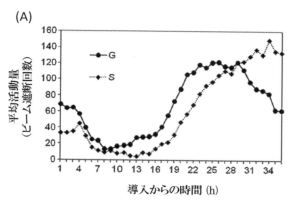

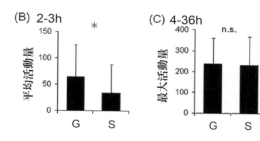

実験では、群生相と孤独相の幼虫を得るために、数世代集団飼育した成虫が産んだ卵鞘か、数世代単独飼育した個体が産んだ卵鞘を採取した。本章では、

図9　トノサマバッタふ化幼虫（0日齢）では、群生相の方が孤独相よりもふ化直後に見られる活動性のピークが高い。Gは群生相、Sは孤独相。（A）アクトグラフ導入後36時間の変化。（B）導入後2から3時間の活動量の平均値。（C）導入後4時間以降の活動量の最大値。＊は統計学的な差異があることを、n.s.はないことを示す。文献[22]の図を出版社の許可を得て改変・転載。

前者の卵からふ化した幼虫を群生相幼虫（または G 幼虫）、後者の卵からふ化した幼虫を孤独相幼虫（または S 幼虫）と呼ぶ。

　異なる相について、0 日齢幼虫の活動性をふ化直後から測定した結果を図 9 に示す。どちらの相でも、ふ化直後の活動性の上昇はみられたが、そのときの活動量は、群生相の方が平均して 2 倍ほど高かった。この結果は、親が感受した混み合いが世代を超えて子の活動性に影響を与える、すなわち活動性に親の効果が存在することを明確に示している。2 つ目のピークは、立ち上がりが群生相幼虫の方で早い傾向があったが、これはふ化直後に活動レベルがより高かったので、その分早く空腹になったためと解釈できる。最終的に到達した最高活動量には、2 つの相の間で明瞭な違いはなかった。

　2 日齢幼虫では、ふ化後の飼育条件が加わるので、結果がより複雑になるが、やはり親の効果が認められた。2 日齢幼虫の場合は、ふ化から測定までの間、同じ卵鞘からふ化した幼虫 30 頭での集団飼育か、単独飼育をしたので、実験区は 4 つになる。表記を単純化するため、群生相幼虫を集団飼育した場合を Gg、群生相幼虫を単独飼育した場合を Gi、孤独相幼虫を集団飼育した場合を Sg、孤独相幼虫を単独飼育した場合を Si と表す。

　図 10A は、これら 4 つの条件の幼虫を 1

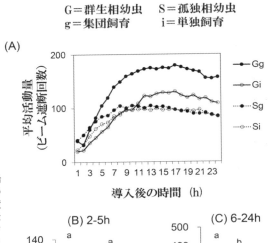

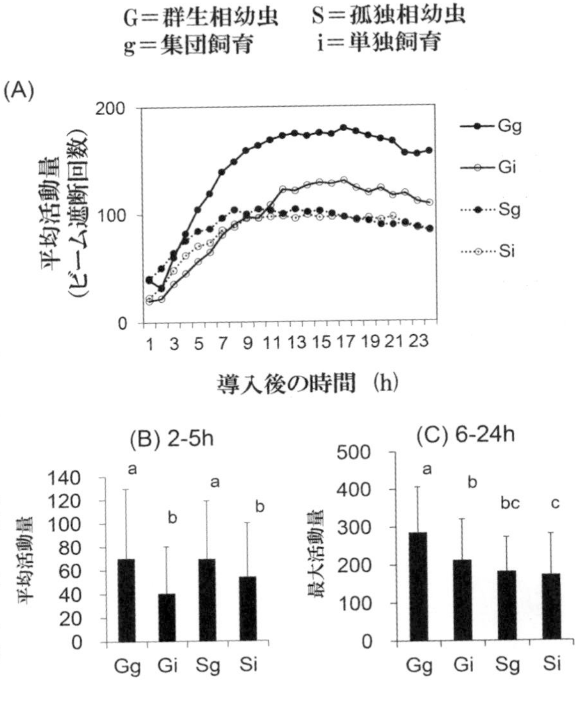

図 10　トノサマバッタの 1 齢幼虫（2 日齢）では、親の飼育密度と幼虫の飼育密度の両方が活動性に影響したが、効果が現れるタイミングが異なった。（A）アクトグラフ導入後 24 時間の変化。（B）導入後 2 から 5 時間の活動量の平均値。（C）導入後 6 時間以降の活動量の最大値。異なるアルファベットは統計学的な差異を示す。文献 22) の図を出版社の許可を得て改変・転載。

頭ずつ容器に入れて測定した活動量の推移を示している。どの実験区の幼虫も、導入から数時間のうちに活動量を上昇させ、6 時間を過ぎたあたりで上昇は緩やかになり、やがて頭打ちになったが、活動量の上昇のしかたや到達した最大活動量は、実験区によって異なっているように見えた。そこで、活動量が急増している測定前半と、最大活動量に達する後半で分けて解析することにした。この解析では、測定開始後 6 時間に得られた活動量の平均と 6 時間以降に記録された最大活動量を個体ごとに算出し、それぞれ測定前半の活動性あるいは測定後半の活動性の指標として用いた。後半の活動性の指標に平均値ではなく、最大値を使ったのは、測定の終わりころには空腹の影響が出て、活動量が突然低下しがちだったからである。

　前半の活動性には、おもにふ化後の飼育密度の影響が現れた（図 10B）。ふ化後に集団飼育した幼虫は親が混み合いを経験している場合（Gg）であれ、経験していない場合（Sg）であれ、関係なく活動性が高かった。ふ化後に単独飼育した幼虫は、Gi でも Si でも活動性が同じくらい低かった。

　一方で、後半の活動性には、親の影響も認めることができた（図 10C）。ふ化後に集団飼育した場合、親が混み合いを経験していると（Gg）、親がそれを経験していない場合（Sg）より、高い活動性を示した。ふ化後に単独飼育した場合も、親が混み合いを経験した幼虫（Gi）の方が、親が混み合いを経験していない幼虫（Si）にくらべて活動性は高かった。そして、面白いことに、ふ化後の飼育密度の影響は群生相幼虫（Gg、Gi）では見られたのに、孤独相幼虫（Sg、Si）では見られなかった。これは、図 10A を見てもらった方がわかりやすいかもしれない。測定の後半部分に注目すると、G 幼虫はふ化後に集団飼育した場合（Gg）に単独飼育したとき（Gi）と比べて大きく活動性を増加させるのに対し、S 幼虫では集団飼育（Sg）しても、単独飼育（Si）よりも活動性を増加させるということがなかったのである。この結果は、トノサマバッタの活動性に対する親の効果は、ふ化後の混み合いに対する幼虫の反応性を変えるという形で現れるということを示している。親が混み合いを経験しているときにだけ、幼虫はふ化後の混み合いに反応して活動性を大きく増加させるのである。これは遺伝的な継承というより、遺伝子の変化をともなわないエピジェネティックな現象である可能性を示していて、将来の興味深い研究テーマになるのではないかと思う。

　測定後半には、幼虫は空腹になっているので、空腹の時に親の効果が現れる

と言えそうだ。私たちは、これを確かめるために、測定前12時間にエサを与えずに飼育した2日齢幼虫で活動を測定する実験も行った。そのような幼虫では、測定直後から親の効果が現れたことから、アクトグラフに導入してからの時間そのものではなく、空腹度合いが親の効果の出現と関係していると考えた。

　つぎに、どのようにして親の効果が現れるのかを考えてみたい。親の効果は、ふ化後に集団飼育した幼虫が、空腹になったときに一層大きく活動性を増加させられるかを決める。G幼虫は、集団飼育することで、単独飼育したときに比べ、空腹時により高い活動性を示すようになるが、S幼虫はそうはならない。これはなぜなのか？孤独相幼虫は、他個体を忌避する傾向があるので、集団飼育していたとしても、互いに他個体を避けて接触などの相互作用をあまりしないのかもしれない。そのために、活動性への集団飼育の効果が出ないのだろうか？この可能性を検証するため、G幼虫20個体の中に、S幼虫を10個体入れて2日間飼育し、その後このS幼虫の活動性を測定してみた。S幼虫が他個体を避けようとしても、G幼虫がS幼虫に近寄って無理矢理相互作用することで、これらのS幼虫の活動性を増加させるのではないか、と考えたのである。この時は、G幼虫には修正液で小さな白いマークをつけて、一緒に飼育したS幼虫と見分けがつくように

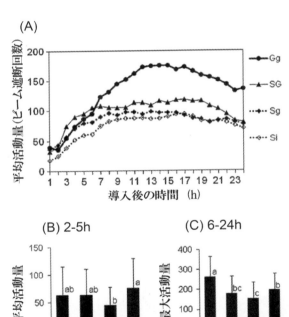

図11　トノサマバッタの孤独相幼虫を群生相幼虫と一緒に飼育しても（SG）、その活動性は孤独相幼虫だけを集団飼育した場合（Sg）と変わらなかった。（A）アクトグラフ導入後24時間の変化。（B）導入後2から5時間の活動量の平均値。（C）導入後6時間以降の活動量の最大値。異なるアルファベットは統計学的な差異を示す。文献[22]の図を出版社の許可を得て改変・転載。詳しくは本文参照。

した。しかし、残念ながら結果は予想したようにはならず、そのような条件で
飼育した S 幼虫（SG 幼虫）も、S 幼虫 30 個体だけで集団飼育した Sg 幼虫も活
動性に顕著な違いは見られなかった（図 11）。G 幼虫にだけふ化後の混み合い
が影響する理由は他にあるのである。これは G 幼虫の内因的なものが重要であ
り、エピジェネティックな現象であるとする仮説と矛盾しない。

3.6.　サバクトビバッタ 1 齢幼虫の活動性への 親の効果とふ化後の混み合い効果

　バッタ研究室では、トノサマバッタの他にアフリカに生息するサバクトビバッ
タも飼育していたので、このバッタでも 1 齢幼虫の活動性への親の効果とふ化
後の飼育密度の効果を調べてみた[23]。

　トノサマバッタとサバクトビバッタはどちらも相変異を示すので、私は、片
方で見つかった現象はもう片方の種でも当然同じように見つかるだろうと考え
ていた。しかし、先に述べたとおり、トノサマバッタではふ化直後に活動性の
増加があるのに対し、サバクトビバッタにはそれがなかった（図 12）。この結

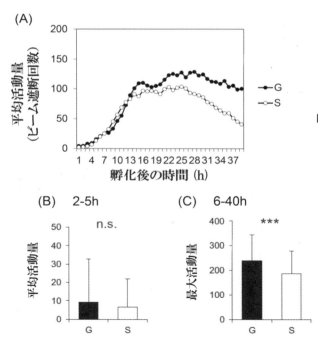

図 12　サバクトビバッタ
のふ化幼虫（0 日齢）の
活動性。体サイズを考慮
せずに比較すると、群
生相幼虫の方が孤独相
幼虫よりも活動性が高
かった。（A）アクトグ
ラフ導入後 40 時間の変
化。（B）導入後 2 から 5
時間の活動量の平均値。
（C）導入後 6 時間以降
の活動量の最大値。G は
群生相幼虫、S は孤独相
幼虫。* は統計学的な差
異があることを、n.s. は
ないことを示す。文
献[23] の図を出版社の許
可を得て改変・転載。

果によって、この 2 種はやはり違う生き物なのだと、当たり前のことを再確認
させられた。

　トノサマバッタとサバクトビバッタには、それ以外にもいくつかの違いが知
られている。その一つは、相によるふ化幼虫の体サイズの違いである。どちら
の種も、ふ化幼虫の平均体サイズは、孤独相よりも群生相の方が大きい。これは、
群生相の親は、孤独相の親よりも大きな卵を産む傾向があるからである [24-26]。
両種ともそのような相による違いがあるのだが、孤独相と群生相の幼虫の体サ
イズの差は、トノサマバッタよりサバクトビバッタの方がずっと大きい。そして、
ふ化幼虫の体色も、トノサマバッタでは相にかかわらず茶色であるが、サバク
トビバッタでは黒色から緑色まで連続的で、群生相には黒が多く、孤独相には
緑が多いという違いがある [26]。そこで、サバクトビバッタの 1 齢幼虫の活動性
を調べる時には、体重や体色との関係にも注目した。

　0 日齢幼虫では、ふ化直後の活動性には相による違いは見られなかったもの
の、6 時間以降の最大活動量を比較すると、群生相幼虫の方が孤独相幼虫より
も活動的であることがわかった（図 12）。しかし、群生相幼虫の中には孤独相
幼虫の 2 倍以上もの体重を持つものもいる（図 13A・B）。こんなに体サイズが
違う幼虫を同じように比較しても良いものだろうかと疑問に思い、同じくらい
の体重の幼虫で比較してみることにした。10.0〜16.5mg の幼虫はどちらの相に
もかなりいるので、このサイズの幼虫のデータだけで再解析を行ったところ、
驚いたことに、相による違いはなくなってしまった（図 13C・D）。体重の影響
を相ごとに解析すると、変異の幅が小さい孤独相幼虫では顕著な影響は検出さ
れなかったが、群生相幼虫では、大きな幼虫ほど活動性が高くなる傾向が見ら
れた（図 13E〜H）。つまり、このバッタでは 0 日齢に見られた相による活動性
の違いが、体重の違いで説明できるのである。アクトグラフによる測定では、
大きなバッタの方が赤外線をより遮りやすく、そのせいで活動的に見えるだけ
であるという可能性がある。そこで、シャーレに入れた幼虫をビデオ撮影し、
体サイズと活動性の関係を調べたところ、アクトグラフの実験と同じく、大き
な幼虫ほど活動性が高いという結論になった。

　体色と活動性との相関も群生相幼虫では検出された。黒い部分の多い幼虫ほ
ど活動的という傾向だったが、大きな幼虫は黒くなる傾向があるので [25]、この
関係は体サイズの効果で説明ができる。

　2 日齢幼虫では、Gg を除いて体サイズと最大活動量に正の相関がみられた。

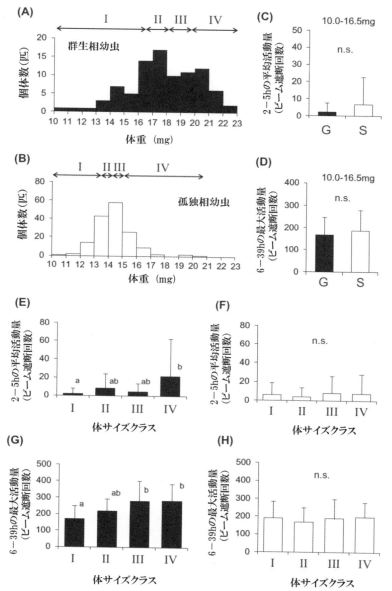

図 13　サバクトビバッタふ化幼虫（0 日齢）の活動性と体サイズの関係。群生相の方が孤独相よりも大きな幼虫が多い（A・B）。同じ体サイズの幼虫で比較すると、活動性に相による違いはなくなった（C・D）。群生相では、体サイズが大きいほど活動性が高かった（E 〜 H）。黒バーは群生相幼虫を、白バーは孤独相幼虫を示す。異なるアルファベットは統計学的な差異があることを、n.s. はないことを示す。文献 23) の図を出版社の許可を得て改変・転載。

Ggで相関がみられなかったのは、2日間の混み合いの効果が体サイズの効果を覆い隠してしまったからかもしれない。

　これらの結果は、なかなか興味深いと思う。相変異に親の効果があるというと、なんらかの高度な仕組みを想定したくなる。バッタの卵鞘は、地中に産み付けられた卵の上に、母親が分泌する泡で栓がされる。ある研究グループは、この泡の中に幼虫の行動や他の形質を変えるフェロモンが含まれており、それが親の効果を生み出していると主張している[27]。その要因は水溶性であることは報告されたが、その後、化学的同定もその物質の関与を支持する研究もみあたらない。一方、別のグループは、その要因の存在を検証したが結果を再現できなかったばかりか、ふ化幼虫の体色が体重との相関で説明できると主張してる[28]（第7章7.2.参照）。そもそも、ふ化幼虫の行動が体サイズによって変わるのであれば、そのような要因の存在意義は疑問になってくる。親バッタは混み合いの度合いに応じて産む卵のサイズを変えるだけで、間接的に幼虫の行動を変えることができるのだから。

　私たちは、サバクトビバッタでも2日齢幼虫をもちいて、親の効果とふ化後の飼育密度の効果を調べ、これら両方が存在することを確かめた。親の効果は、トノサマバッタではふ化後の混み合いへの反応性という形で現

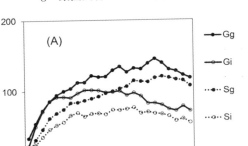

G＝群生相幼虫　　S＝孤独相幼虫
g＝集団飼育　　　i＝単独飼育

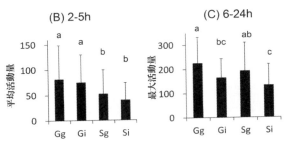

図14　サバクトビバッタ1齢幼虫（2日齢）の活動性には、親の飼育密度と幼虫の飼育密度の両方が影響を及ぼした。（A）アクトグラフ導入後24時間の変化。（B）導入後2〜5時間の活動量の平均値。（C）導入後6時間以降の活動量の最大値。異なるアルファベットは統計学的な差異があることを示す。文献[23]の図を出版社の許可を得て改変・転載。

れたが、サバクトビバッタでは活動性のベースラインを変えているように見えた。すなわち、親が混み合いを経験することによって、その幼虫（G 幼虫）は全体的に活動性が上昇するのである（図 14）。そして、その親の効果に加えて、ふ化後の混み合いの効果があり、集団飼育（g）すると単独飼育したときと比べて、さらに活動性が上昇した。親の効果とふ化後の飼育密度（混み合い）の効果は相加的で、単純に足し算されるような形で現れるということだ。この親の効果の現れ方はトノサマバッタとは異なっていたが、結果としては、サバクトビバッタでもトノサマバッタ同様、親も子も混み合いを経験した場合（Gg）で活動性が最も高く、親も子も単独で飼育した場合（Si）で最も低くなった（図 14）。

まとめ

　親の影響がなぜ種間で異なるのかは不明だが、トノサマバッタでもサバクトビバッタでもふ化幼虫の活動性に親世代と子世代の両方の混み合い条件が影響することは明らかである。一方で、集合性には親の効果はないようだ。つまり、全ての行動要素が同じように制御されているのではなさそうである。しかし、なぜ、ある行動要素には親の影響があり、別の行動要素にないのだろうか？

　バッタが大発生し、密度が高まっているときには、ある場所に留まっているとエサを食べ尽くしてしまい、飢餓に陥る危険性が高くなってしまうと考えられる。そのような状況下では、生まれつき活動的で広い範囲のエサの探索が可能な子を産むことが適応的だろう。孤独相よりも群生相のふ化幼虫は体が大きいが、これは貯蔵養分を多くもっていて飢餓に強い[29]ということだけではなく、活動性が高く餌の探索範囲が広いという生存上のメリットにもなっていそうである。

　高い活動性が大発生時に有利なのであれば、混み合いを感受した親は、子の集合性も生まれつき高くしておいた方が良さそうに思える。ふ化後に集合して混み合いの中で生育すれば、活動性はより高くなるからである。それなのに相によってふ化幼虫の集合性に違いがみられないのは、ふ化後に経験した混み合いによってこの性質が柔軟に変わりうるものだからに違いない。中齢期以降のバッタ幼虫は、数日間かけて集合性を変えるが[6]、1 齢幼虫は混み合いの度合いにもっと敏感で、数時間で集合性を変えられる[3]。そのため、親が前もって子の集合性を決める必要はなく、幼虫は自身が経験した混み合いにおうじて集合性を変え、群生相になるか孤独相になるかを決められるようになっているのだ

ろう。親によって集合性が固定されるメリットは見あたらない。

　成虫に集合性がみられないバッタやイナゴでも、ふ化幼虫が集合する種は多い。先に紹介したタイワンツチイナゴ（図3）がそうだ。これらの種の多くでは、成長に伴って集合性は失われ、単独生活を送る。ふ化直後に集合する性質は、一部のバッタやイナゴに「基本形」として組み込まれているようにもみえる。おそらく、この性質は捕食などを避けるために役立つのだろう。サバクトビバッタも、親の相にかかわらずふ化幼虫は弱い集合性を示す[13]。私はある時期まで、孤独相の特徴は他個体を忌避することであり、ふ化直後も集合することはないと漠然と考えてきた。しかし、ふ化幼虫の行動に関しては、それは単なる思い込みだったようだ。トノサマバッタのような他のトビバッタ類でも、ふ化幼虫が親の相とは関係なく集合する性質を持っているということは十分ありうる。混み合いのない条件で幼虫が成長すると集合性を失って単独生活を送るが、混み合っている時にはふ化直後の集合性を維持するという性質がこれらの種にはあるのかもしれない。つまり、群生相の集合性は混み合いによって獲得されるのではなく、はじめからある集合性が失われないだけなのではないか？これまで、群生相化の本当の仕組みは、親の効果が集合性にもあるという先入観によって隠されてきた。それが今、やっと見えつつあるように感じている。

文　献

1) Ellis, P. E. 1951. Anti-Locust Bulletin 7: 1–48.
2) Ellis, P. E. and Pearce, A. 1962. Animal Behaviour 10: 305–318.
3) Ellis, P. E. 1959. Animal Behaviour 7: 91–106.
4) FAO 2009. Locust watch. http://www.fao.org/ag/locusts/en/info/info/faq/index.html. 閲覧日：2020/09/01
5) Buhl, J. *et al.* 2006. Science 312: 1402–1406.
6) Tanaka, S. and Nishide, Y. 2013. Journal of Insect Physiology 59: 101–112.
7) Rogers, S. M. *et al.* 2014. Journal of Insect Physiology 65: 9–26.
8) Tanaka, S. *et al.* 2016. Entomological Science 19: 391–400.
9) Gillett, S. D. 1988. Bulletin of Entomological Research 78: 623–631.
10) Pener, M. P. and Simpson, S. J. 2009. Advances in Insect Physiology 36: 1–272.
11) Ellis, P. E. 1953. Behaviour 5: 225–259.
12) Guo, X. *et al.* 2020. Nature 584: 584–588.
13) Guershon, M. and Ayali, A. 2012. Insect Science 19: 649–656.
14) Rogers, S. M. *et al.* 2004. Journal of Experimental Biology 207: 3603–3617.
15) Anstey, M. L. *et al.* 2009. Science 323: 627–630.
16) Sasaki, K. and Harano, K. 2007. Physiological Entomology 32: 194–198.
17) Smith, J. M. 2017. Ph.D thesis. Department of Neuroscience, Psychology and Behaviour, University of Leicester, UK. pp.226
18) Harano, K. *et al.* 2009. Physiological Entomology 34: 262–271.
19) Nishide, Y. *et al.* 2015. Journal of Insect Physiology 72: 79–87.

20) Nishide, Y., Suzuki, T. and Tanaka, S. 2017. Physiological Entomology 42: 146–155.

21) Nishide, Y., Suzuki, T. and Tanaka, S. 2017. Applied Entomology and Zoology 52: 599–604.

22) Harano, K. *et al.* 2011. Journal of Insect Physiology 57: 27–34.

23) Harano, K. *et al.* 2012. Journal of Insect Physiology 58: 718–725.

24) Uvarov, B. 1966. Grasshoppers and Locusts, vol. 1. Cambridge University Press,　Cambridge, UK.

25) Nishide, Y. and Tanaka, S. 2019. Journal of Insect Physiology 114: 145–157.

26) Hunter-Jones, P. 1958. Anti-Locust Bulletin 29: 1–32.

27) Miller, G. A. *et al.* 2008. Journal of Experimental Biology 211: 370–376.

28) Tanaka S. and Maeno, K. 2006. Journal of Insect Physiology 52: 1054–1061.

29) Uvarov, B. 1977. Grasshoppers and Locusts, vol. 2. Centre for Overseas Pest　Research, London, UK.

第 4 章

第4章　バッタの体色と相変異：　環境要因

田中誠二

　生物にとって体色は重要なアイデンティティーのひとつだ。しかし、形や大きさは似ているのに、体色や模様がまったく異なっていて、別種だと勘違いされるものもいる。トノサマバッタはそのひとつだった。幼虫はさまざまな体色変異をみせて背景にとけこむ一方、群れるとすべての個体が黒と濃いオレンジ色の体色に変身するからだ。個体数が少ない棲息地で育ったサバクトビバッタの幼虫は緑や茶色をしているが、群れた集団では黒化する。バッタは変化する環境下でどのように体色を制御しているのか？なぜそんな体色をしているのか？その答えを30年間追いつづけた。

序　〜バッタの体色多型に魅せられて

　「生物には変異がある。変異があれば選択は可能だ」とは、私の学生時代の恩師である元弘前大学教授、正木進三先生がよく言われていた言葉である。形質の変異には何らかの適応的意義が隠されている、という意味だった。私が昆虫の適応現象とその仕組みに関心を深めたのは、その言葉のおかげかもしれない。当時、私はコオロギの翅型多型と休眠について研究をしていた。同じ研究室でフタホシコオロギを飼育している学生がいて、水槽で集団飼育すると薄茶色や白っぽい体色になるのに、単独飼育すると真っ黒になるのが不思議に感じ、いつかその原因について研究したいと思った。私がトノサマバッタの研究をはじめたのは、それから十数年後だった。就職して、はじめてのプロジェクトがトノサマバッタの基礎研究を進めるための累代飼育法の確立というものだった。

　当時、バッタの飼育に労力と時間がかかりすぎることなどから、バッタ研究をはじめるべきかどうかを悩んでいた。外国の大学や研究所などでは、飼育のための専門のテクニシャンや研究アシスタントが雇われ、研究者は実験に集中できるシステムになっているのだが、日本ではそのようなシステムは一般的ではなかった。学生の頃、矢島稔さん（後の多摩動物公園園長、現在、群馬県立ぐんま昆虫の森名誉園長）がリーダーとしてはじめられた多摩動物公園の昆虫園

でアルバイトをしたことがあった。当時バッタ舎があり、小動物への餌の供給にくわえ、トノサマバッタの1齢幼虫から成虫までのすべてのステージをいつも展示していて、人気があった。バッタの食欲と飼育ケージの大きさから、実験室内での研究には向かない材料だと感じていた。また、トノサマバッタとサバクトビバッタに関する研究は1世紀にわたって無数の論文が報告され、バッタだけを扱った教科書も何冊も出版されていた。わかっていないことなどあるのだろうか、とさえ感じていた。そんな私の背中を押してくださったのが正木先生だった。激励の手紙と一緒に、バッタ学の父と呼ばれるウヴァロフ卿（Uvarov B.P.）の著書「Grasshoppers and Locusts Vo. 1」[1] と貴重なバッタに関する論文の別刷りを送ってくださった。

　3年が経過して官製プロジェクトが終了したときに、バッタの相変異という現象が、当初私が思っていたほど理解されている現象ではないことに気づいた。かつて蚕糸試験場であったことから、たくさんの恒温室があり、広い圃場ではバッタの餌植物を専門の職員が栽培してくれた。日本でバッタ研究を本格的に進めることができる唯一の研究機関ではないかと思い、何か使命感のようなものを感じていた。何より、私はすっかりバッタのとりこになってしまい、以来、バッタとは長い付き合いとなった。

　野外でみるトノサマバッタ幼虫の体色は緑色、茶色、白っぽい茶色、黒色、灰色、茶色、ピンク色と多様で、それをみて、私はとてもわくわくしたのを覚えている。実験室でふ化した幼虫を集団飼育すると、どの幼虫も真っ黒になり、大きくなるにつれて、顔や体の下半分が濃いオレンジ色になってきた。私はこれらの体色変異に興味をそそられた。特に気になったのは、それらの体色を制御するホルモンの仕組みであったが（第5章参照）、それを研究する前に、体色がどのような環境要因によって決まるのかを知る必要があった。

　トノサマバッタについては、どのような環境要因によって体色変異が生じるのかについて、ある程度解明されていた。私は、後に出合ったサバクトビバッタの体色変異について研究し、いくつかの小さな発見に心をおどらせた。大発生がおこると世界的に報道されるこのバッタについては、たくさんの研究が行われてきたにもかかわらず、じつは体色多型についてはあまりわかっていなかった。本章では、他のバッタ類の体色多型についても少しふれ、トノサマバッタとサバクトビバッタの体色がどのような環境要因によって決まるのかについて、研究の歴史をひもときながら、最新の成果をご紹介することにする。

4.1.　バッタ類の体色変異—3 つの多型現象

　バッタ・コオロギ・キリギリス大図鑑[2] には、日本に棲息する 477 種の昆虫が記載されている。その写真をみると、顕著な体色多型を示す割合はバッタやキリギリスの仲間に多く、コオロギではまれである。このグループの昆虫の体色多型には、少なくとも 3 つの多型現象が含まれていている[3]。

① 　緑・茶色多型：　トノサマバッタ、オンブバッタ、クビキリギリスなどは、この多型をみせる代表的な昆虫である。この多型の緑色型というのは、全体または一部が緑色になる個体をさす。茶色型は必ずしも茶色とはかぎらず、緑型以外のすべての体色、茶色、灰色、黄色、茶色、青色、ピンク色になる個体も含む。どのような体色になるのかは種によって異なる。体色型が遺伝的に決まっている場合と、環境しだいで決まる場合がある。

② 　ホモクローミー多型：　忍者の木の葉隠れの術ように、棲息環境の背景色にとけこむように体色が変化する多型。トノサマバッタやサバクトビバッタの孤独相幼虫の体色多型などが代表的なものである。

③ 　混み合い依存的多型：　混み合いの程度におうじて体色が連続的に変わる現象で、相変異ともいう。トノサマバッタやサバクトビバッタの幼虫では、混み合いに反応して黒化する。ツチイナゴの幼虫もふつう緑色、黄色、ピンク色であるが、混み合った条件下では黄色の地色に黒い斑紋があらわれる。

　これらの体色変化は形態的体色変化と呼ばれ、皮膚（真皮細胞とクチクラ）内の色素の合成、分解、酸化還元作用などの結果、体色としてみえてくる。したがって体色変化には時間がかかり、通常、刺激を受けても、私たちの目にみえる変化は 1、2 回脱皮した後にあらわれる。トノサマバッタの緑色の体色は、水色と黄色の色素が混ざって、私たちには緑色にみえる（口絵 –Ⅶ（21））。一方、カメレオンやヒラメなどがみせる生理的体色変化では、真皮細胞内で色素の濃縮、拡散、移動によって、急速に体色を変えることができる。昆虫ではカの幼虫やナナフシなどで知られているが、バッタ目ではオーストラリアの山岳地帯に棲むカメレオンイナゴで知られている。このイナゴは温度が下がると青緑色から黒色に変わる。

4.2.　トノサマバッタの幼虫の体色多型：
フォーア（Faure, J. C.）の実験

幼虫

　トノサマバッタの幼虫は、ふ化したときはベージュ色をしている（口絵－Ⅵ（16）A）。これは、相変異とは無関係で、通常どの系統でも同じ色をしている。これはアルビノ系統でも同じなので、この色がこのバッタの原型だと考えていた。しかし、2010年に茨城県つくば市で採集したメスが産んだ子孫を、ある実験目的で2世代近親交配したところ、緑色のふ化幼虫が生まれた（口絵－Ⅵ（16）B・D）。緑色のふ化幼虫は、トノサマバッタでは記録がなかった[4]。この緑色幼虫は2齢以降うすい茶色になったが、ほとんどの個体が幼虫の間に死んでしまった。成虫になったものも数頭いたが、大切に世話をしたにもかかわらず羽化後すぐに死んでしまった。緑色のふ化幼虫は、近親交配の結果あらわれた劣性致死遺伝子と思われる。この知見は、トノサマバッタのふ化直後の体色にも、このような多型があることを教えてくれた。

　通常のふ化幼虫は、1時間もすると濃い灰色か黒色になる（口絵－Ⅵ（16）C）。地方によってふ化幼虫の体色には変異がみられ、関東のものは濃い灰色だが、北海道札幌のものはかなり黒い。札幌産を実験室で飼育すると、次世代のふ化幼虫はそれほど黒くならなかったことから、親世代が経験した光や色、温度などの環境条件にも影響されるのだろう。

　ふ化幼虫の体色は、親世代の混み合いによっても変化する。集団飼育すると、次世代のふ化幼虫は黒くなる傾向がある。ハンタージョーンズ（Hunter-Jones, P.）によると、体色ばかりでなく、集団飼育した成虫由来のものはふ化幼虫の体重も重くなる[5]（第7章参照）。

　2011年に沖縄県下地島でトノサマバッタの大量発生があり、群生相化がみられた[6]。個体群のモニターを定期的に行った沖縄県宮古島防除所に所属していた清水優子さんが、大量発生した時のふ化幼虫の写真を送ってくれた。その幼虫はかなり黒化していた。しかし、その子孫を実験室で集団飼育して、次世代のふ化幼虫の体色を調べたところ、野外で観察されたような黒いふ化幼虫は出現しなかった。その原因はまだ謎である。

　個体数が少ない棲息地では、トノサマバッタは孤独相である。脱皮して2齢になると、多くの個体は緑色になり、他のものは脱皮をくり返して成長するにつれてさまざまな体色になる。緑・茶色多型である。それらの体色が棲息地の

背景色と関連しているだろうということは、容易に想像がつく。いろいろな場所で観察してみると、植物が繁茂する場所では緑色の幼虫（口絵 –Ⅵ（18）A）、枯れ葉混じりの棲息地では茶色の幼虫（口絵 –Ⅵ（18）B・C）、そして植物がまばらで火山岩が露出した黒い地面では黒い幼虫が多くみられた（口絵 –Ⅵ（18）D）。またソルガムが切り倒されて 2 週間放置された後には、ピンク色に変色した葉の色によく似た色の幼虫がみられた（口絵 –Ⅵ（18）E）。2013 年 9 月に佐賀県の用水路の土手で採集した幼虫は、ほとんどの幼虫が真っ黒だった（口絵 –Ⅵ（18）F）。土手はその数週間前に草が焼かれ、真っ黒に焦げた地面から新しいイネ科植物の葉が伸びていた。これらはホモクローミー多型の典型的な例といえる。

　フォーアは、四角い箱の内側を白、茶色、黒、黄色などのペンキで塗って、そこにトノサマバッタの幼虫を 1 匹ずつ飼育し、幼虫の体色への影響を調べた[7]。実験は野外の飼育場で行った。結果はやや主観的判断によるものであったが、多くの幼虫は背景のペンキの色と似た体色になった。しかし、緑色の背景で飼育した実験では、バッタは緑色にならなかった。緑色の体色の幼虫をえるには、新鮮な草をあたえ、71% 以上の湿度と適温（33℃）に幼虫をたもつことが重要である、と結論している。他のバッタ類でも、緑色型をえるためには新鮮な餌植物が重要であることが指摘されている。背景色への反応を観察するためには、室内の弱い光源の下ではうまくいかない。室内実験の場合でも、強めの光源を使い、ある一定時間日光にあてる必要があるといわれている。背景から反射してくる光を複眼で感知して体色が調節されていることが、他のバッタで知られている。緑・茶色多型には、興味深い適応的意義がアルブレヒト（Albrecht, F. O.）によって指摘されている[8]。トノサマバッタの幼虫を飢餓状態にすると、緑色型は湿った環境で、茶色型は乾燥した環境で長く生存する傾向がみられた。緑色型は草が豊富で湿度が比較的高い環境に、茶色型は枯草まじりの乾燥した環境に生理的にも適応しているということなのだろうか。

　幼虫は混み合い依存的多型を示す。1952 年のガン（Gunn, D. L.）とハンタージョーンズの研究では、ケージあたり 1 匹から 256 匹のさまざまな数のふ化幼虫を終齢まで育て、体色を観察した[9]。すると、単独飼育ではそのほとんどが孤独相の典型的な緑色になったが、128 頭区や 256 頭区では黒化した典型的な群生相型体色があらわれた。その中間の密度では、孤独相と群生相のさまざまな中間的体色が観察された。混み合いの程度におうじて、連続的に形質が変化するのは相変異の特徴である。

成虫

　トノサマバッタの孤独相成虫は緑・茶色多型を示す。体色は終齢幼虫の時のものと似ている。緑色型のものは緑色の成虫になる場合が多く、茶色型は茶色か灰色になる。上で述べた真っ黒の幼虫は、成虫になってもやはりかなり黒くなった。しかし、じっさいに成虫の体色がどのように決まるのかについては、くわしく調べられていない。緑色や茶色以外に、青色や青緑色の成虫もみられる（口絵 –Ⅶ（22））。これは体色を構成する青色と黄色の色素の比によって発現するのだろう。成虫は、他の棲息地に移動したり、危険を感じたり、交尾相手を探すときには翅で飛ぶ。ひとつの棲息地の背景色に似た体色は、別の場所では役に立たないか、かえって目立つ体色となり捕食の危険にさらされることになるかもしれない。草が主食だから、緑と茶色の混合が無難なのだろう。トノサマバッタの緑・茶色多型は連続的変異であり、あらゆる中間型がみられる（口絵 –Ⅶ（20））。緑型でも全身緑色にはならず、一部茶色があらわれる。

　成虫の体色は死ぬまであまり変わらない。しかし大量発生したときは、性成熟すると薄茶色から黄色くなる。黄化はオスにはっきりあらわれる現象で、性成熟と関連している（口絵 –Ⅶ（23）; 第 5 章 5.13. 参照）。野外で採ってきた孤独相成虫も、ケージで集団飼育すると 10 日ほどで黄色になる。この場合、採集したオスが緑型だと、黄緑色と鮮やかな黄色の奇妙な体色にみえる。

4.3.　サバクトビバッタの体色多型に関する研究の歴史

　サバクトビバッタほど体色変異が注目され、多くの研究が行われている例はないかもしれない。アフリカはヨーロッパの植民地だった国が多かったこともあり、1900 年代に多くのヨーロッパの研究者がアフリカで研究を行った。大発生が多発したこともあり（第 1 章図 5）、行動や生理的研究などがヨーロッパ、特にイギリスでさかんに進められた。第 1 章で述べたように、1921 年にウヴァロフ（Uvarov, P.B.）が相変異理論を提唱し、トノサマバッタの体色、行動、形態に著しい違いがみられる 2 種のバッタ（ミグラトリアとダニカ）は、相変異によって生ずる種内変異である、と主張した [10]（第 1 章 1.8. 参照）。

　1928 年ウヴァロフは、サバクトビバッタでも似た現象があり、それまで記載されていた二つの種（グレガリアとフラビベントリス）は相変異を示す同種のバッタであることを、著書「Locusts and Grasshoppers」で広く紹介した。ここで

のフラビベントリス（*S. flaviventris*）はミナミアフリカサバクトビバッタではな
く、孤独相個体を意味する。当時はまだ、相変異理論は広く受け入れられてい
なかったので、多くの批判にさらされていた。その理由はさまざまであるが、
当時の分類学は形態的特性を重視したので、トノサマバッタで中間型がみられ
るのは相転換の途上にあるのではなく、ミグラトリアとダニカの交配型である
と考える人もいた。また、条件がととのった実験室での研究などなかったので、
数世代にわたって飼育して孤独相から群生相、またはその逆に転換することを
証明した実験的データがなかったことも、理由の一つだったようである。

　サバクトビバッタの孤独相幼虫は緑・茶色多型をしめす。しかしトノサマ
バッタと違い、棲息地の背景に同化するようなホモクローミー多型はないとい
われてきた。これはバッタ研究の大家であるペナー（Pener, M. P.）とシンプソ
ン（Simpson, S. J.）による最新のバッタ相変異に関する総説（2009 年）の中で
も、そう記述されている[3]。これが間違いであることが最近証明されたのだが、
これについては後でふれたい（4.4.）。

　サバクトビバッタには混み合いに反応して黒化する、混み合い依存的多型が
あり、1921 年にトノサマバッタについて相変異理論が提唱された後、野外の個
体群の混み具合が幼虫の体色と密接に関連している、という研究が次々と報告
された。そのような観察結果を、1926 年にはじめてサバクトビバッタについて
報告したのがジョンストン（Johnston, H. B.）だった[12]。群生相集団の黒い幼
虫が防除されたときに、生き残った幼虫が徐々に孤独相のような体色に変化す
る様子と、孤独相の緑の幼虫が個体数の増加とともに黒化していった場面を目
撃し、その様子を報告した。実験室では、1956 年にニッカーソン（Nickerson,
B.）[13] や 1961 年にストール（Staal, G. B.）[14] が、サバクトビバッタの体色にか
かわる色素やホルモン要因に関する研究を行い、容器あたりの幼虫を 1 頭と 10
〜15 頭とし、孤独相と群生相特有の体色をもった幼虫を飼育して実験に使って
いた。また、黒化を誘導する条件を探った研究で、1958 年にハンタージョーン
ズは、交尾のときを除いてメス成虫を単独飼育すると、次世代のふ化幼虫は孤
独相特有の緑色になるが、混み合った条件で飼育した成虫の産んだ卵からは、
体色が黒く、大きな幼虫がふ化してくることを明らかにした[5]。これは群生相
特有のふ化幼虫である。また、幼虫期に飼育密度を変えると、幼虫の体色が容
易に変化することを証明し、野外での数々の観察結果を説明する重要な知見と
なった（親世代の影響については第 7 章を参照）。

4.4.　孤独相サバクトビバッタの体色の謎

　上で述べた研究は、じっさいの研究例のほんの一部にすぎない。それほど多くの研究があるのに、すっきりしない現象があった。孤独相幼虫のさまざまな体色がどのように決まるのかという問題である。これがわかると、体色多型の生態的意義もおのずから明らかとなる。ストワー（Stower, W. J.）は野外でみられるサバクトビバッタの幼虫の体色を克明に記録して、その個体群の状態（大きさの変化）や温度、棲息場所の違いなどとの関係を調べた。1〜5 齢のそれぞれのステージでみられた孤独相から群生相にいたるまでの体色変異を分類し、それを示したカラーで描かれたバッタの絵を論文に付けている [15]。図表を含めると 100 ページを超える大論文であるが、主な関心は黒化におかれ、孤独相は緑色の体色だけで、緑色でない茶色や黄色のバッタは中間型、つまり混み合いの影響をうけた転移相として分類されていた。彼が論文の中で孤独相の体色変異について、ひとつだけふれていた。緑の色合いが棲息場所の植物の色に似ていたという指摘である。

　1962 年にハンタージョーンズは、湿度と孤独相の幼虫の体色との関係を調べ、緑色型は新鮮な餌（草）と高湿度条件下で多くあらわれると結論した [16]。ペナーは、「実験室で単独飼育しても緑型だけでなく茶色型もあらわれ、しばしばかなり黒い個体が観察される」と、当惑したような文章を記している [17]。しかし、これらの知見が注目され、その原因に関する研究が深められることはなかった。

　私がこの問題に興味をもったのは、2009 年にアフリカのモーリタニア沙漠にサバクトビバッタの調査をしたのがきっかけだった [18]。その年は夏から群生相化がみられ、9 月には国立バッタ防除センターが防除をはじめていた（第 1 章 1.4. 参照）。高密度集団から離れた場所では、ハマビシなどの植物上に孤独相幼虫がみ

図 1　モーリタニアの沙漠でみられた孤独相幼虫。

られた（図1A）。植物の群落がある場所では、大小さまざまな幼虫が棲息していた。そんな中に茶色型がいた（図1B）。よくみると、その体色は枯れた草や枝が混ざった棲息地の背景にとけこんでいるかのようにみえた。また別の場所では、緑色の体色に黒の模様が入った終齢幼虫もいた（図1C）。黒い模様は群生相化の特徴として考えられていたのだが、ひょっとしたら、孤独相でも背景しだいで発現する形質なのかもしれない、と直感した。そして、帰国後すぐに実験をはじめた。

　背景色の影響：　実験のデザインは帰りの飛行機の中で考えていた。幼虫を単独飼育するための透明のアイスクリームカップの底と壁の内側をさまざまな色の紙でおおって、透明な蓋に小さな穴をあけて通気を確保する。黒斑紋がまったくない緑色型の2齢幼虫を1頭入れて、その後の体色変化を観察する。温度は30℃で、蛍光灯を多めに取り付けて照度を確保する（図2）。きわめて単純な実験計画である。2齢幼虫の準備、餌交換と幼虫の撮影などのために、休日も返上して一日の大半を飼育室にこもる日々が2年半つづいた。結果は予想通りであったが、興奮するような発見もあった[19]。

　実験をはじめてすぐに気づいたことは、幼虫の黒斑紋の変異は群生相だけにみられるものではないということだった。単独飼育してえられた終齢幼虫の緑色型と茶色型を、黒模様の程度におうじて5段階にわけて、グレードを作った（図3）。この研究で着目したのは、黒斑紋と地色である（図4）。

（A）　色紙

（B）　実験風景

（C）　実験方法

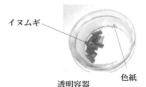

図2　体色におよぼす背景色の影響を調べた実験。容器と色紙（A）。実験風景（B）。白カップでの幼虫の飼育方法（C）。

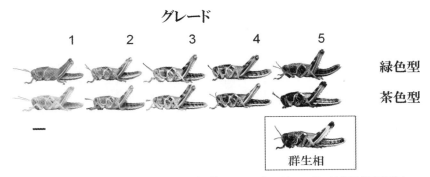

図3　サバクトビバッタ終齢幼虫の黒斑紋のグレード。グレード5は集団飼育個体と同じくらい黒い。文献[19]の図を出版社の許可をえて転載・改変。

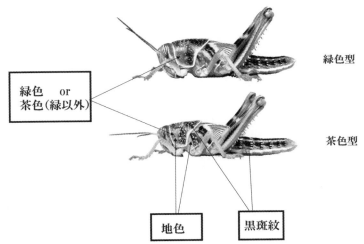

図4　サバクトビバッタの幼虫の体色の記録は、地色と黒斑紋に着目した。

　一度にバッタを単独飼育できる数には限界があったので、背景色の影響を調べる実験は少しずつしかできなかった。緑色のふ化幼虫を単独飼育しても、脱皮後に黒斑紋をまったくもたない緑色の2齢幼虫の割合は、10〜15％だった。これは大変そうに聞こえるかもしれないが、500頭飼育すれば1つ実験ができることがわかっていたので、苦労とは思わなかった。餌はイヌムギの葉を小さく切ってカップに入れた。まず黄緑色、象牙色（クリーム色）、黒色の背景でくらべてみた（図5A）。黄緑カップではすべての幼虫が緑色型だったが、象牙色と黒色の背景では少数の茶色型があらわれた。黄緑と象牙色カップでは、ほん

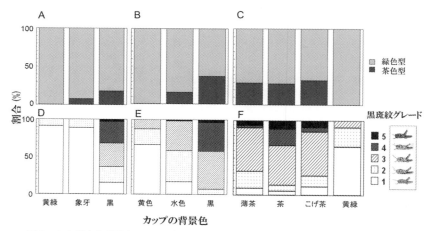

図5　さまざまな背景色のカップで単独飼育した場合のサバクトビバッタの終齢幼虫の体色。緑・茶色多型（A～C）と黒斑紋（D～F）への影響。黒斑紋グレードは図3を参照。文献[19]の図を出版社の許可をえて転載・改変。

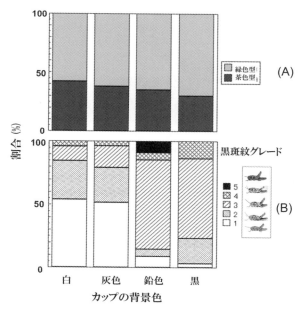

図6　明度の異なる背景色のカップで単独飼育した場合のサバクトビバッタの終齢幼虫の体色。緑・茶色多型（A）と黒斑紋（B）への影響。黒斑紋グレードは図3を参照。文献[19]の図を出版社の許可をえて転載・改変。

の少数の個体が黒斑紋をもっていたが、ほとんどの幼虫において黒斑紋はまったく発現しなかった（図5D）。ところが黒色カップでは、すべてのグレードがみられ、群生相に匹敵するほどの黒い個体（グレード5）もあらわれ、驚いた。

次は黄色、水色、黒色で調べてみた。水色では黒色カップほどではなかったが、茶色型が少数あらわれた。しかし黄色カップではすべてが緑色型だった（図5B）。黒斑紋の程度は黒色カッ

プではかなり高く、ついで水色カップ、そして黄色カップではほとんど黒斑紋をもつものはいなかった（図5E）。

　茶色型は茶色の背景で多くあらわれるのだろうか？茶色の濃さが異なる薄茶、茶、こげ茶色でくらべてみた。しかし、茶色型はどのカップでも30%前後で似た結果となった（図5C）。黒斑紋は茶色カップでもっともグレードが高く、薄茶とこげ茶カップではほとんどの個体で黒斑紋があらわれたが、茶色カップにくらべて濃い黒斑紋をもった個体は少なかった（図5F）。

　明度の影響を調べるために、白色、灰色、鉛色、黒色カップで飼育してみた。すると、緑・茶色多型にはカップの色による差がみられなかった（図6A）。白と灰色カップで約半数の個体が

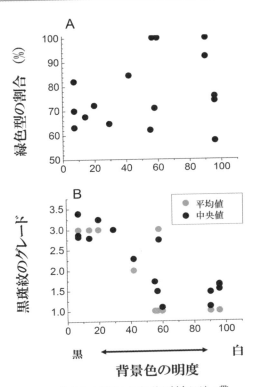

図7　背景色の明度と緑色型の割合には一貫した関係がみられないが（A）、黒斑紋グレードは明度の増加におうじて低くなり、黒化が抑制された（B）。文献[19]の図を出版社の許可をえて転載・改変。

グレード2～4の黒斑紋を示した（図6B）。白色の背景でも黒斑紋が発現したことは驚きだった。鉛色と黒色カップではほとんどの幼虫が黒斑紋をもっていた。

　これらの結果を背景色の明度（色の明るさ）にたいしてプロットしてみた。すると、緑色型の割合と背景の明度との間には一貫した関係はみられず、あまり関係はなさそうである（図7A）。一方、黒斑紋の値は、明度の変化におうじて変化することがわかった（図7B）。より黒っぽい背景で育った幼虫はより黒くなることを示しており、孤独相幼虫の黒斑紋がカモフラージュに役立っていることを強く示していた。

　それでは緑・茶色多型と地色（図4）は、どのような要因によって決まってくるのだろうか？実験をしていると、バッタの体色がカップに貼った背景の色

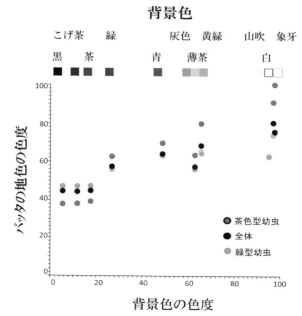

図8　背景色とバッタの地色の色度には高い正の相関が
みられる。文献[19]の図を出版社の許可をえて転載・
改変。

によく似てくることは、疑う余地はなかった。しかし、それをどのように第三者に伝えたらよいのか、悩んだ。言葉で似ている、似ていないと説明しても、あまり説得力はない。第一、それでは論文にならない。論文として報告するには、客観的に表現するために、たとえば数値化して統計的に示すことが必要である。そこで、カップに貼った色紙とバッタの地色の色度を測定し、両者の関係をみることにした。色度とは、色合と彩度を合わせて数値化したもので、明るさを無視したものである。測定には、まずDICカラーガイド（1280色のサンプルをもつDIC株式会社の製品）を使って、バッタの胸部と脚の地色にもっとも似たサンプルを選びだし、そのサンプルの色度を色差計（日本電色工業株式会社）で測定した。色サンプルの選択作業は共同研究者の原野健一さん（現在、玉川大学教授）と二人で行い両者が同意したものを、そのバッタの体色サンプルとした。図8に示したように、バッタの地色と背景色の色度との間には高い相関がみられ、統計的にも有意であった。図には全個体の平均値に加え、緑色型と茶色型のそれぞれの平均値も示したが、傾向は同じだった。つまり、緑色型か茶色型にかかわらず、地色は背景色の色度と高い相関を示し、地色の体色が背景色に似ていることを示すことができた。口絵−Ⅲ（6）に、いくつかの例を写真で示した。

　湿度の影響：　上述したように、サバクトビバッタの緑色型の出現に重要なのは新鮮な草と高湿度である、というのが定説だった。私は2009年にモーリタニ

図9　湿度がとても低い沙漠の棲息地にも緑色の幼虫がみられた（2009年10月、モーリタニアにて）。

ア沙漠で、まばらに生えていたハマビシの葉の上に緑色の幼虫を数頭みつけたときに、湿度を測定した。夕方8時の気温は35.6℃で湿度は16.5%、朝9時の気温は28.2℃で湿度は18%であった（図9）。こんな乾燥した場所なのに、緑色の幼虫がいるのが不思議で、緑色の体色発現に湿度は重要なのだろうか、と疑問に感じた[19]。そこで湿度の影響を調べたいと考えていた。

　白カップに緑色の2齢幼虫を1頭ずつ入れて、カップ内の湿度が高湿度（平均74%）または低湿度（平均31%）になるような条件下で終齢まで飼育した。高湿度を保つために、湿った小さな綿玉を入

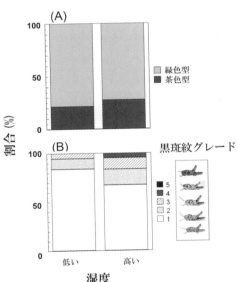

図10　白カップに緑色の2齢幼虫を1頭ずつ入れて、カップ内の湿度が高湿度（平均74%）または低湿度（平均31%）になるような条件下で飼育したときの終齢幼虫の緑・茶色多型（A）と黒斑紋（B）への影響。湿度の顕著な影響はみられなかった。文献[19]の図を出版社の許可をえて転載・改変。

105

れた。湿度が高いと餌のイヌムギの葉は長く黄緑色のままであった。乾燥条件下では、葉は急速に丸まって深緑色になる。この餌の色の変化がバッタの体色に影響する可能性を排除するために、餌は夜間（1700—0900）にだけ与え、毎朝照明がつく直前に、暗闇のなかで赤色光をたよりに、食べ残しの葉と糞を取りのぞいた。照明がついている間は、バッタは断食していた。終齢で体色を調べたところ、湿度の違いが緑色型と茶色型の割合に重要な影響をもたらすという結果はえられなかった（図10）。

　この結果は今までの定説とは異なる。なぜハンタージョーンズは高湿度条件下で多くの緑型を誘導できたのだろうか？彼の実験では、バッタは一日中草と一緒だった。乾燥区では草は急速に干し草色に変色したと書いてある[16]。乾燥すれば、バッタは草から離れ、ケージ内の別の場所に移動するに違いない。一方、高湿度区では長く草が緑色のままなので、バッタも草を食べるために草の上に長時間とどまっただろう。緑色の背景色に長くとどまった結果、高湿度区では多くの緑型があらわれたのではないか、と推察した。

　餌の質の影響：　ハンタージョーンズの実験では、乾燥区で緑色型が少なかったのは、乾燥によって餌の質が低下し、それが直接的な原因だった可能性も残されていた。緑色の体色をもたらす要因として、新鮮な草の重要性をフォーア[7]やニッカーソン[13]らも主張していたのだ。そこで餌の影響も調べる必要があった。

　上述の実験と同様、白カップに緑色の2齢幼虫を1頭ずつ入れて、新鮮な緑色のイヌムギの葉と黄色くなった葉を餌としてあたえ、終齢に到達した幼虫の体色を記録した。この実験でも、食べ残しの草と糞は照明がつく直前に除いたので、草や糞の色の違いが視覚的にバッタに影響する心配はなかった。イヌムギは休眠せず冬季によく育つ植物だが、晩秋に成長した葉は厳冬期に黄色に変色し、腐る前に白っぽくなる。緑色と黄色の葉のくわしい栄養分析は行わなかったが、黄色の葉で飼育すると緑色の葉で飼育した場合よりバッタの発育が遅れるので、栄養的に劣化していたことは間違いない。実験結果は明らかだった。終齢幼虫の緑・茶色多型も黒斑紋の程度も、二つの餌の処理区間に明確な差はみられなかった（図11）。さらに、5時間低湿度下で乾燥させた葉や、ビニール袋につめた葉を31℃に3日間放置して茶色に変色させた葉などを幼虫にあたえて、新鮮な葉の場合と比較してみたが、結論は同じだった。

　これらの結果から、半世紀以上もの間信じられてきた、高湿度と新鮮な餌植

物がサバクトビバッタの緑色型の出
現を誘導するという説が、間違いで
あることが証明された[19]。

　温度の影響：　高温がサバクトビ
バッタの幼虫の黒化を抑える効果が
あることは、フセインとアーマッド
が 1936 年に証明している。しかし、
彼らは集団飼育したバッタで実験し
たため、孤独相幼虫がどのような反
応を示すのかについては情報がな
かった。そこで、黒カップに緑色の
2 齢幼虫を入れて 38℃、12 時間照明
下で飼育してみた。31℃の結果とく
らべると、黒カップにおける茶色型
の割合が 38℃で高くなった。しかし、
黒斑紋への影響はみられなかった。
孤独相幼虫は移動性が低く、つねに
植物の近くで生活している。だから
暑い時でも植物の上や下にいるので
気化熱の放出や日陰の効果で、裸地

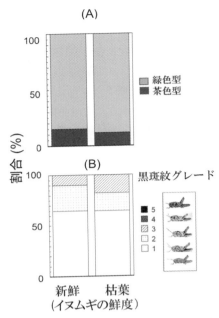

図 11　白カップに緑色の 2 齢幼虫を 1 頭
ずつ入れて、新鮮な緑色のイヌムギの葉
と黄色くなった葉を餌としてあたえ終齢
幼虫の体色を記録したときの緑・茶色多
型（A）と黒斑紋グレード（B）への影響。
餌の質の影響はみられなかった。文献[19]
の図を出版社の許可をえて転載・改変。

の気温より 10℃以上低いので、38℃というのは野外で孤独相幼虫が経験する最
高温度に近いに違いない。孤独相の黒斑紋が背景の明度におうじて発現し、カ
モフラージュ効果をもつとすれば、温度に反応して黒斑紋の程度が変化するの
は得策ではないはずである。
　　北アメリカ大陸南部に棲息するアメリカトビバッタはときどき大量発生して
柑橘類などに甚大な被害をもたらす害虫である。このバッタの幼虫の黒化も、温
度によって著しく影響を受け、高温ほど黒斑紋の発現が抑制される。私の研究で
は[20]、アメリカトビバッタでは、30〜42℃の範囲で顕著な温度依存的反応を示し、
低温では黒化がみられるが、高温ではまったくみられなかった。後の研究でゴッ
サム（Gotham, S.）とソン（Song, H.）は平均 28℃で飼育し、ほとんどの個体が黒化
したという結果をえた。これは、まさに温度に対する上述の反応から予想され

る結果であった。しかし彼らは、さまざまな温度反応を調べる実験はまったく行っていないにもかかわらず、このバッタの黒化は温度に対する反応ではないと結論し、以前の私の結論に対して異を唱えた[21]。そして、このバッタの体色の黒化は、混み合い依存的反応である、と結論した。その理由は、同じ低温（平均28℃）で単独飼育した幼虫のほとんどが黒化しなかったことにあるようだ。しかし、上述の温度反応は集団飼育での結果に基づいた結論であり、単独飼育下でも同じ温度反応がみられるとはかぎらない。じじつ、サバクトビバッタでは、単独飼育下での黒化は背景色の明度に依存しており（図7B）、温度より背景色による影響のほうが強いことは、上述したとおりである。ゴッサムとソンはアメリカトビバッタの単独飼育では、容器を白い紙でおおっていた。つまり、背景を白にして飼育したので、黒い個体があらわれにくかった可能性がある。もし明度の低い紙でおおった容器で飼育していたら、彼らの結論は違っていたのかもしれない。たしかに、このバッタでは、私の研究でも、混み合い依存的な黒化反応はみられた[20]。しかし、温度反応にくらべると顕著な現象ではないのである。

暗闇下での体色とバッタの驚くべき反応： バッタを暗闇におくと、背景色の色を感知できずに、黒カップで飼育したときの体色と似たものになるだろうか。

飼育室の照明を切り、暗闇の中でサバクトビバッタを単独飼育して体色を調べた。念のために、黒と黄緑カップを使い、毎日15分間だ

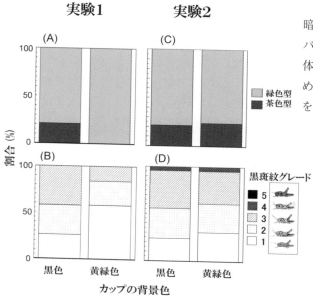

実験1　　　実験2

図12　1日15分の餌換えの間の光条件がバッタの体色に影響した。実験1では2齢から毎日15分間蛍光灯照明下で餌換えをし、実験2では赤色光の下で餌換えをした。終齢幼虫の緑・茶色多型（A・B）と黒斑紋グレード（C・D）。文献[19]の図を出版社の許可をえて転載・改変。

け明かりの下で餌換えをした。終齢に到達した幼虫の体色を調べて驚いた。暗闇の中で育ったにもかかわらず、黒と黄緑カップでの結果が違っていたのだ。黒カップでは約 20% が茶色型だったが、緑カップの方では茶色型は 0% で、すべて緑型だった。黒斑紋も、黒カップの幼虫のほうがより進んだグレードのものが多かった（図 12A・C）。考えられる原因は、毎日の餌換えのときに 15 分間照明にさらしたことから、その時に幼虫が背景色を認識したという可能性だった。それを確かめるために、餌換えも赤色光をたよりに暗闇で行い、バッタがいっさい赤色光以外の光にさらされない条件で実験をくり返してみた。すると、緑と黒カップで育ったバッタの体色は、緑色型の割合はほぼ同じで、照明下での黒カップでの結果とほぼ一致していた（図 12B・D）[19]。サバクトビバッタが一日わずか 15 分の間にみた背景色に反応したことに、私は驚嘆した。

4.5.　サバクトビバッタの群生相の体色と環境要因

　混み合いがサバクトビバッタの幼虫に黒斑紋を誘導することはよく知られている。似た現象はアメリカトビバッタ[20,21]、トノサマバッタやツチイナゴばかりではなく、ヨトウガ、アワヨトウ、オオスカシバなどのチョウ目でも知られている。逆の反応を示すのが、冒頭で述べたフタホシコオロギで、単独飼育条件下で黒くなり、混み合うと白くなる。混み合いとは接触による機械的刺激にくわえ、フェロモンのような化学的刺激、視覚的刺激そして振動や音などの聴覚刺激からなっている。バッタはそれらすべての刺激を感受する器官をもっている。どんな刺激に反応して、バッタは黒化するのだろうか？

　1959 年にエリス（Ellis, P. E.）はユニークな方法でこの問題に取り組んだ[22]。彼女は幼虫をふ化から 2 齢までさまざまな条件にさらして、体色を比較した。サバクトビバッタの幼虫を 1 頭入れた容器に他種のバッタの幼虫やワラジムシを入れたり（機械的、視覚的、化学的刺激）、鏡で囲んだ容器でバッタを飼育したり（視覚的刺激）、透明なセルロイドの容器に幼虫を 1 頭入れて、容器ごとバッタの集団ケージの中において（視覚、匂い、聴覚刺激）影響を調べたりした。その結果、ある特定の刺激ではなく、すべての刺激が総体的にはたらいて黒化を誘導する、と結論した。また、群生相特有の体色が発現するには、異種ではなく同種の幼虫の集団にさらすことが必要であると述べている。

　2005 年に、この問題がイギリスのシンプソン教授とイスラエルのペナー教授の研究室の合同研究によってふたたび注目された[11]。方法は、エリスの実験と

似たものであったが、新たな実験もくわえられた。彼らは単独飼育した 2 齢か
3 齢幼虫をいろいろな処理にさらし、終齢に達したときの体色を比較した。結
果は、群生相集団と一緒に飼育すると（視覚、匂い、接触刺激）、5 齢までに群
生相に匹敵する体色になるが、異種（トノサマバッタ）の集団と一緒にした場
合は、黒化の程度は低くなった。透明な容器に単独飼育幼虫を 1 頭入れて、同
種または異種の集団飼育ケージの中におくと（視覚、匂い）、反応は少し弱いが
黒化がみられた。新たな実験では、二重の網ケージに幼虫を 1 頭入れて、それ
を集団飼育ケージ内につるした。バッタは二重の網を通して外のバッタ集団を
みることはできないので、刺激は匂いだけだった、と仮定したのである。結果
は、無処理の単独個体とくらべて、二重網ケージの中の幼虫の黒斑紋は増した。
これらの結果から、典型的な群生相の体色を発現するには同種の集団内ですご
すことが必要であるが、集団からの匂い（化学的刺激）だけでも黒くなり、同
時に他のバッタの姿がみえると（＋視覚的刺激）、さらに黒くなる、と結論した。
エリスの結論との違いは、匂いだけでも黒化が誘導されるという結論だけだっ
た。

　二つの研究室の結果を共同で発表した上述の論文は、研究室間の結果のくい
違いを説明するための議論に終始し、謎は深まっても解決には至らず、といっ
た感があった。匂いの重要性についての結果も説得力あるものとはいえなかっ
た。原因の一つは、体色のグレードで緑色型を孤独相とし、茶色型を孤独相と
群生相との中間型だと認識した点にある。黒化におよぼす匂いの影響に関する
イスラエル側のデータが、なぜか示されていない。異種（トノサマバッタの幼虫）
に対する反応も、二つのグループでの結果には違いがみられた。

　それらの結果の違いは、飼育温度や系統の違いなども関係している可能性は
否定できないが、私は、背景色の違いが大きく関係していたのではないかと感
じた。サバクトビバッタはホモクローミーがないという定説[3,17]が広く受け入
れられていたので、これまで体色に関する研究では、背景色の影響が無視され
ていた。たとえば、イギリス側の実験で、二重の網は、匂いは通すが視覚刺激
を排除したと仮定された。もしそうだとしたら、バッタはかなり暗い環境で育っ
たことになる。処理によって背景色と照度が異なれば、バッタが、想定した処
理刺激に反応したのか、背景色の違いに反応したのか区別できない。そこで、
背景色を一定にして、一つ一つ調べてみることにした。

視覚的刺激

死んだバッタをみせる：　2つの黄緑色カップを腹合わせにしてくっつけて、一方のカップの黄緑色の底に5頭の黒い群生相幼虫の乾燥標本を糊で貼りつけた。もう一つのカップには、緑色の幼虫を1頭入れた。死んだバッタを透明な蓋越しに毎日眺めつづけたら、終齢になるまでに黒化するかどうかを調べた。死んだバッタの効果はほとんどなく、すべての幼虫が緑色型のままだった。わずかに黒くなるものがあらわれたが、これは死んだバッタが真っ黒だったために、部分的に黒い"背景"に反応したためだと考えられる[23]。

生きたバッタをみせる：　生きたバッタはどうだろうか？カップ当たり1、2、5、10頭の群生相2齢幼虫を入れて蓋をし、もう一方のカップに緑色の孤独相2齢幼虫（実験個体）を1頭入れて蓋をし、腹合わせにしてくっつけた（口絵-Ⅲ(7)A）。換気のための小さな穴を壁にあけた。毎日餌を交換し、体色への影響を観察した。体色は頭と胸部にあらわれる黒化の程度をグレード化した。そのグレードは、黒斑紋の程度によって5段階に分けたもので、孤独相個体のグレードと似ているが、地色の色合いに違いがある（口絵-Ⅲ(7)B）。

実験個体が終齢になった段階で体色を比較すると、群生相幼虫を入れない場合（緑色の空のカップ）、黒化したものは1頭もいなかった。しかし、1頭でも別のカップに群生相幼虫を入れると、わずかだが黒化する実験個体があらわれた。そして、みせるバッタの数を増やしていくと、実験個体の黒くなる割合と程度が増していった（口絵-Ⅲ(7)C）。その場合、もっとも黒くなった実験個体は、集団飼育した典型的な群生相幼虫の体色と区別がつかないほどだった。興味深いことに、同種からの接触刺激がなければ発現しないといわれていた腹部の鮮やかな黄色も発現していた。そのような個体の割合は、みせたバッタの数が2、5、10頭区の場合、それぞれ10%、25%、36%にもおよんだ。視覚的刺激はかなりインパクトがあることがわかった。

孤独相幼虫や他の昆虫ではどうか?：　相手が緑色の孤独相幼虫でも黒くなるのだろうか？二つのカップの両方に緑色の孤独相幼虫を1頭ずつ入れてみた。すると、彼らはたがいに反応しあい、黒くなった。しかし、黒い群生相幼虫とくらべると、効果は弱いようだった。野外では、孤独相幼虫は互いに避ける性質があるので、長い間お互いの近く（数cm以内）にとどまることはない。しかし、

刺激としては、黒でなくても緑色でも黒化を誘導するということである。そこで緑色のチャバネアオカメムシやこげ茶色のクサギカメムシを5頭、バッタにみせてみた。実験個体は、どちらの刺激に対しても黒化したが、やはり緑色の前者のほうが黒っぽい後者とくらべると効果は弱かった[23]。

匂いの効果

　バッタやカメムシをみせる実験では、カップの壁に換気用の穴があった。したがって、この穴を通して、匂いが移動して実験個体に影響した可能性が排除できなかった。つまり、シンプソンとペナーらが指摘した、匂いの効果である[11]。それを確かめる実験を2つ行った。

　はじめの実験では、2つの黄緑カップの一方に、5頭の群生相幼虫を入れて、他方のカップに緑色の実験個体を入れて、集団の匂いだけが伝わるように工夫した。2つのカップのしきりとなる蓋に黄緑色の紙を貼り、小さな穴をたくさんあけた。そうやって終齢になった幼虫を調べたところ、黒斑紋をもった幼虫はまったくあらわれなかった。この実験では、蓋の向こうのバッタはみえなかったが、5頭のバッタから匂いと、おそらく振動は伝わっていたに違いない。

　匂いを完全に排除するのは、施設の関係で困難だと思われたので、もう1つの実験では匂いをたくさん与えて効果をみた。群生相幼虫を150頭入れたケー

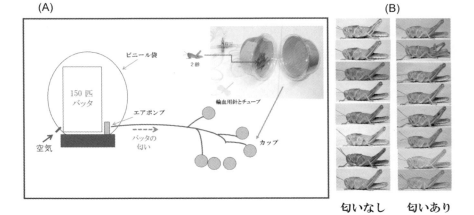

図13　群生相の匂いを緑色の2齢幼虫に送りつづけても、終齢までに黒化する個体はいなかった。（A）実験装置。（B）匂いを送った実験区と送らなかった対照区の幼虫の写真。文献[23]の図を出版社の許可をえて転載・改変。

ジをビニール袋でつつみ、換気用に1つ穴をあけた。もう1つの穴からケージ内の空気をエアーポンプとチューブを使ってカップに入れた緑色の2齢幼虫に送った（図13A）。幼虫は1頭ずつ黄緑色のカップに入れて、チューブから輸血用の注射針を使ってカップに刺した。1分間に20〜40cm³の空気をそれぞれのカップに送り、カップの壁にあけた穴から排気した。こうして1日24時間終齢になるまで、実験個体はバッタ集団ケージからの空気（群生相バッタの匂い）にさらされた。結果は、はっきりしていた。バッタ集団からの匂いは、カップ内の幼虫の体色にまったく影響しなかった（図13B）。匂いを送らなかった対照区と同様、黒斑紋を発現した個体はいなかった[23]。

視覚の効果

動画をみせる：　匂いが群生相特有の黒化を誘導しないことはわかったのだが、同じ飼育室で実験を行うかぎり、匂いを完全に排除して、視覚だけの影響を証明することは難しかった。そこで、群生相幼虫5頭をシャーレに入れて、ビデオカメラで撮影して、その動画をバッタにみせたらどうかと考えた。

緑色の2齢幼虫を、透明な蓋つきの小さな緑カップに1頭ずつ入れて、棚にならべた。その棚をバッタ動画が映しだされる23インチLEDモニターの前において、バッタが1日中透明な蓋越しに映像がみえるようにした（図14）。カッ

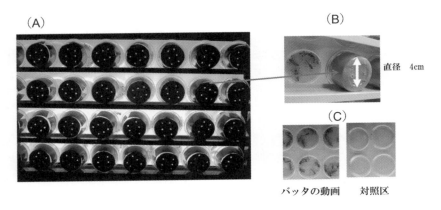

図14　バッタの動画をみせて体色への影響を調べた方法。（A）緑色の2齢幼虫（実験個体）を入れたカップを棚にのせてモニターの前にならべた。（B）モニターに映る動画をカップの中のバッタにみせる様子。（C）バッタの動画と空のシャーレの対照区の動画。

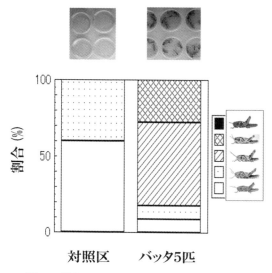

図15　群生相5頭の幼虫の動画を緑色の2齢幼虫にみせつづけると、亜終齢（5齢）までに黒化した。空のシャーレをみせた対照区では黒化しなかった。（口絵‒Ⅲ(8) もあわせて参照）

プ内の温度が約30℃になるように、部屋の温度を調節した。映像は群生相幼虫の入ったシャーレと、空のシャーレを映したもので、背景は黄緑色の色紙を使った。

　バッタの動画をみせた孤独相幼虫は、3齢に脱皮すると、すべての個体が胸部には黒斑紋を発現させた。黒斑紋は次の齢期でさらに黒くなったが（図15; 口絵‒Ⅲ(8)）、その後黒斑紋は後退した。孤独相バッタは黒いバッタの動画に反応して黒化したのだ。空の

シャーレ映像をみせられた対照区の幼虫では、まったく黒斑紋はあらわれなかった。シャーレに5頭の群生相幼虫の入った静止画像をみせたものでも、ほとんどが対照区と同様、黒斑紋は誘導されなかった。この実験では群生相幼虫からの匂いを完全にシャットアウトしているので、サバクトビバッタは同胞からの視覚刺激だけでも黒斑紋を発現することが証明された。また、静止画では効果がなかったことから、動くバッタに対して反応していたのである[23]。

　オタマジャクシではどうか：　バッタではなくオタマジャクシではどうだろうか、と思いついた。当時、研究所の裏にあった水田でたくさんのオタマジャクシが発生していた。毎日通勤時に眺めているうちに、そんな疑問がわいたのだ。特別研究員だった西出雄大さんと一緒に100頭くらい捕まえた。シャーレに5頭ずつ入れて、動画を撮った。群生相バッタの場合と同じように、孤独相の幼虫にその動画をみせた。すると、バッタをみせた時と同様、カップの中のバッタには黒斑紋がはっきりあらわれた（図16）。やはり静止画ではほとんど効果

(A)

(B)

オタマジャクシ

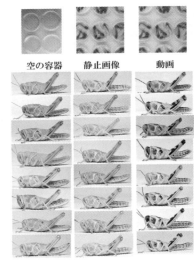

空の容器　　静止画像　　動画

図16　オタマジャクシの動画を緑色のサバクトビバッタ2齢幼虫にみ
せつづけると、亜終齢（5齢）までに黒化した。静止画像と空のシャー
レをみせた対照区では黒化しなかった。文献 23) の図を出版社の許可
をえて転載・改変。

がみられなかった。同様の結論は、フタホシコオロギの幼虫の動画をみせた実
験からもえられた。これらの結果から、サバクトビバッタの幼虫が同種ばかり
でなく、他の昆虫や動物など、何か動くものに反応して体色の群生相化をおこ
すのだということがわかった 23)。

　集団との距離の影響：　5頭の群生相幼虫のはいったカップを少し離してみた。
実験個体1頭の入ったカップと直接腹合わせにしたときの集団との最短距離は
1cmだが、その場合、幼虫が成長するにつれて、黒斑紋がはっきりあらわれた。
しかし、2つのカップの間に20cmの筒をはさむと、集団の影響はまったくみら
れなくなった（図17） 23)。バッタの視覚は鋭く、数メートル離れていても近づ
く人の姿を認識して、物陰に隠れる行動をしばしばみせる。しかし、わずか20
cm離れた5頭のバッタ集団を混み合い刺激として認識しないとすると、「連続的
に他個体がすぐ近くにいる」ときにだけ、脳内で"混み合い刺激"として処理

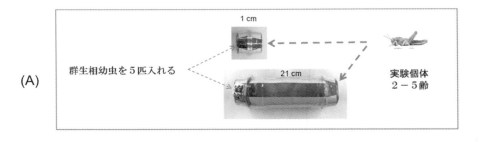

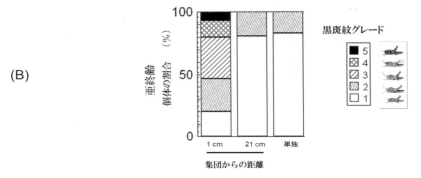

図 17　群生相 10 頭の幼虫集団との距離が近い（1cm）と黒化は誘導されるが、遠い（21cm）と効果がない。（A）集団との距離の影響を調べた実験方法。（B）2 齢から亜終齢まで処理した結果。文献 23) の図を出版社の許可をえて転載・改変。

されるということなのかもしれない。そして、そのような混み合い条件を自然界でみたすのは、集合性を共有する同種のバッタということになるのだろう。

4.6.　群生相化：　混み合いにたいする感受性

サバクトビバッタの孤独相幼虫が混み合いにさらされると、接触と視覚刺激を感受して黒斑紋があらわれる。混み合いによる黒化誘導は体色の群生相化といえる。幼虫期にはいつでも混み合い刺激を感受して、同じように反応するのか？黒斑紋があらわれるには、何日あるいは何時間の混み合いにさらされる必要があるのか？これらの問題については、これまで説得力ある研究がなされてこなかった。そのような研究をするには、黒斑紋をもたない緑色の孤独相幼虫がたくさん必要となるのだが、安定してそのような幼虫をえる条件が、背景色の重要性が証明されるまで、みつからなかったからだ。

　一番感受性が高い齢期を知るために、さまざまな齢（2、3、4、5 齢）の孤独

相幼虫を1日だけ混み合い（5頭の同じ齢にある群生相幼虫を導入）にさらし、その後ふたたび単独状態にもどして飼育した。混み合い処理した次の齢期で黒斑紋を比較してみると、3齢で混み合いにさらした場合がもっとも黒斑紋が強く誘導され、5齢（亜終齢）ではまったく効果がなかった[23]。体色にみられる群生相化は、幼虫期の後半にはおこりにくい現象だということがわかる。そこで一番混み合いにたいして敏感に反応した3齢幼虫で実験をすることにした。

黒化誘導に必要な混み合いの長さ： 黒斑紋のまったくない緑色の3齢幼虫を、群生相幼虫と一緒にして10頭の集団にした。さまざまな期間こうして集団にたもった後、ふたたび単独にして飼育し、4齢に脱皮した後の体色を観察した。実験は連続照明下で行った。1時間では効果がなかったが、4時間あるいは8時間の混み合いを経験すると、脱皮後、少数の個体にわずかな黒斑紋があらわれた（図18）。すべての幼虫に黒斑紋があらわれるには、まる1日間混み合いが必要だった。しかし、群生相特有の濃い黒斑紋を示した個体は少なく、そのような個体は4日間混み合いを経験したものでも半分しかあらわれなかった[24]。

孤独相幼虫がホモクローミー型体色から、混み合い依存的多型によって群生相の体色に変わることは、孤独相幼虫にとって大きな'決断'であるに違いない。バッタは、ヒラメやカメレオンのように、すぐに背景色に同化するような変身はできない。強制的に混み合いにさらして、1日後にその切り替えをはじ

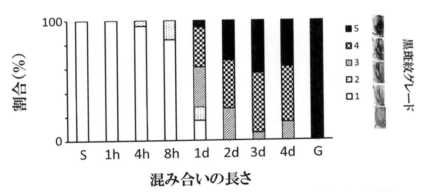

図18　孤独相の緑色の3齢幼虫を群生相幼虫集団におくと、集団においた時間とともに黒化の程度が増した。実験個体は、集団にさらした後は黄緑色カップで単独で飼育し、4齢に脱皮後2〜3日目に体色を記録した。文献[24]の図を出版社の許可をえて転載・改変。

めるとしたら、じっさい、野外でおこる孤独相幼虫の群生相化とはどのように
進むのかを考えてみよう。上述したように、孤独相バッタはたがいに避け合う
性質がある。群生相幼虫の集団と出くわしても、孤独相幼虫は集団から離れて
しまうに違いない。群生相化するプロセスには、個体数の増加も重要であるが、
餌植物が一様に分布せず、小さな群落として局在化していることが重要である。
いずれの状況下でも、多くのバッタがかぎられた餌植物に集中すると混み合い
が生じる可能性がある。それが数日つづけば、孤独相幼虫は体色も行動も群生
相化し、相転換がおこる。孤独相幼虫は 2 日間混み合いを経験すると行動の群
生相化がおこり、他のバッタに近づこうとする（第 3 章 3.2. 参照）。この集合性
を誘導するのに必要な混み合い期間は 3 齢でも 6 齢でも同じである。行動の群
生相化がおこることによって、孤独相だった 3 齢幼虫の体色は黒化し、集団に
とどまることによって群生相体色が維持されることになるのであろう。

4.7.　体色変異の適応的意義

　これまで述べてきたように、サバクトビバッタの場合、孤独相でも群生相で
も体色の黒化がみられる。黒化を誘導する要因が異なるということは、同じ黒
斑紋にしても適応的意義が異なってくる可能性がある。したがって、それぞれ
の相について分けて考えてみたい。

　孤独相の体色：　孤独相幼虫の緑・茶色多型は便宜的な分類である。サバクト
ビバッタの場合、緑色の体色はホモクローミー多型によって棲息地の背景色に
とけこむような反応のひとつにすぎない。植物が多い環境では緑色の背景に反
応し緑色型が、枯れた草や地面が露出した環境では茶色型があらわれる（図 1）。
野外でも、孤独相の棲息地で茶色型のみが観察されたという報告はみあたらな
い。これは実験室でも同様で、飼育ケージや容器の背景色にかかわらず緑色型
は必ずあらわれる。これは緑色の背景となる植物がまったくない環境では、幼
虫は生存できないからであろう。どちらの型でも、胸部や脚の地色は背景の色
合と彩度によって変化する。

　孤独相幼虫でも黒斑紋が生じる。その程度は緑型あるいは茶色型にかかわら
ず、背景の明度に依存していた。黒斑紋はあるパターンを描き、黒斑紋の位置
などに著しい個体変異はない。齢が進んだ大きな幼虫では、このようなパター
ンは体の輪郭を消して、そこに大きなバッタがいることを天敵に悟られなくす

る効果があるようにみえる。孤独相の黒斑紋は、彼らが経験する最高温度付近の温度（38℃）にさらされてもあまり影響を受けないので、背景色の明度にたいする反応は安定しているに違いない。

　したがって孤独相の体色変異は棲息地の背景色への隠蔽色、カモフラージュであり、天敵による淘汰の産物であると考えられる。言い換えるならば、隠蔽色によって天敵から身を守る手段として進化した、ともいえるだろう[25]。しかし、これはあくまでも実験結果から導き出された仮説であり、鳥のような捕食者を使った実験による検証が必要である。ジレット（Gillett, S.）とゴンタ（Gonta, E.）は、トカゲ、ニワトリそしてヒトを捕食者として、集団飼育したサバクトビバッタの黒い幼虫と単独飼育した緑色の幼虫を草の上や砂の上に置いて、バッタが発見されるまでの時間を比較した[26]。すると、予想に反して、草の上に置いた場合でも、緑色の幼虫が黒い幼虫より発見されにくいという結果はえられなかった。なぜだろうか？この実験で使った単独飼育幼虫は緑色をしていたが、黄色やオリーブ色のものもいて、中にはわずかに黒斑紋をもっていたのである。つまり、捕食実験で使った背景の草の色とバッタの体色は、緑色っぽくみえても明らかに異なった明度や色合いをしていたことが原因だったのであろう。前述したように、自然界の孤独相幼虫の体色は棲息場所によって変異があり、緑の色合いは棲息場所の植物の色に相関していることがストワーによって指摘されている[15]。これは、同じ場所にとどまる傾向が強い孤独相幼虫の行動とも密接に関連しているのであろう。

　群生相の体色：　群生相の体色にはどんな適応的意義があるのだろうか。群生相の体色といっても、若齢幼虫、老齢幼虫そして成虫とでかなり違う。別々に考える必要がある。

　サバクトビバッタの若齢期の地色は白や薄いピンク色であるが、ほぼ真っ黒にみえる。沙漠の砂の上にいる群生相の若齢幼虫の集団は、まるで黒いカーペットだ（第1章図4参照）。第1章で述べたように、大量発生した時に天敵の捕食圧が個体群にあたえる影響はほとんどない。だから、群生相の黒化は天敵対策以外にあると考えるべきであろう。黒い体色は効率的な熱吸収に役立っているに違いない。沙漠の朝の気温が20℃以下になることは珍しくない。日光を浴びて早く体が温まれば、早く活動を再開できるし、速やかな発育にもつながる。じっさいに、若齢幼虫は日光浴が好きだ。しかし、日中、もし暑くなれば、まばら

に存在する植物の陰に避難して休むことができる[27]。小さいので、摂食によって植生を一掃してしまうような破壊力がないので、そのような植物をみつけることは容易なはずだ。

　老齢幼虫はどうだろうか。サバクトビバッタは終齢に近づくにつれ地色が黄色に変わる。それに黒斑紋がくわわると、まるでスズメバチのような毒々しい配色にみえることから（1章図2C参照）、警戒色ではないかと主張する研究者は少なくない。その検証を試みたのが、ソォード（Sword, G. A.）らである[28]。群生相幼虫は、孤独相幼虫があまり好まない、脊椎動物にとっては毒となるアルカロイドを含んだナス科植物のヒヨス（*Hyoscyamus muticus*）の葉を食べるという。彼らの論文では緑の孤独相と黄色と黒の群生相の終齢幼虫の絵が紹介され、読者に警戒色であることをあらかじめ印象付けるような導入をしている。ところが、その論文の実験でじっさいに使ったのは、黄色がまったく発現しない3齢幼虫だった。地色は白または薄いピンク色だが、黒斑紋が広範囲にあらわれるとこから、黒いバッタにみえる（1章図14参照）。ヒヨスを食べた黒い群生相幼虫をカナヘビに食べさせた後に、さらに幼虫をあたえると、67%の黒い幼虫は拒否され、食べられなかった。一方、ヒヨスを食べた緑色の孤独相幼虫をカナヘビに食べさせた場合、緑色の幼虫が拒否され食べられなかった割合は、わずか14%だった。これらの結果から、カナヘビは毒と黒い体色を結びつけて記憶し、後にあたえられた黒いバッタを避けたが、黒斑紋のない幼虫がヒヨスを食べても、カナヘビは毒と体色を結び付けて記憶できなかったのだと結論した。

　この結論にはいくつか問題があると思われる。第1に、これは、黄色と黒色の警戒色を証明したものではない。黄色の体色は若齢期にはあらわれない。私たちの最近の研究でわかったことだが、黄化を誘導する遺伝子は若齢期でほとんど発現しないのだ[29]（第6章6.9.参照）。第2に、孤独相幼虫はヒヨスを好まないので、群生相幼虫より少量の毒を体内に取り込んでいた可能性がある。第3に、毒を摂取しなければ、カナヘビがバッタの体色に関わらず黒色と緑色の幼虫を同じように捕食したというデータが示されていないので、カナヘビが群生相幼虫の捕食を拒否した原因が毒と関連していたのか、黒斑紋に対する拒絶反応だったのかが不明である。というのは、カナヘビによる昆虫の捕食を最も効果的に撃退する体色パターンは、黒い縞模様とコントラストのきいた色との組み合わせであることが指摘されている。これは、まさにバッタの群生相にみ

120

られる体色である[26]。最後に、群生相化した場合、サバクトビバッタが天敵に
よる捕食圧のインパクトをほとんど受けないことを考えると、警戒色仮説はさ
らなる検証が必要であろう。

　熱帯沙漠を集団で行進するサバクトビバッタの老齢幼虫は鮮やかな黄色に染
まり、若齢幼虫とくらべて黒斑紋はかなり後退することが多い（第 1 章図 11 参
照）。これは地表の高温を経験して黒斑紋の発現が抑制されるからだ（第 6 章
6.8. 参照）。この黒斑紋と温度との関係は、今から 90 年も前に実験的に明らか
にされているのだが[30]、老齢幼虫の体色との関連で、その意義が論じられるこ
とは少ない。バッタ類の体色に関する総説の中で、1990 年ダーン（Dearn, J. M.）
は、サバクトビバッタの群生相の黒斑紋は体温調節に役立っていると、指摘し
ている[31]。だが、最近の総説などではあまり引用されない。警戒色仮説の方が、
劇的で面白いからであろう。しかし、群生相の黒斑紋が温度にたいして顕著な
反応を示すとしたら、それは温度対策であると考えるのが最も単純な解釈では
なかろうか。じっさい、トノサマバッタやアメリカトビバッタの群生相（集団
飼育個体）でも、同様な反応がみられる[20]。もし、警戒色として進化したのな
らば、高温によって黒斑紋が容易に後退してしまうのは合理的ではないように
思える。一方で沙漠の砂の上は、日中 50℃ 以上になることも珍しくない。大き
く成長した老齢幼虫の大集団に、日陰を提供できる植物はそれほど多くはない
だろう。そのような状況で、もし体が真っ黒だったら、たちどころに‘虫焼き’
になってしまわないだろうか。黒い T シャツを着て真夏の炎天下を歩いた経験
のある方なら、その効果をよく理解できるに違いない。しかし、気温が比較的
低い冬の集団にとって、黒斑紋は日光浴によって熱吸収の効率を高め、生存と
成長に有利に働くだろう。

　筑波大学の四年生だった岩田周子さん（現イー・アール・エム日本株式会
社）が、私たちの研究室で示唆にとんだ実験をしている。沖縄産トノサマバッ
タの白いアルビノ幼虫と野生型の黒化した幼虫を、円形の大型容器に一緒に
入れた。上から垂れ下げた電球（熱）にたいして、黒と白のバッタがどのよ
うな反応を示すのかを観察したのだ。すると、黒いバッタは白いバッタより、
つねに電球から遠い位置に定位していた。黒いバッタの体温は上がりやすい
ので、その分、電球から遠い位置で体温を調節していた。つまり、体色の違
いで生まれた熱吸収効率の差を、行動で補正していたのだ。これを支持する
ように、黒色と白色の幼虫の発育日数に差はみられなかった。この実験結果は、

沙漠のように日陰が必ずしも容易にみつからない場所では、体色は生存を左右しかねない重要な要因になることを想像させる。黒化誘導ホルモンをサバクトビバッタに注射して黒い終齢幼虫を作り、沙漠で彼らの行動を観察してみたいものである。

　サバクトビバッタの群生相成虫は、羽化したては濃いピンク色をしている。1週間くらいのうちに濃い色素が糞として排出され、少しずつ薄茶色になり、2週間くらいして性成熟するとあざやかな黄色になる（口絵−II（3））。孤独相成虫は薄茶色で、あまり体色の変化はみられない。管原亮平さんらとの最近の共同研究[32]によって、群生相の黄色の体色は、幼虫期の黄色と同じ黄化タンパク質（YPT）によるもので、黄緑色野菜に多く含まれるカロテノイドの一種であるルテインと結合していることが明らかになった。それまでは70年もの間、β-カロテンだと信じられていた。したがって、この黄色は幼虫と成虫に共通した適応的意味をもっている可能性がある（第6章6.7.〜10.参照）。

　以下は私の仮説である。沙漠の餌植物は、種類は多いがバイオマスは乏しい。乾燥や高温といったきびしい環境にくわえ、昆虫や動物たちによる絶え間ない攻撃にさらされてきた。そして生き残ったのが現存する植物たちである。その結果、多くの沙漠あるいは半沙漠植物が、葉や茎に動物の嫌がる毒物質をたくわえる進化をとげてきた。そんな沙漠植物を食べるサバクトビバッタの胃と腸には、未消化の毒が残っている可能性が高い。したがって、鮮やかな黄色は、幼虫と成虫にとって、天敵から身を守るための警戒色として進化した可能性が考えられる。発育の進んだ大きな老齢幼虫と成虫にだけ発現する鮮やかな黄色の体色は、比較的大型の鳥や哺乳類などの天敵対策として進化した可能性がある。若齢で黄色が発現しないのは、それらの大型天敵の捕食対象になっていないのだろう。成虫は濃い体色をすみやかに失ってしまう。もし、老齢幼虫だけにみられる黒と黄色の体色が警戒色として重要ならば、なぜ成虫では黄化する前に黒斑紋が消えてしまうのか。不思議なことに、黄化はオス成虫で顕著に発現し、翅を含むほぼ全身が鮮やかな黄色に染まる一方、メスでは発現しても腹部の下半分は白いままである。この黄化にみられる雌雄間の違いには、どんな意味があるのだろうか。

　この謎にたいして、2009年モーリタニアの沙漠で、目から鱗が落ちるような光景に遭遇した。日中、レンガ色の砂でサバクトビバッタが集団産卵していた。ほとんどのメスの体の上には、オスがマウントしていた。他のオスが来て交尾

しないように、ガードしているのだ。その真っ黄色の体色は、砂とのコントラストが際立って数十m離れたところからでも目視できた（口絵−II(4)）。私が近づいても、産卵中のメスはピクともしなかった。体を半分砂にうずめて、地上に露出した部分はすべて真っ黄色だった（口絵−II(5)）。つまり、メスの体の白い部分は砂の中に埋もれていて、みえなくなっていたのである。この光景をみたとき、交尾中のメスは天敵にたいして無防備なので、黄化して天敵にアピールするようになったのではないか、と思った。背中に真っ黄色のオスが乗っていても、効果は変わらないだろう。マウントしているオスの体は全部露出しているが、オスでは脚も腹部の下側も真っ黄色になる。メスは性成熟しても黄化するのに時間がかかる。そんなメスに真っ黄色のオスがマウントすれば、産卵中のメスを捕食者から守ることができるに違いない。この仮説は、その時の観察結果と一緒に、帰国後すぐに発表した[18]。

　2009年、モーリタニアの沙漠ではサバクトビバッタが大量発生していた。成虫の体色はすでに黄化し、あちらこちらで成虫集団がみられた。しかし、それらの成虫の体形の計測値は孤独相のものと区別できなかった。つまり、幼虫期は混み合いのない低密度条件下ですごしたと考えられる。風などの影響で、成虫になってから混み合いが生じ、集合性が誘導され、集団が形成されたと考えられる。このような群生相化の初期には、小さな集団で産卵をはじめるメス成虫にとって、天敵圧は次世代の個体群サイズに大きなインパクトをあたえるに違いない。そのような状況で、成虫の黄色の体色は毒性のある植物を食べた危険な"獲物"であることを大型天敵動物に顕示する警戒色として機能しているのではないだろうか。

まとめ　〜研究に近道はない

　私が勤めていた研究所では、多くの人が分子生物学や高額分析機器を駆使した先端の研究をしていた。そんな中で、2年半もの間、色紙でおおったカップでバッタを飼って、まるで小学生の夏休み自由研究のような実験を行っていたことに、多少のためらいを感じなかったわけではない。しかし、孤独相の体色制御の仕組みを理解するために、避けて通れない道だとしたら仕方ないじゃないか、と自らにいいきかせていた。幸い実験は順調に進み、その結果、黒斑紋をまったく示さない緑色の幼虫を大量に飼育する方法もみつかった。それにより、孤独相幼虫に黒斑紋を誘導する背景色の特性や、群生相幼虫に黒斑紋を誘

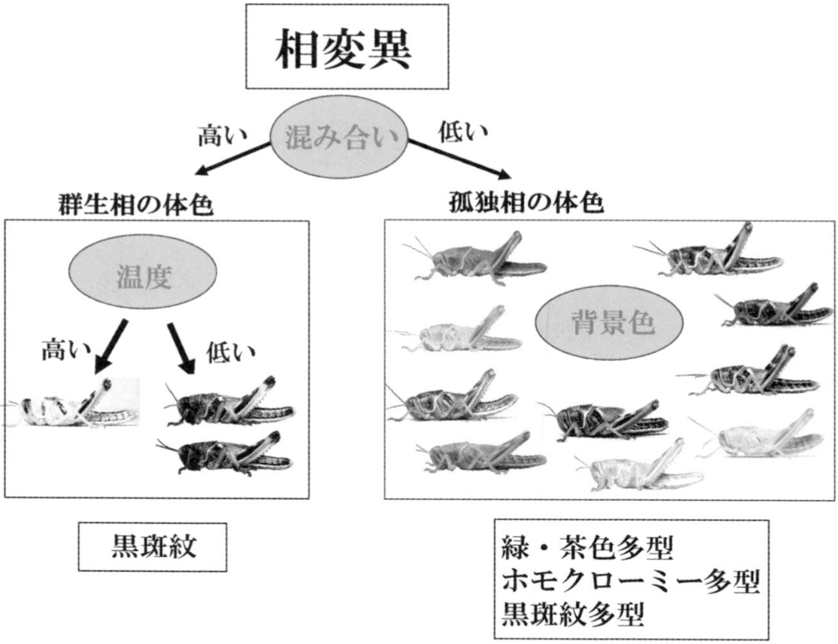

図 19　サバクトビバッタ亜終齢と終齢幼虫の体色多型の制御。混み合いの有無により、群生相か孤独相に分かれる。群生相では混み合い以外に、温度が重要であり、高温で黒斑紋が抑えられ、黄化が促進される（黒斑紋多型）。孤独相では緑色とそれ以外の体色を示すものが緑・茶色多型を呈する。棲息地の背景色によって体色が強く影響を受ける（ホモクローミー多型）。孤独相の体色は温度より棲息地の背景色の方が重要になる。文献 25) の図を出版社の許可をえて転載・改変。

導する刺激要因の解析が可能となり、1 世紀におよぶサバクトビバッタの孤独相幼虫における体色制御の謎の解明にたどりつくことができた。

　これまでの話を総合すると、サバクトビバッタの体色多型の環境制御の新しい仕組みがみえてくる（図 19）25)。最上層にある混み合い依存的多型は相依存的多型といいかえることも可能である。低密度の孤独相幼虫では、棲息場所の背景の色合と彩度におうじたホモクローミー多型と明度依存的な黒斑紋多型が同じ個体で生じうる。茶色型は孤独相の特徴の一つであり、混み合いの影響を少し受けた転移相ではないのだ。黒斑紋は、孤独相でも発現する重要な表現型であるが、温度より背景色により依存的である。つい 10 年前まで、これらの多型の存在は誤って認識されていた。孤独相幼虫の体色を緑色型とそれ以外の体色とで分類すると、緑・茶色多型がみえてくる。しかし変異は連続的である。

実験室では、緑色型は黄緑色や黄色の背景色で 100％ 出現するが、湿度や餌植物の鮮度には影響されないことが証明された。

個体数が増えて混み合いが生じると、幼虫は黒化する。混み合い依存的黒斑紋多型である。老齢幼虫では地色が鮮やかな黄色かオレンジ色になる。接触と視覚刺激が黒化を誘導するが、匂いは重要ではないことがわかった。群生相の黒斑紋の発現は高温で抑えられ、低温で促される。老齢幼虫では、高温が黄化を強く誘導する。

バッタの体色の変異とその多様性が、どのような環境要因によって制御されているのかは、多くの科学者の注目を集めてきた。同様に、サバクトビバッタとトノサマバッタの黒化を誘導するホルモンの正体も長年の謎だった。しかし、ちょっとした偶然から、私たちはそのホルモンを発見する幸運にめぐまれた。最近では、さまざまな体色を誘導するホルモンとそれらの遺伝子についても多くの情報が蓄積されている。詳細については、次章にゆずることにする。

文　献

1) Uvarov, B. 1966. Grasshoppers and Locusts. Vol. 1. Cambridge University Press, Cambridge, UK.

2) バッタ・コオロギ・キリギリス大図鑑 . 日本直翅目学会編 . 北海道大学出版会 .

3) Pener, M.P. and Simpson, S. J. 2009. Advances in Insect Physiology 36: 1–286.

4) Tanaka, S. and Nishide, Y. 2012. Journal of Orthoptera Research 21: 175–177.

5) Hunter-Jones, P. 1958. Anti-Locust Bulletin No. 32: 1–29.

6) Suzuki, Y. et al. 2012. International Journal of Tropical Insect Science 32: 148–157.

7) Faure, J. C. 1932. Bulletin of Entomological Research 23: 293–405.

8) Albrecht, F. O. 1965. Bulletin biologique de la France et de la Belgique 99: 287–339.

9) Gunn, L. D. and Hunter-Jones, P. 1952. Anti-Locust Bulletin No. 12: 1–29.

10) Uvarov, B. P. 1921. Bulletin of Entomological Research 12: 135–163.

11) Lester, R. L. et al. 2005. Journal of Insect Physiology 51: 737–747.

12) Johnstone, H. B. 1926. Bulletin of Wellcome Tropical Research Laboratories (Entomological Section) no.22: 1–14.

13) Nickerson, B. 1956. Anti-Locust Bulletin no. 24: 1–34.

14) Staal, G. B. (1961) Publicatie Fonds Landbouw Exptort Bureau 1916–1918 No. 40: 1–125.

15) Stower, W. J. 1959. Anti-Locust Bulletin No. 32: 1–75.

16) Hunter-Jones, P. 1962. The Entomologist's Monthly Magazine 98: 89–92.

17) Pener, M. P. 1991. Advances in Insect Physiology 23: 1–79.

18) Tanaka, S. et al. 2010. Applied Entomology and Zoology 45: 641–652.

19) Tanaka, S. et al. 2012. Journal of Insect Physiology 58: 89–101.

20) Tanaka, S. 2004. Annals of Entomological Society of America 97: 293–301.

21) Gotham, S. and Song, H. 2013. Journal of Insect Physiology 59: 1151–1159.

22) Ellis, P. E. 1959. Animal Behaviour 7: 91–106.

23) Tanaka, S. and Nishide, Y. 2012. Journal of Insect Physiology 58: 1060–1071.

24) Tanaka, S. *et al.* 2016. Entomological Science 19: 391–400.

25) Tanaka, S. *et al.* 2016. Current Opinion in Insect Science 17: 10–15.

26) Gillett, S. and Gonta, E. 1978. Animal Behaviour 26: 282–289.

27) Uvarov, B. 1966. Grasshoppers and Locusts, vol. 1. Cambridge University Press, Cambridge, UK.

28) Sword, G. A. *et al.* 2000. Proceedings of Royal Society of London B 267: 63–68.

29) Sugahara, R. and Tanaka, S. 2019. Insect Biochemistry and Physiology 101: e21551.

30) Husain, M.A. and Ahmad, T. 1936. Indian Journal of Agricultural Sciences 6: 624–664.

31) Dearn, J. M. 1990. Color pattern polymorphism. In: Biology of Grasshoppers. (Eds) Chapman R. F. and A. Joern. John Wiley and Sons. pp 517–549.

32) Sugahara, R. *et al.* 2018. Archives of Insect Biochemistry and Physiology 93: 27–36.

第 5 章

第5章　バッタの体色と相変異：　ホルモン制御

田中誠二

　トノサマバッタの幼虫は緑色や茶色のものをよくみかけるが、中には黄色、クリーム色、ピンク色、そして真っ黒のものもいる（口絵－VI(18)）。棲息地の草が刈られたりすると、2週間もしないうちに緑色だった幼虫が茶色や黄色に変化する。大発生すると、どの個体も濃いオレンジ色の地色に黒斑紋があらわれる。この多様な体色がどのようなホルモンによって制御されているのか？この疑問を抱いてバッタ研究をはじめた。

序　～バッタの体色とは？

　トノサマバッタやサバクトビバッタの優れた適応能力の一つが、棲息地の環境の変化におうじて変化する体色多型かもしれない。これらのバッタでは、外界の刺激を感受すると、脳が刺激情報を処理し、脳または別の器官で合成された、色素合成を誘導するホルモンが体液中に分泌される。分泌されたホルモンは脂肪体や皮膚に作用して皮膚で色素の合成や取り込みがおこると考えられる。バッタの皮膚は真皮細胞とその外側にあるクチクラ層で構成されている。緑色のバッタのクチクラ層はほぼ透明で、その下にある真皮細胞に色素が存在し、私たちには緑色にみえる。一方、群生相の黒い幼虫のクチクラ層は黒色、茶色そして白色の色素が沈着している。クチクラを染める色素は主にメラニン色素であるが、真皮細胞にもさまざまな色素が大量に蓄積されている[1]。私たちは、クチクラ層のフィルターを通して、クチクラ層に沈着した色素と真皮細胞にある色素カクテルをみているのである。この章で焦点をあてるホルモン制御とは、色素の合成や取り込みについてはブラックボックスにして、あくまでも私たちが目でみえる体色とそれを誘導するホルモンについての話である。そのような体色は、前章で述べたような体温調整やバッタの対捕食者戦略としての体色多型を理解する上で重要であり、多くの研究者の注目を集めてきた問題である。対捕食者戦略とは、一般に模倣、警告、擬態などによって捕食者から身を守る方法を意味している。ここでは、トノサマバッタとサバクトビバッタの群生相化

Chapter 5　Body-color polyphenism in locusts: hormonal control. *Written by Seiji Tanaka*

にともなう黒化と棲息環境にカモフラージュしているかのような見事な体色が、どのようなホルモンによって制御されているのかについてご紹介する。

5.1.　バッタの体色に関するホルモン研究

　バッタの体色を制御するホルモンの研究は70年前から論文報告がある。はじめは、前章で述べた緑・茶色多型に関心が集まり、関連ホルモンの発見を目指して多くの研究者が器官の移植実験などをさかんに行なった。そして、頭部にある幼若ホルモン（JH、juvenile hormone）を分泌するアラタ体を茶色のバッタやイナゴの幼虫に移植すると、脱皮後に体色が緑色に変わることが発見され、他の研究者たちも同様の現象を次々に報告した[1,2]。そんな中には、驚くような知見も含まれている。アフリカのイナゴの1種（*Acanthacris ruficornis*）の成虫は自然界では薄茶色の地色に黒色の斑紋があらわれる体色を示し、緑色の個体はいないのだが、幼虫期にアラタ体を移植すると、その個体は緑色の成虫になったのである[3]。トノサマバッタでは、1954年にジョリー夫妻（Joly, P. and Joly, L.）が緑色の体色の誘導におけるアラタ体とJHの重要性を証明した[4]。以来、合成JHやJH類似体（メトプレンやピリプロキシフェン）などを使って多くの研究者がバッタ類の緑色の体色がJHによって誘導されることを確認している。JHは昆虫の種類によって少しずつ化学構造が異なるものが知られているが、バッタではJH IIIという化合物が幼若ホルモンとして機能している。緑色の体色はバッタでは孤独相の典型的な体色であることや、群生相の黒化した幼虫にこのホルモンを処理すると脱皮後に黒斑紋が後退し緑色が発現することなどから、JHが相変異制御の主要ホルモンであると考える研究者も少なくなかった。

　そんな中「JHは相変異の主要ホルモンではない」というタイトルの論文を1992年に発表して、黒化を誘導する要因は別にあることを強調したのが、ペナー（Pener, M. P.）らであった[5]。彼らは、プレコセンと呼ばれるカッコウアザミやアゲタラムの植物から単離された生理活性物質を駆使して、バッタの体色におけるJHの役割を明確に示した。プレコセンをバッタに処理するとアラタ体を選択的に破壊するので、JHが作られなくなる。これらの植物はプレコセンを生産することによって、天敵である昆虫の変態を阻害して、身を守っているのである。ペナーらは、プレコセンをトノサマバッタの緑色型幼虫に処理することによって、JHがなくなって緑色は後退するが、黒化することはないことを示し、黒化誘導要因は別にあることを指摘した。

　黒化誘導ホルモンに関する問題は何人かの研究者がアプローチしていた。
1956 年にニッカーソン（Nickerson, B.）は、サバクトビバッタの体液中にエー
テルで抽出できるステロイドと思われる要因が黒化を誘導すると結論した [6]。
その後、それを確認して正体を明らかにした研究はない。1961 年にストール
（Staal, G. B.）はトノサマバッタの側心体（脳と神経でつながった器官）と脳幹
部にある神経分泌細胞群に黒化を誘導する機能があり、後者を焼いて破壊する
と、黒い体色が不可逆的に失われることを発見した [7]。その要因は同定されな
かったが、黒化誘導要因が脳の神経分泌細胞で作られ、側心体で貯蔵されるこ
とを強く示していた。

5.2.　アルビノ系統と黒化誘導要因の発見

　私は、トノサマバッタの幼虫のさまざまな体色を誘導するホルモンに興味が
あった。そこで、単独飼育した孤独相幼虫に実験室で集団飼育した黒い群生相
幼虫の脳やその他の神経節、側心体、アラタ体などを移植して、体色への影響
を調べた。孤独相のバッタが脱皮した後に黒化するかどうかで、黒化誘導する
ホルモンを含む器官をみつけようとしたのである。

　移植実験といっても、高い技術を必要とするヒトの手術とは異なり、バッタ
では簡単である。私の学生時代のアドバイザーだったオレゴン州立大学大学
院ブルックス教授（Brookes, V. J.）は、ワモンゴキブリの腹部を単離して JH に
よる卵巣発育制御の研究をしていた。その実験の様子を横で眺めているうちに、
ホルモン研究に関心をもつようになった。彼が愛用していた双眼実体顕微鏡に
は、手製の自動手術台が設置されていた。私はそれを借りて、ゴキブリやコオ
ロギの解剖に明け暮れた。そして、コオロギにアラタ体を移植して翅型多型の
ホルモン制御に関する研究をまとめた [8]。その時の経験は、後にバッタを使っ
た生理学的実験や解剖を行う際にたいへん役立った。

　移植手術では、まず細かく砕いた氷にバッタの幼虫を沈め 15 分くらい冷や
す。すると、バッタは仮死状態になる。ドナー（臓器を提供するバッタ）の体
は 70% アルコールを浸み込ませた脱脂綿で消毒し、さまざまな臓器を摘出す
る。この際、バクテリアをたくさん含んでいると思われる消化管を傷つけない
よう気をつけるのが肝心かもしれない。レシピアント（臓器を受けるバッタ）
は腹部の表面を同じくアルコールで消毒し、双眼実体顕微鏡の下に仰向けにお
く。メスで腹部の第二、第三腹節の節間膜に切れ目を入れ、その切れ目からピ

ンセットでつまんだ脳や神経節などの臓器を体内に押し込むだけである。ヒト
では動脈と静脈が毛細血管でつながっている閉鎖循環系であるが、昆虫の場合、
解放循環系といって心臓はあるものの、血管はなく体腔に体液が充満している。
その中に臓器が浮いているような構造をしているので、ちょうどビー玉の入っ
たヨーヨー風船に似ている。小さいアラタ体などは細いガラス管で生理食塩水
（0.9% の食塩水）と一緒に吸い上げて、あとは開いた節間膜の隙間から、空気
を送って押し入れる。節間膜は蛇腹状なので、簡単に隙間はふさがり、傷口は
何もしなくてもすぐに治癒するのである。バッタは抗生物質を使って感染対策
をする必要がないほど、免疫力が高い。移植後に死ぬ個体はほとんどいなかっ
た。このような作業をしばらくつづけたのだが、一貫した結果はえられなかった。
その原因は、実験室で単独飼育して緑色の幼虫をそろえる条件を、当時はまだ
十分検討していなかったからだ。無処理の幼虫でも、時にはかなり黒っぽい体
色になっていた。

　そんな時に、沖縄県名護市のサトウキビ畑で採集したトノサマバッタをつく
ばの研究室で飼育しはじめた。継代飼育して 2 世代目の集団の中に、白いバッ

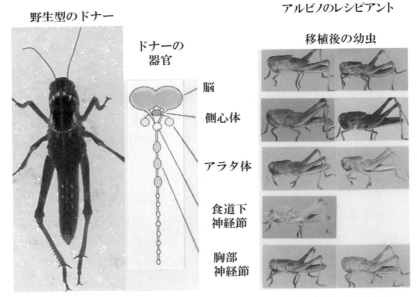

図 1　トノサマバッタの野生型幼虫のさまざまな器官をアルビノ幼虫に移植すると、
側心体や脳を移植した幼虫は脱皮後に黒化する。アラタ体を移植した幼虫は緑色
になる。文献 10) の図を出版社の許可をえて改変して転載。

タがみつかった。それに気づいたのは、当時、茨城大学の 4 年生でトノサマバッタの休眠性の遺伝に関する研究をしていた箱守匠さんだった。彼はそれらの白いバッタを一つのケージに入れて次世代を飼育した。すると次世代はすべての個体が白いバッタになった。同大学の長谷川栄志さんが、その系統を引き継いで、野生型との交配実験を行い、白い体色が単純なメンデル遺伝する劣性形質であることを証明した[9]。採集後 2 世代飼育した結果、野生のバッタがもっていた劣性遺伝子が、たまたまホモになりアルビノがあらわれたと考えられる。このアルビノ系統は 30℃では卵が休眠しないので、私はその系統を使って、はじめは休眠の制御要因を探る目的で、上述したような移植実験をはじめた。したがって、ドナーは卵休眠を持つ北海道札幌産の集団飼育した群生相幼虫だった。ところが、移植手術をした 2 日後に、ある処理区の幼虫がうっすら茶色くなっていたのに気づいた。それは札幌産のバッタの側心体を移植したものだった。脱皮後の体色はさらに濃くなった(図 1)。脳や他の神経節を移植した幼虫でも薄っすら茶色くなったが、食道下神経節や脂肪体と筋肉組織を移植した幼虫ではアルビノ独特のクリーム色のままだった。アラタ体を移植した幼虫は、予想通りすべて緑色になった。私は、休眠誘導要因のことはすっかり忘れ（後にその実験は行ったが、ポジティブな結果はえられなかった）、この実験をくり返して上述の結果を確認した[10]。

5.3.　黒化誘導物質の同定にむけて

トノサマバッタの黒化を誘導する要因が脳と側心体に含まれていることが判明したので、次は、この物質の化学的構造を決定するのが仕事となった。そんな時に中国北京で国際昆虫学会が開催された。1992 年のことである。そこでは別のテーマの発表をしたのだが、会期中にバッタ研究の大家であるイスラエルのヘブライ大学のペナー教授（Pener, M. P.）と雑談する機会に恵まれた。彼は最初、ソファにゆったりと座り、私のトノサマバッタの生活史に関する話に耳を傾けていたのだが、アルビノ系統を使って行った移植実験の結果に触れたとき、態度を一変させた。ソファから前のめりに座り直し、一緒に研究をしたいと熱心に私に訴えはじめたのである。私は即答しなかったが、彼の熱心さに驚いた。帰国後、彼との手紙のやり取りを通して、申し出を受け入れ、要請に応えてアルビノ系統の卵をイスラエルに送った。彼の大学では有機化学者がそろっているので、黒化誘導ホルモンの化学構造の同定をしたいという申し出であっ

た。当時、私の研究所でもホルモンを専門にした研究者もいたのだが、バッタ研究に関心をもってくれそうな人はみつからなかった。じつは、私は構造決定にはそれほど興味はなかったのだ。

それから1年くらいが経過したころペナー教授から手紙があり、研究がまったく進んでいないことを知った。試行錯誤はしたものの、ホルモンの同定に必須なアッセイ系（活性があるかどうかを知るための検定法）が確立できなかったのだ。黒化誘導要因を含む側心体をさまざまな方法で抽出し、水やアルコール溶液に溶かしアルビノバッタに注射したり、いくつかの電気泳動法で分離した側心体の抽出液のタンパク質をアルビノバッタに移植したりもしたが、黒化を誘導する条件がみつからなかった。

そこで私は自分でやってみることにした。野生型個体から大量の側心体を集め、メタノール、アセトン、ヘキサンや水などで抽出し、その抽出物を水や10%アルコールに混ぜてアルビノ幼虫に注射した。移植なら1個体からの側心体で黒化が強く誘導されるのに、抽出液ではどんなに濃度を高めても効果がなかった。30頭分の側心体の抽出液を1個体に注射してもまったく効果がなかった。活性物質がすぐに分解されてしまうのではないかと考え、注射の頻度を2日間にわたって3時間ごとに行ったりもしたが、黒化することなく死んでしまった。半年以上試行錯誤をくり返していた、ある日、私は実験室で途方に暮れていた。すると目の前の棚に置かれていたピーナッツオイルの瓶が目に入った。そして、苦し紛れに瓶の蓋を開けてピーナッツオイルを、水で抽出して乾燥させた側心体抽出物に混ぜて、バッタに注射してみたのだ。すると翌日、注射したバッタが茶色に変わっていた。油なら料理用の菜種油でも胡麻油でも有効だった。水で抽出したものを油と混ぜて効果をみる方法は、今では頻繁に使われているが、当時としては素人でなければやらない荒業だったようだ。じっさい、後にこの結果をまとめた論文は[11]、「結果が生化学的に説明できない」というレフェリーのコメントにより、あわやリジェクトされそうになった。

アッセイ法がみつかった後、私は3か月間を費やしていくつかの実験を行った。そして、①側心体にある活性物質は水やメタノール溶液で容易に抽出できること、②抽出物が濃度依存的にアルビノ幼虫に黒化誘導すること、③熱に安定だが、タンパク質分解酵素で活性が失われことから活性物質は神経ペプチドであること、④孤独相と群生相の幼虫の側心体の抽出物には似た量の黒化誘導物質が含まれていることなどを示す結果をえた。幸運なことに、隣の研究室で

　奥田隆さんがカメムシとバッタのペプチドホルモンの研究をしていた。彼はペプチドの部分同定の手法を指南してくれ、必要な分析器具も分けてくれた。そのおかげで黒化誘導要因が神経ペプチドであると示唆する結果をえることができた。

　それらの結果を整理して、ペナー教授に報告した。彼は大変喜んでくれて、彼の研究室でも油での効果を確認し、結果を共著で発表した[11]。黒化誘導物質の同定のためのアッセイ法を確立した後、同定に向けた研究がイスラエルで再開した。しかし、それは思うようには進まなかった。

　そんな中、私は1996年にサバクトビバッタの体色に関する実験のために、ケニアのナイロビ市にある国際昆虫生理生態学センター（ICIPE）に約2か月間出張した。国際農林水産業研究センター（JIRCAS）の八木繁実さんがバッタの性行動に関するプロジェクトで長期滞在していて、私を招いてくださったのである。私はトノサマバッタの側心体抽出物がサバクトビバッタの緑色の孤独相幼虫に黒化を誘導するかどうかを試したかった。ICIPEでは大きなバッタ飼育施設があり、サバクトビバッタとトノサマバッタのコロニーを維持していた。研究者がバッタの相とステージを指定すれば、用意して提供してくれるシステムになっていた。もちろん、研究費で買うのだが。注文しておいたのはサバクトビバッタの孤独相の緑色の幼虫だったのだが、黒斑紋のない緑色の幼虫は一度に4、5頭しか入手できなかった。たくさんのバッタを単独飼育していたが、飼育容器の背景色の影響（第4章参照）を無視していたため、黒斑紋のない緑色の孤独相幼虫はあまり出現しなかったのである。入手できた緑色の幼虫を使って、さっそく、日本から用意していったトノサマバッタの側心体抽出物を油とまぜて試してみた。すると、期待通りに、注射したサバクトビバッタの幼虫は

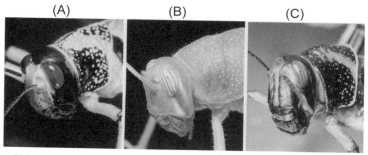

図2　サバクトビバッタの群生相幼虫（A）孤独相幼虫（B）と3齢期で側心体を移植した孤独相4齢幼虫（C）。側心体の移植によって孤独相幼虫が黒化する。文献[12]の図を出版社の許可をえて改変して転載。

黒斑紋を発現した。さらに、サバクトビバッタの側心体の移植実験も行ってみたところ、同様の結果がえられた（図2）。しかし、トノサマバッタよりもサバクトビバッタの側心体の方が、黒化誘導効果は高かった。これは、後に行ったホルモンの同定過程で、大きなアドバンテージになった。休暇日に野外でフタホシコオロギを2頭捕まえた。半分遊びのような気持ちで、コオロギの側心体をサバクトビバッタに移植してみた。すると、移植した幼虫はバッタの側心体を移植したものより強く黒化した。これらの結果から、サバクトビバッタの黒化を誘導する要因が、同種ばかりか、トノサマバッタやコオロギの側心体にも存在することがわかった[12]。もちろん、その時点では、それらがすべて同じ物質であるかどうかは不明であった。

　横浜植物防疫所から輸入許可をえて、ICIPE からサバクトビバッタのエチオピア系統を輸入し、つくばの研究所の特別な施設で飼育しはじめた。もちろん相変異の研究を行うためだった。

5.4.　黒化誘導物質の同定

　1997年にオーストラリアで第7回国際直翅目学会が開催され、それまでの黒化誘導要因に関する研究結果を発表した。会期中にベルギーのルーヴェン・カトリック大学のペプチド研究の専門家らと親しくなった。そのとき、私の講演を聴いていた著名なデルーフ教授（DeLoof, A.; 図3）から、バッタの黒化誘導ホルモンの同定を手伝いたいという申し出があった。ペナー教授や所内の研究者との共同研究を行っていたことなどの事情を説明して、丁寧に断ったのだが、彼は、食事のたびにレストランの入り口で私を待ち伏せして、同じ申し出をくり返した。その熱心さに圧倒され、私は彼の研究室との共同研究をはじめることにした。イスラエルの方の進捗状況が思わしくなかったこともあったが、専門外の

図3　コラゾニン同定を共同で行ったデルーフ教授（中）、ペナー教授（右）と筆者（左）。2005年カナダ、ケンモアで開催された第9回国際直翅目学会にて。

ことは専門家に手伝ってもらうのが一番だと思ったからだ。私としては、ホルモンの構造が明らかになれば、合成ホルモンが手に入るので、それを使って体色発現の研究を早く進めたかったのだ。この決断は功を奏し、1 年後の 1998 年の秋に、黒化誘導ホルモンの構造は解明された。

　成功の一因はサバクトビバッタだった。上述したように、トノサマバッタより側心体に多くの活性物質をもっていたからである。当時、私の研究室に日本学術振興会の海外特別研究員としてエジプトから来ていたターフィックさん（Tawfik, A.）に 2000 頭のサバクトビバッタの幼虫から側心体を集めてもらい、メタノール抽出物をベルギーに送った。彼は、ICIPE で知り合った研究者で、サバクトビバッタの脱皮ホルモンに関する博士研究をまとめていた。ナイロビ滞在中に彼の博士論文の原稿の校閲を頼まれ、優秀な若者であることを知った。それが縁で、日本で研究をすることになったのだ。イスラエルでもトノサマバッタで同様の作業が進行していた。すなわち、トノサマバッタの側心体の抽出物をベルギーに送り、画分されたサンプルを海外宅急便で返送してもらい、アルビノ幼虫に注射して黒化誘導活性を調べるという作業だった。サバクトビバッタの抽出物の活性が高かったことから、私がアッセイをしたサンプルのほうが早く決着がついた。活性のあったサンプルに含まれていたのは、コラゾニンというペプチドホルモンだった。サバクトビバッタで見当がついたことから、イスラエルで進行していたトノサマバッタの黒化誘導物質の構造解析もすぐに決着がついた。二つの物質は同じだった。結果は一つの論文として共同で発表した [13]。

5.5.　コラゾニンによる体色発現

　私たちが単離したコラゾニンは 11 個のアミノ酸残基からなる神経ペプチドで、[His7]-コラゾニンと呼ばれていた（図 4）。新規ではなく、1991 年に

[His7]-コラゾニン

MW=1,351.6

pGlu-Thr-Phe-Gln-Tyr-Ser-His-Gly-Trp-Thr-Asn-amide

図 4　黒化誘導ホルモンとして同定された [His7]- コラゾニンの一次構造と分子量。写真はトノサマバッタの無処理のアルビノ幼虫とホルモンを注射して黒化した幼虫。

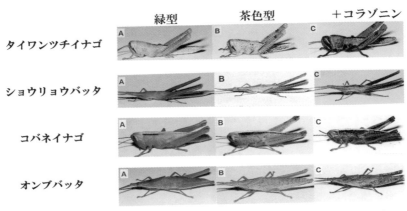

緑型　　　　茶色型　　　　＋コラゾニン

タイワンツチイナゴ

ショウリョウバッタ

コバネイナゴ

オンブバッタ

図5　緑・茶色多型をみせるさまざまなバッタの緑型幼虫にコラゾニンを注射すると、黒化する。文献[18]の図を出版社の許可をえて改変して転載。

アメリカトビバッタ（口絵 – VIII（25））からすでに単離されていた[14]。そのバッタではコラゾニンの機能はまったくわかっていなかったが、2004年に私たちの研究室で、そのコラゾニンを幼虫に注射すると黒化が誘導されることがわかった[15]。ワモンゴキブリの脳からは、もう一つのコラゾニンが同定されていた。それは7番目のアミノ酸が、ヒスチジンではなくアルギニンに置き換わっている [Arg^7]-コラゾニンである[16]。これは、ワモンゴキブリでは筋肉の収縮と心拍数促進効果があることが知られていたが（このゴキブリの心筋を使ったアッセイ系で収縮効果のある物質を同定したのだから当然なのだが、じっさいに生体内で機能しているのかどうかは不明）、他のゴキブリではそのような機能は確認されなかった。ケニアで捕まえて実験に使ったフタホシコオロギとカイコガでは、ゴキブリと同じコラゾニンをもっていることが、後にアルビノアッセイと分析機器を駆使した研究で判明した[17]。コオロギの側心体をサバクトビバッタに移植すると黒くなったのは、この神経ペプチドが原因だったのだ。2つのコラゾニンは、アルビノトノサマバッタでは同等の黒化誘導活性を示した。コラゾニンは他のバッタやイナゴの幼虫でも、油に混ぜて注射すると黒化が誘導されるので（図5）[18]、バッタ類の体色発現に広く関わっているのだろう。

5.6.　コラゾニンとトノサマバッタの体色

化学構造が解明されたので、コラゾニンの合成品を早速特注し、じきに実験をはじめることができた。私が知りたかったのは、トノサマバッタの孤独相で

みられる灰色、黄色、茶色、黒色、ピンク色など体色とこのホルモンとの関連であった。それぞれの体色を構成する色素に対応した別々のホルモンがある可能性も考えられるが、私は、コラゾニンがそれらの体色を誘導していると確信していた。その根拠は、このホルモンが同定される前に行った、トノサマバッタのアルビノ幼虫に、フタホシコオロギの側心体をさまざまなステージに移植するという実験結果にあった[19]。移植後に脱皮したバッタの体色は、孤独相幼虫の体色に似た黒色、茶色、海老茶またはピンク色などに加え、群生相幼虫そっくりの体色をしたものもいたのである。このコオロギの側心体にコラゾニンが含まれていることは上述した通りであるが、このコオロギにコラゾニンを注射しても、体色にはまったく影響しなかった。

　そこで、合成コラゾニンをトノサマバッタのアルビノ4齢幼虫に注射して、脱皮後5齢幼虫の体色を調べてみた。4齢初期にコラゾニンを注射すると、5齢ではすべて真っ黒になった。コラゾニンの濃度を下げると、真っ黒ではなく黒色、茶色、紫色のまだらとなり、色も薄くなった。この実験で使ったアルビノ幼虫はすべて集団条件においたものであったが、観察された体色は、野外の孤独相幼虫にみられるものとよく似ていた。4齢の中頃に注射すると、脱皮後に地色は濃いオレンジ色で背中に沿って黒斑紋があらわれた。これはまさに群生相幼虫の体色のようだった（図6）。5齢に脱皮する直前の幼虫に注射したものでは、全身濃いピンク色の体色となった。低い濃度で注射すると、鮮やかなピンク色のバッタになった。これらの結果は、トノサマバッタのさまざまな体色がコラゾニンによって誘導できることを示していた。

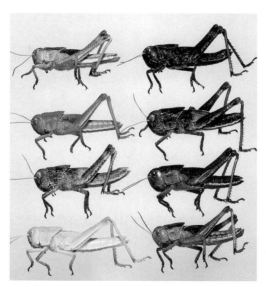

図6　トノサマバッタの無処理のアルビノ幼虫（左下）と前の齢期のさまざまな時期にコラゾニンを注射したアルビノ5齢（終齢）幼虫。

5.7.　緑色の孤独相幼虫の体色発現

　幼若ホルモン（JH）が緑色の体色を誘導することは多くの研究例がある。ト
ノサマバッタのアルビノ系統でも、私たちは追認する実験を行っている[9]。そ
こでは JH 類似体のメトプレンを処理していたのだが、見事に緑色になった幼虫
（図7）をみて、私は違和感をもった。それは、野外でみられるものと微妙に違っ
ていたのだ。全身ほぼ緑色だが脚と体の下側が白かった。野外の幼虫は茶色や
濃いオレンジ色をしている。これはきっとコラゾニンが関わっているに違いな
いと思った。そこで2つのホルモンを処理することにした[20]。アルビノの3齢
幼虫に JH を注射した場合、齢期の前半に行うと、効果はみられず脱皮しても白
いままである。注射の時期が3齢期の終わりに近づくにつれて、脱皮後に緑色
が誘導される割合が高くなった。この現象は多くの研究者が気づいていたこと
で、JH の受容体が齢期の終わりに近づくにつれて発現していることを示してい
ると思われる。そこで JH を3日目に注射し、コラゾニンをさまざまな時期に注
射して、脱皮後の体色を観察した。すると、コラゾニンを3齢の初期に注射す
ると、緑色が消えて全身真っ黒の体色になった。時期を遅らせるにつれ黒色の
発現は弱くなり、3齢期の後半に注射した個体の多くが、脚と腹部の下側が茶

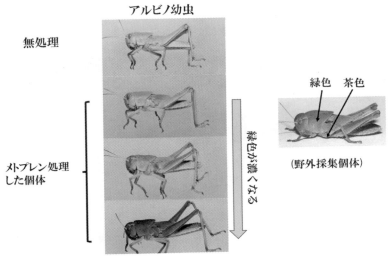

図7　トノサマバッタのアルビノ幼虫にメトプレンを処理すると緑色の体色が誘導さ
れるが、野生型の孤独相幼虫と異なり脚と腹部の下側がクリーム色のままである。

色の緑色幼虫となった。このバッタの体色は、野外でみられる孤独相幼虫のものとそっくりだった。（口絵Ⅵ–(17)C）

5.8. 孤独相幼虫に群生相体色は誘導できるのか？

　アルビノアッセイはすべて集団飼育条件下で行ったが、孤独相幼虫にコラゾニンを注射したら群生相特有の体色があらわれるかどうかを調べたいと思った。野外で採集したトノサマバッタの亜終齢幼虫にコラゾニンを注射し、単独飼育条件下で終齢に脱皮した後に体色を観察した。野外採集個体は日齢がわからないので、注射した日から終齢への脱皮までの日数を記録して、注射のタイミングと体色との関係を調べた。無処理のものでは典型的な緑色の終齢幼虫になったが（図8A）、コラゾニンを注射して2日目に脱皮した個体は胸部と後翅（翅芽）が黒くなった。地色は緑色のままであったが、脚は濃いオレンジ色になった（図8B）。地色の緑色以外は、群生相の体色（図8H）と似ていた。3～6日後に脱皮したもの、つまり亜齢期の初期に注射したものでは、腹部や胸部が全体的に黒くなり、群生相的な黒斑紋は胸部にみられなかった（図8C）。茶色型の亜終齢

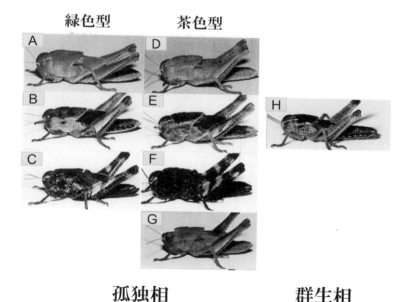

緑色型　　　**茶色型**

孤独相　　　　　　　　**群生相**

図8　野外で採集したトノサマバッタの孤独相亜終齢幼虫にコラゾニンを注射すると、次の脱皮までの日数によって異なった体色を発現する。緑色型（A～C）と茶色型（D～G）終齢幼虫。

幼虫に注射して 2 日後に脱皮したものは、無処理の幼虫（図 8D）とくらべ、胸部の上半分と前翅が黒化していた（図 8E）。この場合、それ以外の部分は茶色または濃いオレンジ色となり、典型的な群生相の体色にそっくりだった。注射してさらに遅れて脱皮したものでは、全体的に黒くなった（図 8F）。注射の翌日に脱皮したものでは、全体的に海老茶色の終齢幼虫があらわれた（図 8G）。これらの結果は、脱皮する 2 日前あたりにコラゾニンを注射すれば、孤独相幼虫であっても群生相幼虫に似た体色を誘導できることを示していた[20]。

5.9.　ホルモン制御のモデル

　口絵 –Ⅵ(17) は、これまでの結果をもとに描いたトノサマバッタの体色のホルモン制御モデルである。アルビノ幼虫の 3 齢期の JH とコラゾニンの量と 4 齢に脱皮したあとの体色との関係を示している。無処理のアルビノ幼虫（口絵 –Ⅵ(17)A）より、3 齢期後半の JH 量が高いと、4 齢期に緑色となる（口絵 –Ⅵ(17)B）。もしコラゾニンも分泌すれば脚や腹部の下側も茶色となり、野生の緑色型に似た体色になる（口絵 –Ⅵ(17)C）。3 齢期初期に大量のコラゾニンが分泌されると、真っ黒な 4 齢幼虫になる（口絵 –Ⅵ(17)D）。この場合、コラゾニンの量が少ないと孤独相の茶色の体色が誘導される（口絵 –Ⅵ(17)E）。4 齢期に脱皮する直前にコラゾニンが分泌すると、海老茶色またはピンク色の 4 齢幼虫が生ずる（口絵 –Ⅵ(17)F）。そして、3 齢期の後半にコラゾニンが分泌すると、濃いオレンジ色の地色と黒斑紋が誘導され群生相的特有の体色があらわれる[20]。

　このモデルは JH とコラゾニンの分泌量とその後にあらわれる体色を予想したものであるが、体液中のホルモン濃度やそれぞれのホルモンの分泌を制御している遺伝子の発現量やパターンを調べることによって検証が可能であると思われる。

5.10.　高温での白化とコラゾニン

　トノサマバッタの野生型幼虫は集団で飼育すると黒化するが、若齢期に 42℃のような高温に移すと終齢期までにアルビノのような白化した個体になる（図 9A）。黒い体色が後退する理由としては、1）高温でコラゾニンの合成や分泌が抑制されるか、2）コラゾニンは分泌されるがそれを感受する受容体が抑制されている、または 3）ホルモン系は問題なくても色素の合成系が抑制されている可能性などが考えられる。そこで、高温（42℃）によって白化した 4 齢幼虫にコラゾニンを注射して、脱皮後の終齢の体色を調べた[21]。すると、高温に維

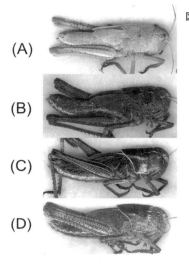

(A)

(B)

(C)

(D)

図9　トノサマバッタの野生型幼虫を若齢期に30℃から42℃に移すと、集団飼育しても体色が白化する（A）。そのような幼虫に4齢の初期にコラゾニンを注射すると、脱皮後の5齢（終齢）で真っ黒になり（B）、中期に注射すると、黒斑紋があらわれ（C）、30℃でみられる群生相幼虫（D）に似た体色になる。

持されたにもかかわらず、コラゾニンを注射した幼虫は黒化することがわかった。注射する時期によって真っ黒の個体（図9B）、低温（30℃）の群生相（図9D）でみられる黒斑紋をもった個体（図9C）もあらわれた。したがって、高温下での白化はコラゾニンの合成または分泌が抑制されることが原因であり、黒化する色素の合成系には問題がないようである。しかし、高温でコラゾニンを注射した場合、腹部と頭部でピンク色があらわれるなど少し色合いが異なっていたので、なにかしらの高温による影響はあるのだろう。

5.11.　サバクトビバッタの体色とコラゾニン

　サバクトビバッタの孤独相幼虫は緑・茶色多型を示し、背景色に反応してさまざまな体色を発現することは前章で述べた。黄緑色や黄色の背景では全個体が緑色型になる一方、他の背景色では緑色型と茶色型の両方が出現した。緑色の幼虫があらわれる条件がわかったことで、体色制御の研究は動き出した。緑色の幼虫にコラゾニンを注射すると、黄緑色カップで飼育しつづけても脱皮後に黒斑紋を発現する。その場合、地色が緑色（緑色型）のものと緑色を失った個体（茶色型）があらわれた（口絵 –Ⅳ(9)）。これは、コラゾニンが JH の分泌にも影響し、緑色の体色を抑えて茶色型を出現させた可能性も考えられるが、因果関係は不明である。

　サバクトビバッタの緑色の孤独相幼虫を集団条件に移すと、脱皮後、群生相幼虫（図 10A）と区別できなくなるほど黒化する（図 10C）。単独条件に維持されても、側心体を移植したり、コラゾニンを注射すると、脱皮後に黒化が誘導されるので、このホルモンはこのバッタでも群生相幼虫の体色を制御する主

終齢幼虫

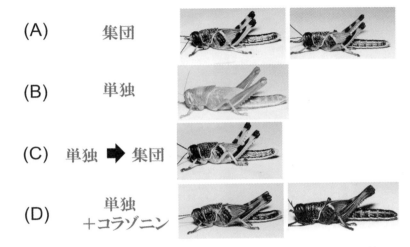

図10　サバクトビバッタの終齢幼虫は集団飼育下では黄色またはオレンジ色の
地色に黒斑紋があらわれる（A）。単独飼育下では緑色になるが（B）、集団飼
育条件に移すと、後に黒化する（C）。緑色の幼虫にコラゾニンを注射すると、
後に黒化するが（D）、群生相特有の黄色やオレンジ色は発現しない。

要因であることは間違いなさそうである。しかし、群生相の老熟幼虫は黒斑紋
にくわえ、腹部や胸部の地色が黄色やオレンジ色になるという特徴がある（図
10A）。そこで孤独相幼虫の亜終齢期のさまざまな時期にコラゾニンを注射して、
脱皮後の終齢期の体色を調べた。無処理では緑色のままであったが（図10B）、
コラゾニンを注射したものでは予想通り黒化した。しかし、注射する時期を変
えても黄色の体色は誘導されなかった（図10D）。いくつかの濃度のコラゾニン
の注射も試したが、濃度が高いほど、脱皮後の体色は黒さを増したが、黄色や
オレンジ色は誘導されなかった[22]。サバクトビバッタはトノサマバッタとは少
し違った体色制御システムをもっているようだ。最近、群生相の黄化に関して
分子レベルでの進展がみられた。これについては、次章にゆずることにする。

5.12.　もう一つのアルビノ

　トノサマバッタのアルビノ個体はヨーロッパやカナダの研究室でも出現し
ていた。これらがすべて同じようにコラゾニンを欠く突然変異であったかど
うかは不明だが、サバクトビバッタにもアルビノ系統が知られていた。それ

（A）　終齢幼虫

（B）　成虫

図 11　サバクトビバッタのアルビノ幼虫（A）と成虫（B）。

はハンタージョーンズが 80 年前にバッタ対策研究センターで研究していた系統で、後に、デンマークのアンダーソン教授（Anderson, S.）が昆虫の皮膚のメラニン化に関する研究のために維持していた。私たちはその系統を入手して、コラゾニンを注射してみた。すると、このバッタのアルビノ幼虫（図 11）では、通常私たちの使っていた 1pmol〜1nmol のコラゾニンの注射ではまったく効果がみられず、体色は白いままだった。後に 50nmol で処理すると、わずかに黒化が誘導されることがペナー教授らの研究から明らかになった[23]。これは、コラゾニンに対する反応がきょくたんに鈍いということを示しており、受容体系に問題がある可能性が指摘されていた。驚いたことに、このアルビノの側心体の抽出物をトノサマバッタのアルビノ幼虫に注射すると、黒化が誘導されるのである[24]。つまり、サバクトビバッタのアルビノ幼虫はコラゾニンをもっており、別の原因で色素が発現しなかったのである。コラゾニンの抗体を使った免疫組織化学染色法によって、サバクトビバッタのアルビノバッタの脳と側心体にはコラゾニンが確かに存在することが、ベルギーのデルーフ教授らとの共同研究で確認された。その後、この問題に関する進展はまったくなかったのだが、17 年後に、このバッタの白化現象の原因が遺伝子レベルで解明された（第 6 章参照）。

5.13.　JH と黄化

トノサマバッタとサバクトビバッタの群生相成虫は、性成熟すると黄化する現象があり、その生態的意義については前章で議論した。黄化は特にオスで顕著で、JH が必要だが、それだけでは十分ではないことがわかっている[1]。孤独相成虫では性成熟しても、いくら多量の JH を人為的に投与しても黄化はおこらない。一方、JH を分泌するアラタ体を切除すると群生相成虫は性成熟も黄化もおこらない。黄化には JH プラス混み合い刺激が必要なのである。混み合いによってどんなホルモンが誘導されて、JH の存在下で黄化がおこるのかは未解決の問

題である。

　黄化はサバクトビバッタの群生相の老熟幼虫でもみられる。私は、サバクトビバッタのアルビノ幼虫にメトプレン処理をして緑色の体色誘導の実験を行ったことがあった。この JH 類似体は確かにアルビノのサバクトビバッタに緑色の体色を誘導したのだが、その時に、鮮やかな黄色の体色に変化したものがいた。そのような黄色の幼虫は野生型の幼虫ではみたことがなかった。しかし、それ以上さらに追及することはできず、そのデータはお蔵入り状態だった。それから 18 年後に、黄化の原因と仕組みが解明された。それについての解説は、成虫の黄化現象とあわせて、次章を参照していただきたい。

　第 1 章で述べたように、サバクトビバッタの黄化現象は成虫でもみられるが、メスよりオスで顕著である。この雌雄間の違いの原因に関して 2 つの仮説がある[25]。最初に提唱された仮説は、皮膚片の移植実験から導き出されたもので、雌雄間の黄化の違いは JH の合成・分泌量の差ではなく、真皮細胞の JH に対する感受性がメスよりオスの方が高いとする説である。後に提唱された仮説は、黄化遺伝子の発現量の違いから導き出されたもので、オスに特異的なホルモンと受容体が存在すると考えた性ホルモン説である。ヒトでは男性ホルモンや女性ホルモンといった性の特徴をつくりあげるホルモンがあるが、昆虫ではそのようなホルモンは知られていない。しかし、バッタ成虫のオスに顕著な黄化は、性ホルモンの存在を示唆する現象かもしれないと考えたのである。

　2011 年に、私たちはこれらの仮説の妥当性に関する興味深い知見をえた。私たちの実験室で、サバクトビバッタに性モザイク個体が 2 頭、群生相ケージで出現した。2 頭とも腹部にある外部生殖器の構造をみるかぎり、右半分がメスで、左半分がオスのものであった。そこで、1 頭を単独条件下に、もう 1 頭を集団条件下で飼育した。前者はまもなく死んでしまったが、後者は羽化後 20 日に調べたところ黄化していた。よくみると、なんと黄色くなっていたのは左半分だけだったのである（口絵 – V（14））。同一個体であるので、体腔内のホルモン環境は同じであったはずなので、体の半分が黄化したということは、その部分の皮膚だけが JH に応答して黄化したと考えられる。したがって、私たちの観察結果は、上述した 2 つのうちの最初の仮説を支持していた。黄化した左半分の腹部末端にはオスの生殖下板があり、黄化しなかった方の先にはメスの産卵弁があり[25]、体の皮膚が中心を境に雌雄に分化しているようであった。

5.14.　コラゾニンと相変異〜体色以外の形質

　バッタは相変異によって体色以外に、行動、形態、生理的形質に変化がみられる。その中でコラゾニンが影響する形質としてはじめて報告されたのが、成虫の体形である。孤独相と群生相を区別するために、頭幅（C）、後腿節長（F）、前翅長（E）を測定して、それらの比（F/C と E/F）を比較する方法が開発され長い間使われている[26]。群生相の F/C 値は孤独相より小さく、E/F 値は大きい。群生相成虫は相対的に翅が長くなり、飛翔に適した体形になるといわれている。孤独相幼虫にコラゾニンを注射すると、成虫になったときにそれらの比が群生相に特徴的な値に近づくのである（図 12）。これはサバクトビバッタ[27] とトノサマバッタ[28] でみられた。また、これらの形態的違いにくわえ、前胸背板の形態が孤独相では弓状に盛り上がっているものが多く、群生相ではへこんでいるものが多い（口絵–Ⅶ (19)）。コラゾニンを幼虫期に注射すると、成虫期の前胸背板がより群生相的な形に変化することから（図 13）、混み合いにおうじて群生相的な体形に変化する過程に、このホルモンが関わっていると考えられる。

　孤独相と群生相のバッタの成虫の触角は、外界の化学的・物理的刺激を受容

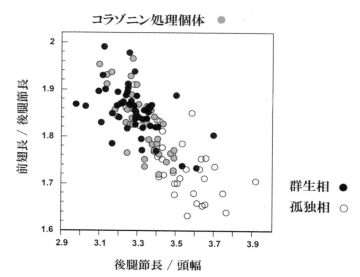

図12　トノサマバッタの体の部位の比をプロットすると群生相（左上）と孤独相（右下）の値が分離する。孤独相幼虫にコラゾニンを注射すると成虫の体形が群生相に似てくる。文献[28] の図を出版社の許可をえて改変して転載。

146

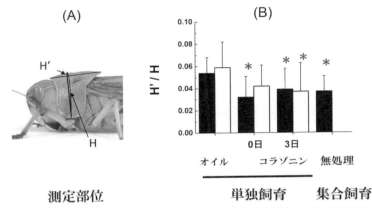

(A)　　　　　　　　　　(B)

測定部位　　　　　単独飼育　　集合飼育

図13　トノサマバッタの前胸背板の縦と横の比（A）は、単独飼育個体（孤独相）の方が集団飼育個体より大きいが、単独飼育幼虫の 2 齢 0 日あるいは 3 日目にコラゾニンを注射すると、それらの成虫の値は、群生相の値に近づく（B）。文献 28) の図を出版社の許可をえて改変して転載。

する重要な器官であり多くの感覚子をもっている。トノサマバッタでは、化学物質を感じる感覚子の数が孤独相より群生相の方が少ないことが知られている。幼虫期の混み合いや餌植物の違いによって、成虫期の触角の感覚子の数が変化することは、相変異を示さないイナゴでも知られているが、その意義はよくわかっていない。単独条件で飼育したトノサマバッタの若齢期にコラゾニンを注射すると、混み合いを経験しなくても羽化した成虫の 4 つのタイプの感覚子（図14）のうち窩状感覚子（図14C）の数が減少することがわかった 29)。これは触角上で最も多くみられ、フェロモンなどの化学

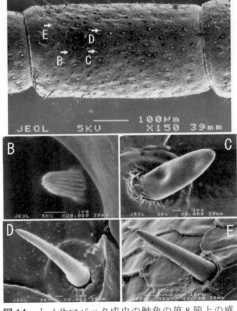

図14　トノサマバッタ成虫の触角の第 8 節上の感覚子は 4 つのタイプがある（A〜E）。コラゾニンを幼虫期に注射すると、その成虫の触角上の感覚子の数が減少して、より孤独相的なものになる。文献 28) の図を出版社の許可をえて改変して転載。

分子が入る孔のある構造から、嗅覚をつかさどる感覚子であることがわかる。コラゾニンは調べられたすべてのバッタ類の側心体に含まれていることから、このホルモンが他のバッタでも感覚子の形成に関与しているのかもしれない。

5.15.　他の昆虫におけるコラゾニン

トノサマバッタのアルビノアッセイを使って、さまざまな昆虫のコラゾニン活性を調べてみた。身近な昆虫を採集し、それぞれの個体の脳と側心体をアルビノ幼虫に移植して、黒化が誘導されるかどうかを調べたのだ。100 種以上の昆虫について調べた結果、18 の昆虫目に属する、調べたすべての昆虫の脳と側心体にコラゾニン活性がみられた（図15）[30]。その中には、比較的最近になって発見されたカカトアルキ目や翅をもたないシミ目も含まれていた。クモやワラジムシの脳には活性がなかったが、無翅昆虫のシミには活性があったことから、コラゾニンの起源はかなりさかのぼったものであることがわかる。興味深いことに甲虫目だけは、調べたすべての種でネガティブだった。その中のドウガネブイブイの脳と側心体をコラゾニンの抗体を使って調べたところ、やはりまったく免疫染色反応がみられず、このグループの昆虫では進化の初期にコラ

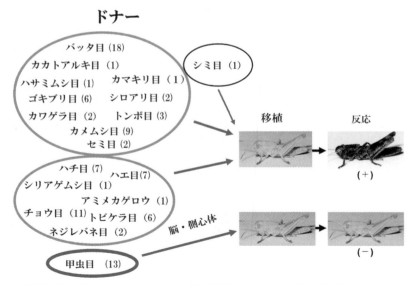

図 15　アルビノアッセイによって、甲虫目以外の 18 の昆虫目に属する昆虫の脳—側心体に、トノサマバッタに黒化を誘導する物質があることがわかった。括弧内の数字は調べた種の数。文献 [30] に基づく。

ゾニンを失ったものと思われる。昔から、ネジレバネ目は甲虫目に系統的に近いとされていた。そこで、森林総合研究所の牧野俊一さんに協力していただいて、スズメバチの成虫に寄生していた貴重なネジレバネ数頭を入手した。それらの脳と側心体はとても小さかったが、アルビノアッセイでは明らかなコラゾニン活性が確認できた。最近の研究によると、コラゾニンはアブラムシにも存在していないようである。また、ライム病を伝搬するマダニではみつかっているが、同じダニでもハダニにはないようだ。

　バッタ目以外の昆虫ではコラゾニンが体色制御に関わっているという報告はない。筋収縮、心臓の心拍数の制御、変態、吐糸行動、交尾行動、炭水化物の代謝などが一部の昆虫で知られているものの、一貫した機能はみつかっていない。

　コラゾニンはたった11個のアミノ酸残基からなるペプチドであるが、上述した2つのコラゾニンに加え、アミノ酸の種類が置換された変異体がいくつかみつかっている。カイコガの幼虫にコラゾニンを投与すると終齢幼虫の吐糸活動を抑制することが知られているが、最近、卵休眠の制御にもコラゾニンが関与していることがわかってきた[31]。さまざまな昆虫や近縁のグループでこのペプチドの存在と化学構造が明らかになれば、その変異のパターンをもとにコラゾニンの起源と進化がみえてくるに違いない。

まとめ　～展望

　JHは脱皮ホルモンとともに昆虫の変態をつかさどる重要なホルモンである。バッタにJHを処理すると、体色以外にもさまざまな発育、変態、繁殖そして形態的形質に影響する。しかし、前述したように、JHは相変異の主要制御ホルモンではない。バッタでは幼虫の緑色の体色と成虫の黄化を誘導する重要なホルモンである。黄化に関しては、混み合い条件下でのみ生じる、もう一つ別の要因が必須であるが、それはまだ特定されていない。

　群生相化にともなう黒斑紋の発現が脳幹部の破壊によって抑制されるという現象からストールが想定したホルモンというのは[7]、コラゾニンである可能性が高い。脳幹部の神経分泌細胞に黒化を誘導する物質が存在し、側心体に移動するという知見などが、後の研究者らによって報告されたが、物質の正体の解明には至らなかった。黒化誘導ホルモンとしてのコラゾニンの同定には、本章で紹介したようないくつかの偶然と幸運が重なり、専門家らの協力によって成し遂げられた。現在では、次章でくわしく紹介されるように、コラゾニンの遺

伝子が特定され、その発現のパターンなども明らかになった。しかし、サバク
トビバッタとトノサマバッタの体色のホルモン制御の仕組みは未解決の問題と
言わざるをえない。研究はようやくスタートラインについた段階である。環境
刺激を受けると、その情報がどのようにホルモン系に翻訳され相特異的な体色
を発現するのか？バッタの相特異的な体色発現にどんな色素が関与していて、
その合成過程に JH とコラゾニンがどのように関わっているのか？それらのホル
モンの分泌を制御している仕組みとは？これらの謎が、近い将来解かれること
を期待しないではいられない。

文　献

1) Pener, M. P. 1991. Advances in Insect Physiology 23: 1–79.

2) Rowell, C. H. F. 1971. Advances in Insect Physiology 8: 145–198.

3) Rowell, D. H. F. 1967. Journal of Insect Physiology 13: 113–130.

4) Joly, P. and Joly, L. 1954. Annales des Sciences Naturelles. Zoologie et Biologie Animale 15(1953): 331–345.

5) Pener, M. P. *et al.* 1992. In: Juvenile Hormone Research Fundamental and Applied Approaches (Mauchamp, B. *et al.* eds.), pp. 125–134. Paris: Institute National de la Recherche Agronomique.

6) Nickerson, B. 1956. Anti-Locust Bulletin no. 24: 1–34.

7) Staal, G. B. 1961. Publicatie Fonds Landbouw Exptort Bureau 1916–1918 No. 40: 1–125.

8) Tanaka, S. 1985. Physiological Entomology 10: 453–462.

9) Hasegawa, E. and Tanaka, S. 1996. Japanese Journal of Entomology 62: 315–324.

10) Tanaka, S. 1993. Zoological Science 10: 467–471.

11) Tanaka, S. and Pener, M. P. 1994. Journal of Insect Physiology 40: 997–1005.

12) Tanaka, S. and Yagi, S. 1997. Japanese Journal of Entomology 65: 447–457.

13) Tawfik, A. *et al.* 1999. Proceedings of National Academy of Sciences USA 96: 7083–7087.

14) Veenstra, J. 1991. Peptides 12: 1285–1289.

15) Tanaka, S. 2004. Annals of Entomological Society of America 97: 302–309.

16) Veenstra, J. A. 1989. FEBS Letters. 250: 231–234.

17) Hua, Y. J. 2000. Journal of Insect Physiology 49: 853–859.

18) Tanaka, S. 2000. Applied Entomology and Zoology 35: 509–517.

19) Tanaka, S. 1996. Journal of Insect Physiology 42: 287–294.

20) Tanaka, S. 2000. Journal of Insect Physiology 46: 1535–1544.

21) Tanaka, S. 2003. Physiological Entomology 28: 290–297.

22) Tanaka, S. 2001. Arches of Insect Physiology and Biochemistry 47: 139–149.

23) Yerushalmi, Y. *et al.* 2000. Physiological Entomology 25: 127–132.

24) Schoofs, L. *et al.* 2000. Molecular and Cellular Endocrinology168: 101–109.

25) Nishide, Y. and Tanaka, S. 2012. Physiological Entomology 37: 379–383.

26) Dirsh, V.M. 1951. Nature 167: 281–282.

27) Hoste, B. 2002. Journal of Insect Physiology 48: 981–990.

28) Tanaka, S. 2002. Journal of Insect Physiology 48: 1065–1074.

29) Yamamoto-Kihara, M. *et al.* 2004. Physiological Entomology 29: 73–77.

30) Tanaka, S. 2008. Corazonin. In Encyclopedia of Entomology Vol. 1. 1063–1058. (Capinera, J. L. ed.), Springer, New York.

31) Tsuchiya R. et al. 2021. PNAS 2021 Vol. 118 No. 1 e2020028118

第6章

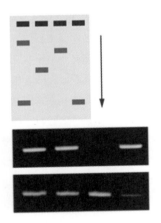

H. sapience	VIRKQLSSTV
G. gallus	VIRKWLSSSV
D. melanogaster	VVKKQLINSI
X. tropicalis	VIRKQLSSTV
B. mori	IIRKELSSSN

H. sapience	VLRKAMFANQ
G. gallus	VLRKAMFSSQ
D. melanogaster	VLCKAMSSSG
X. tropicalis	VLQKAIFSRQ
B. mori	VCRKGLYSRD

GGTGCCCGCGGCGCGTCTTCCACTGCCCGCCGCAGCGGACCTGGAGG
GGTGCCCGCGGCGCGTCTACCACTGCCCGCTGCAGCGGACCTGGAAG

第6章　バッタの体色と形態を遺伝子の働きから調べる

管原亮平

　環境やホルモンがバッタの体色発現に影響するというのはなかなか想像しにくいかもしれない。じつは、これらの要因はバッタの遺伝子発現のパターンに影響し、その結果として体色が変化するのである。だから、バッタの遺伝子発現を調べると、環境やホルモンが遺伝子発現に与える影響と、遺伝子発現が体色変化をどのように引き起こすかなどを解析することができる。最近では、特定の遺伝子の発現を人為的に抑制することも可能になっている。本章では、分子的な面からバッタの相変異現象にせまる。

序　〜分子的解析でわかるバッタの体色制御の仕組み

　バッタの混み合いによって生じる体色変化は、相変異の特徴の一つとしてよく知られている。混み合いを経験したバッタの幼虫は、群生相という状態になり、サバクトビバッタの終齢幼虫では黒の斑紋が現れ、黄色またはオレンジの地色がきわ立つ。一方、トノサマバッタの群生相終齢幼虫では、黒と濃いオレンジのツートンカラーが特徴的である。バッタが大発生していないときは、孤独相のバッタとして棲息し、どちらの種のバッタもホモクローミーと呼ばれる、棲息環境の色に似た体色に変化する。前章で説明されたように、コラゾニンという神経ホルモンはこれらの体色を作り出すのに重要な因子である。このホルモンはコラゾニン遺伝子によって作られるため、この遺伝子の発現パターンを調べると、コラゾニンがどのように制御されているかを知る手がかりになる。コラゾニンは黒い斑紋を誘導するのに不可欠である。そのことは群生相幼虫では孤独相の幼虫に比べて、コラゾニン遺伝子の発現量が高いということを意味するのだろうか？また、混み合いに反応して、コラゾニンの発現が誘導されるのだろうか？この章では、これらの疑問を解くために行った研究成果を紹介したい。また、長年わかっていなかった、アルビノになったバッタの分子的原因の謎にもせまる。この謎は、コラゾニン遺伝子を特定することができてはじめて探ることができるようになった。さらに、他のさまざまな遺伝子を対象として、バッタの体色制御にかかわる

ものを探索した結果、新規の遺伝子や機能も発見することができた。これらの研究結果についても紹介したい。私と同じ目線で楽しんでもらえるように、時系列に沿ってその研究内容と経緯を説明しながら話を進めることにする。

6.1.　現象の原因を探るアプローチへ

　私の学術的背景をまず少し述べておきたいと思う。私が九州大学の学生時代に専門としていたのは昆虫学ではない。蚕学と呼ばれる分野が専門であった。一般の読者からすると、カイコガも昆虫の 1 種だから同じではないかと思われるかもしれないが、両者は学問的背景も研究内容も異なるため、現場レベルでは大きく違う。学問的には蚕学は養蚕振興の国策として支えられていたところが大きいが、昆虫学は害虫防除を一つの大きな目的として取り組まれてきた。また、昆虫学は自然にいる昆虫の生態や適応、分類などに焦点があてられることが多いが、カイコガは自然界に存在しない家畜なので、そのような研究はほとんどない。従って、カイコガの研究をして大学を卒業した私は、蚕糸科学が専門とは言えても、昆虫学が専門というのは詐称しているように思えた。そんな私が、茨城県つくば市にある農業生物資源研究所（農生研）でポスドクとして雇用してもらえることになった。農生研はかつて蚕糸学の研究所と昆虫学の研究所が統合した研究所から組織再編されたという経緯があり、蚕糸の研究者や、昆虫の研究者および、どちらも研究する研究者がいて研究環境として大変恵まれていた。私は、カイコガに限られていた自分の研究の幅が広げられると思い、つくばに来られて嬉しかった。

　研究所には当時、田中誠二さんがバッタの研究に取り組んでいた。私の所属は別のグループであったものの、バッタ研究に一部参加させてもらえることになった。そして、相変異に関する研究に携わることができるようになり内心ワクワクした。というのも、私のこれまでの研究はもっぱら逆遺伝学的な研究（はじめから特定の遺伝子に着目して研究を展開する手法）であり、ある生命現象の原因を探っていくというアプローチは初めてだったのだ。学会でそのような観点から研究を行っている発表を聴く機会は多くあったが、昆虫の見せる現象に着目し、その原因や仕組みを探る研究には、強い憧れを持っていた。だから、ようやく自分も新しいステージに進むことができるという高揚感があった。このようにして蚕学を専攻していた私がバッタの研究を始動し、専門の分子生物学的手法を用いて相変異の研究に取り組むことになった。

6.2.　分子生物学的アプローチの下準備

　分子生物学的解析を行うには、対象となる昆虫の DNA 配列情報基盤を作らなければならない。つまり、その昆虫がどのような DNA 配列を持っているかを膨大な数の遺伝子それぞれについて調べ、それらの配列情報を簡単に取り出せるようなデータベースを作る必要がある。これには、コンピュータにさまざまな指示を出し、狙い通りの作業を実行させるような情報科学のスキルが必要である。昆虫の研究者の多くは、そのようなスキルの基礎を学んだことがないため、これまで分子的に研究されていなかった昆虫を対象に研究を始める時に、その基盤構築がハードルとなる場合が多い。幸運にも、本研究所でコナガ等のさまざまな害虫の生物情報解析を手がけてきた上樂明也さんが、サバクトビバッタやトノサマバッタの遺伝子情報の構築や解析を手伝ってくれることになった。

　研究の大きな方向性として、相変異に関係する未発見の遺伝子を見つけて、その役割を解明したいと思った。まずは、当時相変異への関与が明らかになっていたコラゾニンの分子的な研究をする戦略 1、および孤独相と群生相バッタの遺伝子発現量の違いを全遺伝子について調べ、未知の相変異関与遺伝子を同定する戦略 2 の二方向から進めようと決めた（図 1）。戦略 2 は、RNA-Seq 解析と呼ばれる少し大掛かりな過程が必要で、さらにそれから得られる RNA の断片的な塩基配列情報を用いて、それらを遺伝子配列として正しく組み立てる工程にも時間がかかる。戦略 1 と 2 を並行して進めたが、まず戦略 1 について新しい知見が得られ出した。

　コラゾニンは 11 アミノ酸残基から作られるペプチドホルモンであるが、コラゾニン遺伝子から作られる長鎖の前駆体タンパク質は、合成された後に、

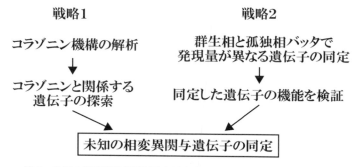

図 1　未知の相変異関与遺伝子を同定するために 2 つの戦略で臨んだ。

切断や修飾を受けて成熟型の短いコラゾニン（機能的なコラゾニン）となる。バッタのコラゾニンは、ペプチド配列が同定されていたものの[1]、その前駆体をコードする遺伝子は見つかっていなかった。一方で、ショウジョウバエなどの他の昆虫種ではすでに見つかっていた。一般に、他の生物で知られている遺伝子配列は、BLAST と呼ばれるプログラムを用いて、バッタの遺伝子配列情報ライブラリの中から相同な配列を見つけ出せる可能性がある。しかし、コラゾニンに関しては成熟型の短いコラゾニン領域以外は、ほとんど相同性がないことがわかった。このことが、これまでバッタのコラゾニン前駆体遺伝子を見いだすことを難しくしていた。じっさいに、田中さんは何人かの研究者にコラゾニンの遺伝子の同定を依頼したが、成功しなかったと語っていた。幸運にも、私たちはサバクトビバッタおよびトノサマバッタのコラゾニン前駆体遺伝子に関して、その全長配列の一部である成熟コラゾニンをコードする配列を見つけ出すことができた。その情報を元に、RACE 法という解析法を使って、未知の DNA 配列領域を決定しようとした。その結果、サバクトビバッタとトノサマバッタのコラゾニン前駆体遺伝子全長を特定することができた[2]。

6.3.　コラゾニン遺伝子の機能を探る

コラゾニンによる体色制御の研究は田中さんらの手によって、詳細にやられていた（第5章参照）。それらの研究は、コラゾニンが欠損しているアルビノトノサマバッタ、および合成コラゾニンが有効な道具として用いられた。たとえば、アルビノトノサマバッタには成熟型のコラゾニンが存在していないことがわかっており、それに合成コラゾニンをさまざまな量とタイミングで注射すると、野外で見られるような多様な体色のトノサマバッタを作出できることが報告されていた[3]（口絵–Ⅵ(17)）。この実験に代表されるように、成熟コラゾニンがないバッタを用いて、それにコラゾニンを導入して効果をみるという原理（足し算的な原理）の実験は内分泌研究で多く行われていた。しかし、コラゾニン遺伝子が同定されていなかったために、成熟コラゾニンが存在するバッタのコラゾニンの機能を欠損させることによって、そのホルモンの機能を証明するというアプローチ（引き算的な原理）ができなかった。遺伝子が同定されていれば、RNA 干渉という手法を用いて、遺伝子の発現を抑制することができる。そこで、コラゾニンの RNA 干渉を行い、コラゾニン

の機能を解析しようと思った。

　私はカイコガの研究をしていたことはすでに述べたが、カイコガの幼虫はRNA干渉が働かない昆虫としてよく知られている。そこで、カイコガが材料でもRNA干渉が機能する培養細胞で実験をしていた。だから、私は、個体でRNA干渉の実験をしたことがなかった。まずは練習がてらサバクトビバッタにコラゾニンの二本鎖RNA（RNA干渉を起こす試薬）を注射してみた。結果は劇的だった。注射して数日経ったら、黒い模様で覆われていた群生相バッタの体色がみるみる白っぽく変色していったのだ（口絵–IV (10)）。RNA干渉の手法がバッタで有効であることを実感させられた瞬間だった。そこで、再びサバクトビバッタの群生相バッタを用いてコラゾニンのRNA干渉（ノックダウン）を行い、遺伝子の発現抑制と黒斑紋が薄くなることを確かめた[2]。次に、ノックダウンした個体にコラゾニンを注射して補給するレスキュー実験を行った。このレスキュー実験では、私がノックダウンの実験をし、田中さんがコラゾニンの注射などそれ以降の実験を行った。その結果、遺伝子の発現阻害によって後退するはずであった黒斑紋が、補給されたコラゾニンによって"発現"することを確認できたのである。このようにして、コラゾニンの黒化誘導の機能を実証することに成功した[2]。

　また、サバクトビバッタとトノサマバッタで、合成コラゾニンを孤独相幼虫に注射すると、成虫の形態が群生相的な特徴を示すことが知られていた。つまり、頭幅に対する後腿節の長さの比が小さくなって、相対的に"短足"になるのである（第5章 5.14. 参照）[3,4]。これは、群生相と孤独相バッタを区別する形態的特徴でもある。そこで、群生相幼虫のコラゾニン遺伝子をノックダウンしたところ、孤独相と群生相バッタの中間程度の頭幅と後腿節長の比になることが判明した。これはノックダウン実験では、原理的にコラゾニンの合成を完全に阻止することはできないため、孤独相の値と同じにはならなかったが、明らかに近づいた値になっていた。コラゾニンが成虫の形態に見られる相変異にも役割を果たしていたことを支持する結果となった[2]。以上から、孤独相バッタにコラゾニンを投与すると群生相的な特徴を持つようになるが、逆に群生相バッタでコラゾニンの発現を抑制すると、孤独相の特徴に近づくことがわかる。

　それでは、トノサマバッタのコラゾニンはどのように制御されているのだろうか。コラゾニン遺伝子の発現量を調べてみると、群生相と孤独相のバッタ間で大きな違いは見られなかった。また、どちらの相でも脳で同程度に強く発現

することがわかった。従って、以下のような制御機構が考えられる。トノサマバッタでは、群生相と孤独相バッタのどちらもコラゾニンが脳で発現し、コラゾニンは成熟すると神経を通して側心体へ輸送される。バッタは混み合いの刺激に応答して、コラゾニンを側心体から全身へ分泌する。また、孤独相の緑色のトノサマバッタでも腹部は茶色で、その体色誘導などにコラゾニンが関与していることが示されていることから[5]、おそらく視覚刺激などに反応して分泌しているのであろう。その分泌する量やタイミングが、群生相らしい体色や孤独相の多様な体色発現に重要であると考えられる（第 5 章 5.8–9. 参照）。しかし、コラゾニンが側心体からどのような仕組みで分泌されるのかについては手つかずのままである。

　トノサマバッタでもコラゾニンの解析を行おうとした初期の時点で、不思議なことがあった。トノサマバッタで RNA 干渉の実験が、まったく上手くいかなかったのである。サバクトビバッタで順調に進捗していたことから、私はトノサマバッタでは諦めてしまおうかと思ったのだが、田中さんが他の系統でも試そうと、注射用のバッタを準備してくれた。当時、田中さんはバッタの地理的変異の研究も手掛けていて、飼育室にはつくば産をはじめ、いろいろな地方系統を飼育していた。これがある発見のきっかけとなった。詳細はここでは省くが、つくば産のバッタでは、一部の個体を除いて、RNA 干渉の効果がほとんどなく体色への影響は明瞭ではなかったが、一方、南大東島産のバッタでは、RNA 干渉が非常に有効で、一度 RNA 干渉のために注射すると、幼虫の黒斑紋は後退してみるみる白くなった[6]。RNA 干渉の感受性に地理的変異があることがわかり、さらに、つくば産の中で RNA 干渉の効果が見られた個体を 2 世代に渡って選抜すると、ほとんどの個体に RNA 干渉の効果が見られるようになった。これらの結果をまとめて、トノサマバッタにおける RNA 干渉感受性の地理的変異という題で 2017 年に論文発表した[7]。このような現象はそれまでほとんど知られていなかったので、応用昆虫学の分野でも重要な知見になっている。たとえば、RNA 干渉法を使った害虫防除を考えた場合、当初は RNA 干渉には抵抗性が現れにくいと想定されていた。RNA 干渉の感受性に遺伝的な地理的変異が存在するとなると、防除の仕方によっては抵抗性系統が生まれる可能性が出てくる。最近ではトノサマバッタ以外の昆虫種でも、RNA 干渉感受性の地理的あるいは系統間変異が続々と報告されている[8,9]。

6.4.　アルビノの原因遺伝子を探る

　バッタ研究室では、サバクトビバッタとトノサマバッタにはそれぞれアルビ
ノ突然変異系統が維持されていた（図2）。前者は体色の研究のために、ベル
ギーを介してデンマークから入手したものだった。コラゾニン投与への応答性
の違いから、2つの系統はアルビノになるメカニズムが異なると考えられてい
た。アルビノ系統にコラゾニンを注射した場合、トノサマバッタでは黒化するが、
サバクトビバッタではほとんど体色に影響しないのだ。興味深いことに、サバ

アルビノサバクトビバッタ

アルビノトノサマバッタ

図2　アルビノ系統は集団で飼育すると白っぽい色になる。アルビノサバクトビバッ
　　タの終齢幼虫と成虫（上）。アルビノトノサマバッタの終齢幼虫と亜終齢幼虫（下）。

クトビバッタのアルビノ個体の側心体にはコラゾニンがあり、トノサマバッタのアルビノ幼虫に移植すると、移植されたトノサマバッタは黒化するのである（第5章5.12. 参照）。だから、サバクトビバッタのアルビノの原因は謎だったのである。

トノサマバッタのアルビノには、成熟型のコラゾニンが存在していないことがわかっており[10]、コラゾニ

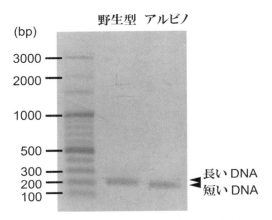

図3 トノサマバッタの野生型由来とアルビノ由来のDNAを用いて、コラゾニン遺伝子のある領域の長さを比較した。文献[12]の図を改変。

ン前駆体の遺伝子が壊れている、もしくはコラゾニン遺伝子の発現や前駆体の成熟に関わる遺伝子が壊れている可能性が想定された。先に述べた、コラゾニン前駆体の遺伝子を同定する過程で、ついでにトノサマバッタのアルビノ系統のコラゾニン前駆体遺伝子の配列も調べてみようと思った。実験は順調に進み、野生型およびアルビノ系統の当該遺伝子をPCR法で増幅させてみると、驚くような電気泳動写真が得られた。すなわち、野生型とアルビノ系統で、増幅バンドの泳動度が異なっていたのだ（図3）。これはコラゾニン前駆体mRNAの長さが異なることを意味していた。そのような結果を期待して実験したのだから、驚くこと自体がおかしいと感じられるかもしれないが、私が驚いたのは、さほど苦労なく理想通りの結果が得られたことだった。実験というのは希望通りの結果が得られることはまれで、しかも大変な努力を労して初めて価値ある結果を得られるものであると思っていた。自分の幸運や恵まれた環境に感謝し、さらに解析を進めることにした。

トノサマバッタの野生型とアルビノから得られた、異なる長さのコラゾニンDNA配列をそれぞれ調べてみると、アルビノのコラゾニン前駆体遺伝子は、野生型のものと比べて10塩基短いことがわかった（図4）。タンパク質やペプチドの構成物質であるアミノ酸は、3塩基の読み枠でコードされている。従って、コラゾニン前駆体遺伝子のように3の倍数以外の塩基数が欠損すると、読み枠がずれて本来のアミノ酸とは異なるタンパク質やペプチドが合成されてしまう。

```
          コードするアミノ酸  L R P W V S V A L L A V
野生型      GAGCACCATAGATAATGCTGCGACCGTGGGTGAGCGTGGCGCTGCTGGCGGTG
アルビノ型    GAGCACCATAGATAATGCTGCGAC----------CGTGGCGCTGCTGGCGGTG
          コードするアミノ酸  L R   P       W R C W R
```

■ 開始コドン　　　--- 欠損している塩基

図4　トノサマバッタのコラゾニン遺伝子の一部配列を野生型とアルビノで比較した。アルビノでは塩基配列が一部欠損しているため、コードするアミノ酸配列が変化している。文献 12) の図を改変。

このようなメカニズムで、トノサマバッタのアルビノではコラゾニンが合成されなくなっていたのである。

　それでは、サバクトビバッタのアルビノはなぜメラニンや他の色素が欠損しているのであろうか。上述したように、本種のアルビノ系統はコラゾニンをもっている 10)。そうだとすると、コラゾニンのようにシグナル（情報）伝達系の経路ではなく、メラニン合成に直接関連したチロシナーゼのような実行因子の遺伝子が原因なのかもしれない。アルビニズムとは多くの生物で観察される現象であり、ヒトを含む脊椎動物のアルビノでは、メラニンを合成する実行遺伝子によく欠損が見つかる。昆虫のアルビニズムについては良くわかっていないことが多いが、脊椎動物と同様にメラニン化の実行因子に異常が生じるとアルビノになる、と考えるのが自然である。ただし他方の、コラゾニンのような情報伝達機構に異常がある可能性について考えると、シグナル伝達とは、シグナルとその受容によって成り立つものであり、コラゾニン受容体に異常が生じると、同様にアルビノになることも想像できる。コラゾニンを持っているアルビノサバクトビバッタに、大量の合成コラゾニンを注射すると、体の一部が黒くなるという報告がある。その原因の一つに受容体がコラゾニンと結合しにくくなっているのではないかという仮説がある 11)。

　そこでまず、サバクトビバッタのコラゾニン受容体の同定に取り組んだ。コラゾニン受容体の遺伝子配列は、ショウジョウバエやカイコガで報告されていたため、上述した BLAST 検索（バッタの遺伝子を見つける方法）および RACE 法（未知の遺伝子配列を特定する方法）にて同定を試みた。今回のクローニングに関しては技術的に RACE 法で大変苦労したが、なんとか本遺伝子の大部分の配列を野生系統で特定できた。そこで、アルビノ系統のコラゾニン受容体の配列を調べて比較してみると、塩基配列の欠損は見つからなかった。代わりにいくつかの塩基多型が見つかり、その中の一つがタンパク質への翻訳に大きな

通常の幼虫　　　　　　コラゾニン受容体を
　　　　　　　　　　　ノックダウンした幼虫

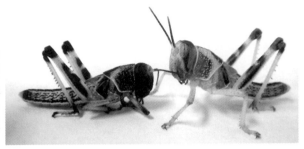

図5　サバクトビバッタ群
生相4齢幼虫。3齢幼虫
でRNA干渉の処理をす
ると、コラゾニン受容体
遺伝子をノックダウンし
ていない個体（左）と、
した個体（右）で体色に
顕著な差が見られた。

影響を与える変異であることがわかった。すなわち、トリプトファンをコード
する TGG が終止コドンをコードする TAG へと変異し、タンパク質の長さが半
分程度になっていたのだ [12]。

　そこで、この遺伝子の機能不全がサバクトビバッタのアルビノの形質に本当
に関与するのか調べるために、RNA 干渉を用いて野生型バッタのコラゾニン受
容体発現を抑制してみた。すると、群生相幼虫の黒斑紋が抑制され白っぽくなっ
た（図5）。期待通り、本遺伝子がサバクトビバッタアルビノの原因遺伝子だっ
たことが判明した。半分の長さになったコラゾニン受容体は、受容体としての
機能をまっとうできないに違いない。しかし、普通は起こらないような高濃度
のコラゾニンにさらされた時に、わずかに受容体としての機能を果たす可能性
はある。これは、先行研究で [11]、サバクトビバッタのアルビノに大量のコラゾ
ニンを投与すると黒くなったという現象も、うまく説明できると思われる。

　これらの結果は、トノサマバッタおよびサバクトビバッタのアルビノ系統は、
問題が生じた遺伝子は異なるが、どちらもコラゾニンシグナル伝達に異常が起
こることがメラニンを正常に合成できない原因となっていたことを示す。しか
し、これはかなりできすぎた話のように思える。メラニン合成にはさまざまな
酵素が関与するため、これらの実行因子のいずれかに変異が生じアルビノが出
現する確率の方が、シグナリング経路に変異が生じる確率よりもはるかに高い
はずだ。実際に、バッタ以外で、これまで解明されたアルビノ生物の原因遺伝
子のほとんどは、メラニン合成系に関わる遺伝子である。この理由は、昆虫の
アルビニズムの研究の進展と共に明らかになるかもしれない。この問題につい
ては後で考察したい。

6.5.　コラゾニンシグナルによって制御される遺伝子群を探る

　さて、これまで戦略1についての結果について紹介してきたが、ここで戦略2についての研究結果の話をしたいと思う。戦略2では、孤独相と群生相バッタの遺伝子発現量の差を全遺伝子について解析し、孤独相らしさや群生相らしさを誘導する遺伝子を同定したいと考えていた。一般に生命現象は、ある刺激を受容して、そのシグナルを特定の組織に伝達し、それに応答して実行因子が表現型を作り出すといった仕組みで成り立つ。戦略としては、川の流れにたとえるならば、実行因子のように下流で機能するようなものでなく、それらをあやつるもっと上流にある相変異の引き金となるような鍵遺伝子を見出したいと考えていた。そこで、孤独相にくらべて群生相バッタの方で明らかに発現量が高い遺伝子を片っ端から RNA 干渉法で発現を抑制し、黒化が抑制されるか否かを検証していった。上流の遺伝子であれば、黒化を起こすのに必要である可能性は十分にあるので、体色を指標にして評価できると考えたのである。しかしこれは根気が必要な実験であった。候補遺伝子は数百以上に昇る上、それぞれの遺伝子をクローニングし、二本鎖 RNA を合成しなければならない。そして、それらを注射し（図6）体色が変化するか判明するまで飼育を続ける必要がある。これらの実験では、田中さんがバッタ生体の飼育を担当して、分子実験のための道具は同じ研究室のテクニシャンである中倉貴代さんに助けられながら数年がかりで取り組んだ。ただ、良い結果はそう簡単に出なかった。来る日も来る日も注射を続けたが、体色が変わるどころか、他の表現型の異常もほとんど見い出すことはできなかった。

　二年くらい経ったところで、戦略1の結果を踏まえて追加で、上述した RNA-Seq 解析で RNA の断片的な塩基配列情報を得て遺伝子の発現量の差を調べ、候補遺伝子の精

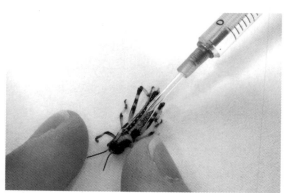

図6　サバクトビバッタ3齢幼虫に注射しているところ。マイクロシリンジに、先を尖らせた細いガラス管を装着し、1個体ずつ注射していく。

度を増していった。その結果、まだ RNA 干渉していない遺伝子で、群生相バッタで特に発現が高かった遺伝子を 10 種程度選んで調べることにした。これらの遺伝子の抑制結果が芳しくなかったら、研究の方向性を変えようかと考えていた。すでに発現抑制した遺伝子は 200 種近くに迫っていたのだ。

　期待を抱きつつ、この 10 種について RNA 干渉を実施してみた。どんなに小さな変化も見逃すまいと詳細に観察を続けたが、一向に変化が見られない。「ああ、今回もダメだったか。」と落胆した。しかし、すでに 200 種近い遺伝子について味わっていたことだったので、すぐに諦めがついた。そしてそれらのバッタは処分することにした。飼育補助員の方に使用済みのケージを洗ってもらおうと思い、バッタを入れたまま部屋の片隅に置いていた。その時期は飼育補助員の方も忙しそうにしていて、なかなかケージは片付けられずに数週間置かれたままだった。餌を与えていなかったのでバッタはすでに死んでいるだろうと思っていた。しかし、ある時ケージの中で動く姿が見えた。「ああ、共食いしながらなんとか生き延びていたのか。申し訳ないことをした。」と思った。そして、サバクトビバッタが絶食にたいへん強いバッタであることを思い出した。バッタを回収しようと、処理区画ごとにバッタを眺めた。すると、その中の 1 つの区画がなんだか他のバッタと違う気がした。「ん？なんだろう。」とのぞき込んだ。ケージの内部は暗い上に、バッタは餌不足でぐったりしていて全体的に色がくすんでいた。しかし、その区画では明らかに色が薄くなっていたのだ。RNA 干渉をする遺伝子は発現量差の大きさや、一貫して差が見られるかどうかなど、複数の指標で選んでいたのだが、この区画は、10 種の中でも特に多くの指標で期待が持てるものであった。どうやら、RNA 干渉の処理後、ずいぶんと時間が経ってから体色変化が現れてきたようであった。そこで、すぐに新しいバッタを準備して同じように RNA 干渉をした。その結果、黒斑紋が抑制されることが確認できた（図 7）。

　その遺伝子は配列に含まれる特徴的なドメインから、転写因子であることは明らかであった。転写因子とは、他の遺伝子の発現を制御するため、調節役のような機能をもっている。すなわち、実行因子よりも上流で役割を果たしているのだろう。野生型の群生相のバッタではこの遺伝子の高い発現が見られるものの、アルビノの群生相バッタではほとんど発現していなかった[13]。先述のようにサバクトビバッタのアルビノ系統はコラゾニン受容体に異常があることがわかっているので、本転写因子はコラゾニンシグナルが正常に働かないと発現

通常の群生相幼虫　　　　　　　LOCT 発現を
　　　　　　　　　　　　　　抑制した群生相幼虫

図7　サバクトビバッタ群生相終齢（5齢）幼虫。3齢幼虫で RNA 干渉の処理をすると、*LOCT* をノックダウンしていない個体（左）と、した個体（右）で体色に顕著な差が見られた。

しないらしい。また、BLAST でこの転写因子に相当する遺伝子を他の昆虫種で探そうとしても見つからない。つまり、新規の転写因子であった。そこでこの遺伝子に、locust corazonin-related transcription factor（*LOCT*）と名付けた。ちなみに、遺伝子やタンパク質の表記の仕方は、生物によって決まりがある場合がある。バッタについては明確な決まりはないが、他の多くの生物と同様に、遺伝子や RNA は斜体にして、例えば *LOCT* と表す。タンパク質は斜体にしないことにし、例えば LOCT と表記する。話を元に戻そう。*LOCT* と共に RNA 干渉の実験を行った残り9種の遺伝子の中には、アルビノ群生相バッタでの発現レベルが極めて低い二種の遺伝子が含まれていた。一方は、メラニン化に関わる実行因子 Yellow をコードする遺伝子（*YEL*）で、他方は、takeout 遺伝子の特徴をもっていたことから、albino-related takeout protein（*ALTO*）と名付けた。これら3種の遺伝子は、孤独相バッタでの発現レベルがとても低く、野生型群生相バッタでは真皮でのみ高い発現がみられた。特に、体色が劇的に変化する脱皮前後で発現レベルが高い傾向にあった [13]。

　これらの結果を総合して、次のようなモデルを考えてみた（図8）。サバクトビバッタでは混み合いに応答して側心体からコラゾニンが分泌され、全身に行き渡る。しかし、真皮細胞だけがコラゾニンに応答するので、そこで *LOCT* などの転写因子が発現する。続いて *YEL* や *ALTO* などの実行因子も発現するので、群生相特有の体色が現れる。

　しかし、なぜ *YEL* や *ALTO* を RNA 干渉で阻害しても体色の変化は見られなかっ

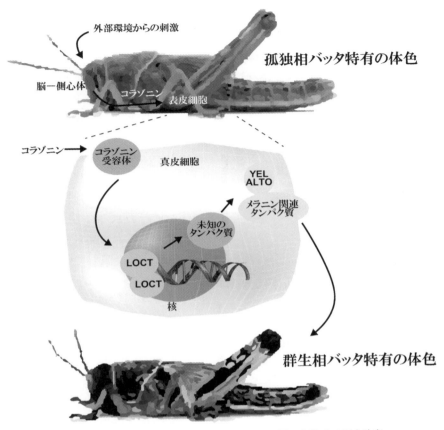

図 8　サバクトビバッタの体色制御機構のモデル図。文献 [13] の図を改変。

たのだろうか。それは、おそらく、メラニン化に関係する実行因子の一つに機能低下が起こっても、別の因子が緊急的にその機能を補うため、ほとんど体色には影響しないのではないだろうか。これは、サバクトビバッタやトノサマバッタで解明されたアルビノ原因遺伝子が、どちらもシグナル伝達因子であるということと整合がとれる。つまり、*YEL* や *ALTO* と違って、コラゾニンやコラゾニン受容体、および *LOCT* は、メラニン化の上流で機能し、欠損すると多くの黒化関連遺伝子に影響するため体色が薄くなるのだろう。ただし、ショウジョウバエやカイコガの *YEL* を欠く突然変異系統では、暗い体色がそれぞれ黄色や赤茶色になるため、この仮説はさらに検証する必要がある。

6.6.　脱皮ホルモン関連遺伝子 *SPOOK* と翅型

　コラゾニン受容体は多くの組織で発現しているため、コラゾニンを介して黒化誘導のための情報はほぼ全身に伝えられると考えられる。しかし、この伝達機構の下流因子である、*LOCT*、*YEL*、および *ALTO* は真皮細胞でのみ発現がみられる（図9）。コラゾニン以外の別の因子もメラニン化の誘導に必要である可能性が非常に高い。*LOCT*、*YEL*、および *ALTO* の発現パターンを見ると、脱皮前後でよく発現していることがわかった。脱皮を制御する主要な因子は 20E（エクジステロイドの一種で昆虫の脱皮ホルモン）であるから、20E が上記3種の発現に関与しているかもしれない。

　サバクトビバッタでは、*SPOOK* と呼ばれるエクジステロイド合成酵素をノックダウンすると、体液中の 20E の濃度が大きく低下するが、異常なく脱皮することが報告されていた [14]。これは摩訶不思議な話である。脱皮が起こるのは脱皮ホルモンである 20E の

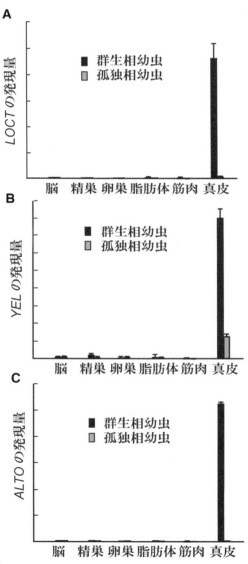

図9　サバクトビバッタ幼虫における、*LOCT*（A）、*YEL*（B）、*ALTO*（C）の発現量を組織別に示している。文献 [13] の図を改変。

濃度が増加し、20E ピークができるからであることは、昆虫生理を知る人なら誰でも知っている。一方で、この報告が事実であるとすれば、*LOCT* の制御機構を調べるのに好都合だと思った。通常、20E 合成を阻害すると脱皮が阻害されるので、20E 低下の影響なのか、脱皮不全による副次的な影響なのか、区別できなくなるからだ。サバクトビバッタではその問題を回避できるはずだ。

　そこで、*SPOOK* の二本鎖 RNA を作製し、サバクトビバッタに注射して、*LOCT* の発現量に影響するか調べようとした。それは元日の朝だったと思う。いつものように田中さんとバッタの世話をしていた。生物系の研究者にはよくあることだが、生き物の世話に休みはない。当事者でない目線でみると、大変だと思われるかもしれないが、正月気分で昆虫の世話をするのもまた乙なものだ。私も気分良くバッタの世話をしていたが、作業が早い田中さんは早々に自分のバッタの世話を終えて、私の作業の進捗を見に来てくれた。そして、まだ世話をする前のバッタの飼育ケージを何気なく覗いていると、「なんだこれは‼」と声をあげた。「これは短翅ですよ、管原さん！」と教えてくれた。しかし、私は何のことを言っているのかよくわからず、同様にケージの中を覗いてみた。確かに幼虫に混じって翅が短い成虫がいる（図 10）。田中さんがカメラを取りに別の部屋に行った。短翅のバッタは、*SPOOK* をノックダウンしたバッタの中に現れたようだ。しかし、思いもよらぬ表現型に戸惑った。しかも、成虫になるにはまだ早すぎる。その後、よく調べてみると、1 齢期分飛び越して成虫になっていたことがわかった。脱皮に異常をきたして早く変態したので、翅が短くなったのだ。しかし、脱皮に影響しないと結論していた先行研究はなんなのだろうか、と思った。これらの予想外の知見を確認して、*SPOOK* をノックダウンすると、早熟変態が起こり、翅の短い個体が現れるという論文を発表した[15]。この

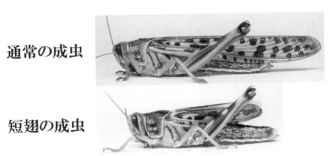

通常の成虫

短翅の成虫

図 10　サバクトビバッタの成虫。上は正常な成虫で、下が思いがけず
　　出現した短翅成虫。文献[15] の図を改変。

短い翅の個体は、単なる発育異常というより、他の昆虫でよく見られる短翅型に似た特性を示していた。正常の長い翅と短い翅の長さを測定して頭幅との比をとみると、連続的な変異ではなく分離して、翅型二型のようなパターンになった。バッタ研究室では、最近、トノサマバッタでも、それまで知られてなかった短翅型が出現することを報告しているが [16)]、サバクトビバッタでもそのような例は知られていない。翅型多型の進化を導く短翅型の出現機構を反映しているのだとしたら、たいへん興味深い。さて、今回の SPOOK の一件については、先行研究の結論を盲目的に受け入れるのは危険であるということを再認識しつつ、脱皮への影響がみられたことから、LOCT の解析はこの方法では進められないと思った。しかし、この新たな知見をもたらした実験結果は元旦のご褒美のようなものであったし、正月に田中さんからおすそ分けしてもらったおせち料理も美味しくていいご褒美になった。

6.7.　黄化が起こる原因は?:　黄化遺伝子 *YPT*

　ある時、ノックダウン候補遺伝子を選ぶために、群生相と孤独相で発現量が異なる数百のサバクトビバッタ遺伝子リストを眺めていた。相変異とは一見関係なさそうな遺伝子が多くリストアップされているが、その中に見覚えがある遺伝子の名前を見かけた。「カロテノイド結合タンパク質」というものである。先に述べた成虫期に見られる黄化（口絵－Ⅱ(3)）は、タンパク質がカロテノイドと結合することによって生じることが報告されていた [17)]。従って、このタンパク質は、成虫のオスを混み合い環境で飼育した時、性成熟以後に限って機能し、黄化を誘導すると考えられていた [18)]。しかし、私が眺めているリストは幼虫期の遺伝子発現リストである。戦略 2 で得た遺伝子の発現パターンの研究結果を見てみると、幼虫期の間も発現量が大きく変動しているようである。このことから、幼虫期でもこのタンパク質が何かしらの機能を担っているのではないかと考えた。最初に思いつくのが、前章で述べられた高温下の群生相老齢幼虫に見られる黄化である。そこで、この遺伝子を黄化に絞って解析してみることにした。

　このカロテノイド結合タンパク質は、Yellow protein と命名されていた。しかし、先に述べた *Yellow* という遺伝子と大変紛らわしい。そこで、このタンパク質の特徴である、Takeout ファミリーに属するという情報を入れ込んで、Yellow protein of the takeout family （YPT）と呼ぶことにした。そもそもこのタンパ

質は 2001 年に発見されて以降、分子生物学的な解析はあまりされていなかった [17]。遺伝子配列が特定され、混み合い下のオス成虫でその発現量が高いということが報告されていたものの [18]、黄化と遺伝子発現との相関関係を示したにとどまり、本当に成虫期の黄化に関与するのか決定的証拠に乏しかった。そこでまず、YPT をコードする遺伝子が成虫期の黄化を誘導するのか、RNA 干渉により解明を試みた。黄化する前のサバクトビバッタオス成虫に、YPT の二本鎖 RNA を注射したものと、ネガティブコントロールとして関係のない二本鎖 RNA 配列を注射したもので、体色の変化を調べてみた。すると、YPT をノックダウンした方は明らかに黄化が抑制されていた（口絵 – V (15)）。このことから、YPT は成虫期の黄化を引き起こすタンパク質で間違いないと確認することができた。

　では、幼虫の黄化に YPT が役割を果たしているのだろうか。まず、黄化が顕著にみられる老齢幼虫について調べることにした。幼虫の飼育ケージの近くに白熱電球（43℃）を置いた集団と、そうでない集団（30℃）の体色をみてみた。白熱電球が近くにあると、多くのバッタが体を温めようとして電球近くに寄ってくる。そのようなバッタは、群生相バッタ特有の黒い体色が薄れ、その代わりに鮮やかな黄色になっていた（図 11）。一方で、白熱電球が近くにないケージでは、黄色は一部分で全体的に真っ黒いバッタばかりであった。これは、第 4 章で述べられたように、熱を吸収し体温を上げやすくするための適応的な反応だと考えられる。それでは、黄色くなる飼育条件下で YPT をノックダウンするとどうなるだろうか? 発熱電球を用いた実験を行なった結果、対象区のほとんどの幼虫では体が鮮やかな黄色であるのに比べて、YPT をノックダウンした場合には、鮮やかな黄色の個体が出現せず、黄色が全く見えないか、わずかに

白熱電球有り　　　　　　**白熱電球無し**

図 11　サバクトビバッタの終齢幼虫。白熱電球を近くに置いて高温にさらすと黄色（左）になるが、置かないと黒い体色（右）になる。文献 [19] の図を改変。

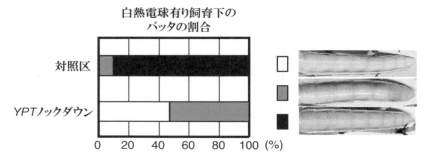

図 12　サバクトビバッタの終齢幼虫の腹部を右の 3 つの黄化グレードに分けて、割合を求めた。文献 [19] の図を改変。

黄色い個体しか現れなかった（図 12）。さらに *YPT* の発現量を白熱電球が有り / 無しの二つの集団間で比べてみると、明らかに白熱電球がある方が、その発現レベルが高かった [19]。これらのことから、*YPT* が老齢幼虫の黄化を引き起こすタンパク質であることが明らかになった。また、成虫期と違って、老齢幼虫における *YPT* の発現量には性差が見られず、黄化も同程度見られた [19]。これは幼虫期の体色に性差が見られるという報告がないこととも一致する結果である。

6.8.　*YPT* の制御の仕組み

　YPT の発現はどのように制御されているのだろうか？田中さんが 2000 年に興味深い知見を得ていた。アルビノのサバクトビバッタが終齢幼虫へ脱皮する 1 日前に幼若ホルモン（JH、juvenile hormone）を注射すると体色がクリーム色から緑色に変化するが、脱皮 2～3 日前に JH を注射すると緑色の個体に加えて黄色の個体も出現するというのだ（口絵 –Ⅳ(12)）。JH が緑色の体色を制御していることはよく知られている [20]。しかし、なぜ黄色になるのかわからず、実験ノートにその結果が残されたままだった。

　私たちは、これは JH が *YPT* 発現に関与しているから起こったのではないか、と予想した。そこで、まずはアルビノのサバクトビバッタにおいて JH 処理によって黄化が誘導されることを再現する実験を行うことにした。バッタでは JH に対する感受性が脱皮直前に高くなることがわかっていたので、翅芽が厚くなって脱皮が近いと思われる亜終齢幼虫に JH の注射を行い、脱皮後の体色を観察した。この実験は、アルビノ終齢幼虫のほとんどが黄化せずに白色になる、白熱電球を使わない条件で行った（図 13）。脱皮する 1 日前の亜終齢幼虫に JH を注

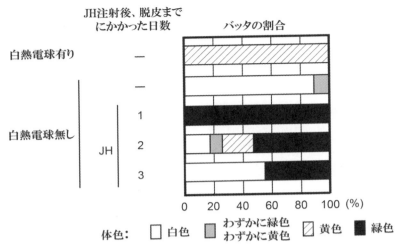

図13　アルビノサバクトビバッタの4齢幼虫が5齢に脱皮する前にJHを注射した。JH注射後、何日後に脱皮するかでバッタの体色発現の傾向が変化する。文献[19]の図を改変。

射すると、全ての個体が緑色の終齢幼虫になった。そして、2日前にJHを注射すると、白熱電球がないにも関わらず、緑色に加えて黄色の個体が確かに出現した。2000年に田中さんが記録していた結果は、予想通りに再現された。じつは、成虫期の黄化にJHが必要であることは報告されていたが[21]、幼虫の黄化と*YPT*の関係については誰も研究していなかった。そこで、終齢幼虫へ脱皮する1〜3日前にJHを注射して、終齢幼虫へ脱皮直後の*YPT*発現量を測定してみた。すると、JHを脱皮1日前に注射すると*YPT*発現量が極めて高くなっていた。JHによる*YPT*発現の刺激効果は、脱皮前では高いが、それより前に注射すると減少していった[19]。これらの結果から、JHが*YPT*発現を誘導するという制御機構が明らかになったのである。

　田中さんは高温下のコラゾニンの制御機構に強い関心を持っていた。つまり、高温下の群生相幼虫において黒い体色が抑制される現象に、コラゾニンがどのように関与しているかということだ。上述したように、コラゾニン遺伝子の発現レベルは群生相幼虫でも孤独相幼虫でも大差がないことから、このホルモンがバッタの全身に分泌するか否かで体色に差が生じているはずである。高温下ではコラゾニンの分泌が抑制されているのだろうか、それとも、コラゾニンは分泌されるがその受容体やその後の色素合成系に高温が抑制的に働いているだ

ろうか。その手がかりになったのは高温での実験だった。私たちは42℃のインキュベータで野生型のサバクトビバッタ幼虫を飼育して、高温で黒斑紋が抑制されたバッタに合成コラゾニンを注射した。そして42℃で飼育し続け黒化の有無を調べるという実験をした。丁度結果が出る時期に田中さんの実験室を訪れたところ、この実験を行った田中さんが嬉しそうに「トノサマバッタの場合と同じように、高温下でも黒が出ましたよ！」と教えてくれた。どうやら高温下でもコラゾニンが体腔内に存在すれば、黒化が誘導されるようである。ただし、高温下でコラゾニン遺伝子の発現が抑制されているかどうかは確かめていないため、抑制が遺伝子の発現レベルか分泌レベルなのかははっきりしていない。いずれにしても、抑制されていたのはコラゾニンであって、色素合成系が高温によって抑制されていたのではないのだ。

　ところが、そのバッタを見せてもらったところ、黒化以外に何か違和感があった。コラゾニンの注射で黒くなった個体では黄色が抑制されているように見えた。また、脱皮殻を見ると、無処理のものでは薄く黄色に染まっていたのだが、コラゾニンを注射した個体のものは、ほとんどそれが見えなかった。再実験をやってみても、同様に黄色が抑制されていた[19]。つまり、コラゾニンが YPT の機能を阻害しているのだ。コラゾニン受容体が欠損しているアルビノ系統が、野生型に比べて黄色くなり易いということはこれまでに何度か話題に上ったことがある。しかし、野生型での実験では、黒化が邪魔になって地色である黄色が判別しにくいということに加え、そもそもアルビノ系統とは由来する集団が異なるので、黒化と黄化との関係を比較して解釈することが困難であった。しかし、高温下の合成コラゾニン注射の実験結果を受けて、これら2系統を改めて比べると、やはりアルビノ系統の黄化が野生型より顕著に見えた。

　それでは、コラゾニンはどのように YPT の機能を阻害しているのだろうか。コラゾニンの存在が YPT の発現を抑制している可能性と、YPT タンパク質に直接的に働きかけて黄化するのを邪魔する可能性が考えられる。ここで、そもそも YPT に着目したきっかけを思い出して欲しい。YPT は"相変異によって発現量が変動する"遺伝子リストから見つかったものである。つまり、コラゾニンに応答して"発現量"が変動している可能性が十分に考えられるのである。そこで、合成コラゾニンを注射した終齢幼虫と、そうでない終齢幼虫の、YPT 発現量を比較してみた。すると、予想通り、コラゾニンの注射によって YPT の発現レベルが低下することが判明した[19]。

　YPT は発見された経緯から、性成熟期特異的、オス特異的、混み合い特異的であると考えられてきた [18]。成虫では、黄化はオスで顕著で *YPT* は少なくとも羽化後 22 日まではメスでは発現しない。しかし、十分に性成熟したメスでも顕著な黄化は見られるので [22,23]、*YPT* 発現はオス特異的ではないと思われる。一方、これまで見てきたように、*YPT* は老齢幼虫期でも黄化を誘導し、その発現時期を見る限り性差なく機能することがわかった。それでは、混み合いについてはどうだろうか。その前に、まず棲息環境の背景色が *YPT* 発現に与える影響について説明したい。孤独相幼虫はホモクローミー多型と呼ばれる、背景色に応じた体色変化を示す（第 4 章参照）。このことから、環境の背景色が *YPT* の発現量に影響を与える可能性が考えられる。

　そこで、私たちは孤独相のアルビノ幼虫を 2 齢期から白色紙と黄緑色の紙で覆ったカップでそれぞれ飼育し、*YPT* の発現量を終齢幼虫で測定した。比較対照として、アルビノ幼虫をカップに 10 頭一緒に入れて飼育した群生相も、同時に解析した。集団飼育した場合は、野生型でもアルビノでもホモクローミー多型は見られないのだが、私たちは確認のために試してみた。すると、孤独相のバッタでは、白カップと黄緑色カップのどちらで飼育しても、白色と緑色のバッタが両方現れた。それぞれの体色に分けて *YPT* 発現量を解析した結果が図 14

であるが、メスでもオスと同様に体色の変化がみられ、*YPT* の発現量もオスとメスで大きな違いがみられなかったことから、雌雄の結果をプールしたものを図示している。得られた結果では、緑色の個体が白色の個体より *YPT* の発現レベルが高かった（図 14）。緑色は黄色と青色の色素混合により見える色と考えられるので、黄色い色素の原因となる *YPT* が高く発現していても不思議ではないかもしれない。背景色の違いで比較してみると、黄緑色カップで飼育した

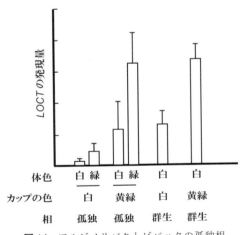

図 14　アルビノサバクトビバッタの孤独相および群生相幼虫を白色紙あるいは黄緑色紙で覆ったカップで飼育した。その後 *YPT* の発現量を測定した。文献 [19] の図を改変。

バッタの方が、白色カップの個体より *YPT* の発現量が高かった。このことから、背景色が *YPT* 発現に影響することは明らかである。

　それでは群生相バッタはどうであろうか。サバクトビバッタは混み合い条件下ではすべて群生相特有の体色となり、ホモクローミー多型を示さない。アルビノ系統では、老熟幼虫は高温にさらされない限り全部クリーム色になることから、*YPT* の発現レベルは背景色に関係なく低いレベルに保たれていると予想していた。しかし、実際に定量してみると、孤独相と同程度に背景色に反応して *YPT* を発現するという意外な結果が得られた（図 14）。さらに興味深いことに、背景色にたいして、体色に差がみられなかったにもかかわらず、*YPT* の発現量は、白色カップより黄緑色カップで飼育した方が高かった。つまり、孤独相の幼虫だけでなく、群生相の幼虫も背景色をちゃんと見て、遺伝子レベルで反応していたのだ。しかし、なぜアルビノの群生相幼虫は *YPT* の発現レベルが高くなるのに黄化しないのだろうか。ひょっとしたら、背景色によって誘導される色素変化は、高温によって誘導される黄化と少し制御の仕組みが違うのかもしれない。この点はさらに検証が必要である。カップを使ったこれらの実験により、混み合いの有無に関係なく、背景色の違いに応答して *YPT* の発現が変わることが明らかになった。

　一連の現象を記述した論文をある雑誌に投稿した時に、「*YPT* 発現は高温に直接誘導されているのではない」と、査読者に指摘されて、結局論文を 2 度リジェクトされた経緯がある。いずれの時も反論する機会が与えられなかったので悔

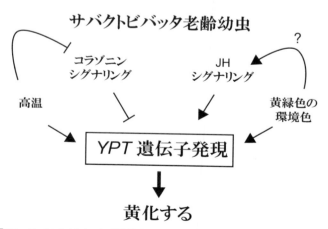

図 15　サバクトビバッタ老齢幼虫の黄化制御機構。文献 [19] の図を改変。

しい思いをしたが、この批判は誤りである。なぜなら、その批判については論文中で明確に却下していたからである [19]。論文の中では、野生型のバッタに加え、アルビノバッタの幼虫も解析に用いている。サバクトビバッタのアルビノはコラゾニン受容体に欠損があるので、コラゾニンの影響を受けない。そのアルビノ老齢幼虫でも、高温では *YPT* 発現が誘導されるので、高温が直接に *YPT* 発現を上昇させるのは明らかなのである。ただし、背景色については、JH の分泌を刺激することを介して *YPT* の発現量に影響している可能性がある。以上をまとめたのが、図 15 である。*YPT* は群生相のオス成虫の黄化を誘導するばかりではなく、老齢幼虫期にも黄化を誘導し、さまざまな環境条件に応答した極めて重要な体色制御機能を担っていることがわかった。

6.9.　若齢幼虫はなぜ黄色にならないのか？

　これまで、サバクトビバッタにおける成虫と老齢幼虫期の *YPT* の機能について説明してきたが、若齢幼虫ではどうであろうか。実は、サバクトビバッタを孵化直後から白熱電球の近くで飼育した場合、黄化がみられるのは亜終齢（4齢）幼虫からである（図 16）。これはそのまま *YPT* の発現レベルの違いを表しているのだろうか。そこで、2～5 齢幼虫それぞれで *YPT* 発現量を調べてみると、2、3 齢ではほとんど *YPT* の発現は見られないが、4 齢幼虫で *YPT* 発現が誘導され、5 齢幼虫ではさらに高い発現量が確認された [24]。また、若齢幼虫期では、老齢

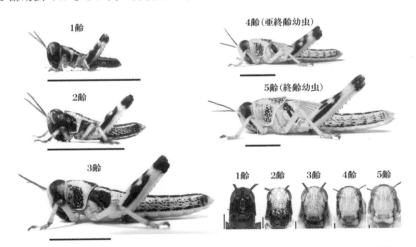

図16　サバクトビバッタ孵化幼虫を白熱電球の近くで飼育し続けた。バッタ側部のスケールバーは 10mm、頭部正面のスケールバーは 1mm。文献 [24] の図を改変。

幼虫期で見られた、高温や JH 注射による *YPT* 発現の上昇が見られなかった。このことから、若齢幼虫では *YPT* の発現が抑制されていて、結果として黄化が見られないということがわかった。それぞれの発育ステージにおける黄化の適応的意義については第 4 章（4.7.）を参考にされたい。

6.10.　*YPT* が発現するとなぜ黄色くなるのか？

カロテノイドは通常、色素を持つ。*YPT* はちくわのような分子構造をしていて、内部に特定のカロテノイドを収納できる。この特性により、黄色が発現すると考えられているのだ。バッタの黄色い体色の原因は β-カロテンであると随分と昔から考えられてきた。*YPT* が発見されてからは、*YPT* と β-カロテンの複合体が黄色い発色の原因だと言われている。バッタ学の教科書と言える、ウヴァロフ著の「Grasshoppers and locusts vol. 1」[25] では、「β-カロテンによる黄化」という確定的な表現が随所に出てくる。しかし、一連の知見 [26,27] は吸光スペクトルを元にした間接的な測定であり、当時としては先端の解析法であったものの、最近はもっと確度の高い解析法が誕生している。

話は変わるが、私は農生研での初めの約 2 年間、JH の輸送タンパク質の構造に関する研究を手がけていた塩月孝博さん（現島根大学教授）に雇用されていた。このタンパク質は JH 結合タンパク質と呼ばれ、Takeout ファミリーに属する。タンパク質の構造を解析するには、そのタンパク質をたくさん準備する必要がある。通常、大腸菌などを用いて、外来遺伝子を強制的に発現させ、タンパク質を本来の構造に近い形で精製する。このようにして得たものを、組換えタンパク質と呼ぶ。組換えタンパク質を得るには特有のノウハウが必要である。塩月さんは JH 結合タンパク質の組換えタンパク質を解析した実績があり、同じ Takeout ファミリーに属する *YPT* も同様に組換えタンパク質を作って解析したらどうかと提案してくれた。そこで、*YPT* の組換えタンパク質を作ってもらい、いくつかのカロテノイドと結合解析をすることにした。ここで結合解析とは、タンパク質が色素と結合すると、吸収される光の波長が変化する原理に基づいたもので、YPT 単独の吸光スペクトルが、特定のカロテノイドと混ぜた時に吸光スペクトルが変わるか否かで、両者が結合しているかどうかを判断できる方法を指す。調べるカロテノイドは、昆虫に含まれる代表的な化合物である、β-カロテン、ルテイン、アスタキサンチンにした。先に述べたように、JH が YPT の機能発現に必要であるという報告があったことから、JH の有無で結合に変化

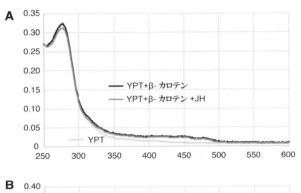

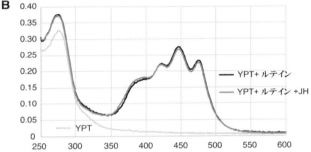

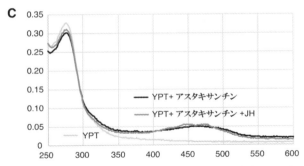

図 17　組換え YPT タンパク質を用いた、β - カロテン（A）、ルテイン（B）、アスタキサンチン（C）との結合解析。文献 [28] の図を改変。

が生じるかどうかも検討した。

　それらの実験で驚くような結果が得られた（図 17）。YPT を β-カロテンやアスタキサンチンと混ぜても吸光スペクトルに大きな変化はなく、JH を混ぜても同様であった。その代わりに、YPT とルテインの混合物は、YPT 単独のものとは異なり、数カ所で高い吸光が見られたのだ。ただし、これらのスペクトルは

177

JH の有無に影響されなかった。生体内では、JH は YPT の遺伝子発現を誘導するが、タンパク質には直接的に働きかけないことが推測される[28]。しかし、β-カロテンではなくルテインと YPT が結合するという結果は、これまで考えられてきた説とは異なる。その違いは論理的に説明できるだろうか？これまでの研究では、黄化したオス成虫から得た抽出液を対象に吸光スペクトルの解析をしていた。得られたスペクトルは、ルテインやアスタキサンチンとは異なり、β-カロテンのスペクトルと似ているらしい。それは、425、450、475 nm 付近にピークがあるのが特徴であった[17]。私たちの YPT とルテインの混合物スペクトルも、カロテノイドとタンパク質が結合することによって吸光度が変化し、425、450、475 nm 付近にピークが出現した。まさしく、これまで得られていた黄化抽出液のスペクトルとよく似ていた。私たちの解析結果と違い、これまでの研究では、カロテノイド単独のスペクトルと黄色抽出液のスペクトルを直接比較したために、吸光度によるカロテノイドの特定を誤ってしまった可能性がある。この結果を論文で発表した後、バッタ研究の大家であるペナー教授（Pener, M. P.）が、「1970 年代後半に実験した結果では、黄化したバッタの皮膚にはルテインがたくさん含まれていたが、JH を欠損させるとルテインが検出されなくなった」という未発表の知見を教えてくれた。以上のことから、バッタの黄化に関わる原因カロテノイドはルテインである可能性は十分に高い。しかし、結合解析はあくまで試験管内の結果であり、生体内の現象を本当に反映しているかという点は、確認が必要である。たとえば、バッタの皮膚に含まれる黄色色素を抽出し、質量分析などの手法を用いて、確かにルテインが黄化抽出液に多く含まれているかなどを検証する必要があるだろう。

　また、これまでバッタで行われたカロテノイドに関わる知見も再検討が必要であろう。例えば、胚発生の過程で含まれるカロテノイド構成が大きく変化するという知見がある[27]。カロテノイドの胚発生におけるなんらかの機能が示唆される結果であるが、詳細な解析を行うことで、体色発現以外のカロテノイドの隠れた生理的な機能が明らかになる可能性がある。

バッタの研究は楽しい！

　私の研究の時系列に沿って、トビバッタ体色制御の機構について解説してきたが、まだ若い読者にとっては、研究をどのように進めているかの一つの例として参考になれば幸いだと思っている。すでにお気づきだと思うが、私は、さ

まざまな偶然や人に恵まれて、なんとか研究の世界で生き延びることができている。多くの研究者も、多かれ少なかれそのような巡り合わせに恵まれて研究を続けることができるのだと思う。私が研究していた、農生研は既に組織再編により消滅してしまったのは残念だが、研究所の人々に多くのことを教えてもらい、研究者として育ててもらった。読者の中には、現在、研究で思い悩んでいる若い人もいるかもしれない。多様な研究技術を学び、良い人々に出会うという意味でも、新しい分野と場所に飛び出してみるのも良いかもしれない。私は、博士号をとった時は、実績がない崖っぷち研究者であったが、つくばに行ったおかげで今も研究を続けることができている。つくばの研究所で働けたのは、厳しい試験に通った訳でもないことを考えると、誰に対しても幸運の門戸は開いているのだろう。私のバッタ研究を通して、少しでも研究の明るい未来を感じてもらえたら嬉しい。

　昆虫の体色多型は、昆虫の多様性を代表するような現象の一つであり、昔から注目を集めてきた。特にバッタは複雑な体色の多型を見せるため、その制御機構は大変面白い。古くから、環境の違いに応答したバッタの体色の変化を詳しく研究され、興味深い知見が多く蓄積している。環境がどのように形質に影響するかは、刺激→神経処理→シグナル伝達→遺伝子発現→形質の発現、といったように、因果関係が複雑なつながりを見せることから、すべてのレベルでの研究が重要となるだろう。中でも、分子生物学分野での機器分析や手法の最近の進歩は著しいものがあり、バッタの相変異現象の分子レベルからのさらなるアプローチが期待される。本章で述べたホルモンや遺伝子の話は、古くから行われてきた研究の延長線上にある。また、昔の研究の中には、興味深い示唆に富んでいるものの、未着手の研究の種は多く眠っている。これからもバッタ研究は、新しい知見が次々と発掘される宝の山であり続けるだろう。

文　献

1) Tawfik, A.I. *et al.* 1999. Proceedings of the National Academy of Sciences of the United States of America 96: 7083–7087.
2) Sugahara, R. *et al.* 2015. Journal of Insect Physiology 79: 80–87.
3) Tanaka, S. *et al.* 2002. Journal of Insect Physiology 48: 1065–1074.
4) Hoste, B. 2002. Journal of Insect Physiology 48: 981–990.
5) Tanaka, S. 2006. Applied Entomology and Zoology 41: 179–193.
6) Sugahara, R. *et al.* 2016. Applied Entomology and Zoology 51: 225–232.
7) Sugahara, R. *et al.* 2017. Gene 605: 5–11.
8) Ghodke, A.B. *et al.* 2019. Scientific reports 9: 11898.

9) Mehlhorn, S. *et al.* 2020. Pesticide Biochemistry and Physiology 166: 104569.

10) Schoofs, L. *et al.* 2000. Molecular and Cellular Endocrinology 168: 101–109.

11) Yerushalmi, Y. *et al.* 2000. Physiological Entomology 25: 127–132.

12) Sugahara, R. *et al.* 2017. Gene 608: 41–48.

13) Sugahara, R. *et al.* 2018. Insect Biochemistry and Molecular Biology 97: 10–18.

14) Marchal, E. *et al.* 2011. Journal of Insect Physiology 57: 1240–1248.

15) Sugahara, R. *et al.* 2017. Developmental Biology 429: 71–80.

16) Nishide, Y. and Tanaka, S. 2013. European Journal of Entomology 110: 577–583.

17) Wybrandt, G.B. and Andersen, S.O. 2001. Insect Biochemistry and Molecular Biology 31: 1183–1189.

18) Sas,F. *et al.* 2007. Peptides 28: 38–43.

19) Sugahara, R. and Tanaka, S. 2018. Insect Biochemistry and Molecular Biology 93: 27–36.

20) Pener, M.P. 1991. Advances in Insect Physiology 23: 1–79.

21) Pener, M.P. and Lazarovici, P. 1979. Physiological Entomology 4: 251–261.

22) Nishide, Y. and Tanaka, S. 2012. Physiological Entomology 37: 379–383.

23) Tanaka, S. *et al.* 2010. Applied Entomology and Zoology 45: 641–652.

24) Sugahara, R. and Tanaka, S. 2019. Archives of Insect Biochemistry and Physiology 101: e21551.

25) Uvarov, B. 1966. Grasshoppers and Locusts. Vol. 1. Cambridge University Press,　Cambridge, UK.

26) Goodwin, T.W. and Srisukh, S. 1949. Biochemical Journal 45: 263–268.

27) Goodwin, T.W. 1949. Biochemical Journal 45: 472–479.

28) Sugahara, R. *et al.* 2020. Biochemical and Biophysical Research Communications 522: 876–880.

第 7 章

第 7 章　親の混み合いが子の形質を決める仕組み

　しばしば大発生するサバクトビバッタやトノサマバッタは、混み合いにおうじて行動や形態などさまざまな形質に変化がみられる相変異という現象を示す。そんな形質の中で古くから注目されているものが卵の大きさとふ化幼虫の体色である。サバクトビバッタでは、個体数が少なく孤独相と呼ばれるときの成虫は 1 卵鞘当たり約 120 個の卵を産む。それらの卵からふ化する幼虫は緑色の体色をしている。一方、大発生時の成虫の産む卵鞘には約 80 個の卵しかはいっていないが、卵のサイズが大きく、ふ化幼虫は真っ黒である。それらの大きさの違いの生態的意義については第 1 章で触れたが、本章ではどのようにしてこのような違いが生じるのかに関する研究を紹介する。

序　〜論争の予感

　サバクトビバッタのふ化幼虫の体色多型は、典型的な孤独相の緑色から群生相のほぼ真っ黒のものまで連続的である（図 1）。私は、1996 年にサバクトビバッタをアフリカから輸入し茨城県のつくば市にある研究所で飼いはじめた（第 5 章 5.3. 参照）。以来、このバッタのふ化幼虫の体色多型に興味を引き付けられた。トノサマバッタでは集団飼育した群生相のふ化幼虫が単独飼育した孤独相ふ化幼虫より、いくらか黒化するという現象は知られていたが、日本のいくつかの系統で調べたところ、顕著な違いはみられなかった。以下に述べるように、1998 年にイギリスの研究者がサバクトビバッタのふ化幼虫を制御する興味深い研究論文を発表した[1]。群生相の卵を産卵直後に水で洗うと、その卵からは群生相特有の真っ黒な幼虫ではなく、孤独相特有の緑色の幼虫がふ化してきたというのだ。私は、このような手法でアプローチする研究が好きだったので、彼らの論文をたいへん興味深く読んだのを覚えている。しばらくして、私たちは、中齢〜終齢幼虫に黒化を誘導するホルモン（コラゾニン；第 5 章参照）を同定し、孤独相の卵にこのホルモンを注射して黒化が誘導できないかどうかを調べる実験をはじめた。その実験では、卵へのホルモン注射がうまくいかなかった

Chapter 7　Maternal effects on progeny characteristics in the desert locust. *Written by* Seiji Tanaka

182

ので結論をだすことはできなかったのだが、その時に、対照区として群生相の卵も洗って、シャーレにならべてふ化させていた。そんな経験から、群生相の卵を水で洗ったり、卵をばらばらにするだけで、そこから緑色の幼虫がふ化してくるのだろうか、と疑問を感じた。そして数年後、ふ化幼虫の体色を決定する仕組みについて研究をはじめた。

その研究にはつづきがあった。ふ化幼虫の体色や卵の大きさがメス親の経験する混み合いによって影響を受けることは古くから知られていた。しかし、成虫が混み合いをどのように感受し、いったいどれくらい長くさらされていたら子の特性を変化させるのかなどの正確な情報がえられていなかった。イギリスの研究者らがその問題に取り組んでいたが[2,3]、扱った個体数が少なかったことから、彼

図1　サバクトビバッタのふ化幼虫の体色変異は連続的である。1〜5の数字は黒化のグレードを示す。

らの結論は説得力のあるものではなかった。そこで、この問題に関心をもった学生や研究者と一緒に研究をはじめたのだが、じつに思いもかけない展開となった。

本章では、まず卵サイズやふ化幼虫の体色を決定する泡栓要因に関する研究について述べ（7.1.〜7.4.）、次いで、子の形質におよぼす親の混み合いの影響と群生相化フェロモンのかかわりについて紹介する（7.5.〜7.14.）。

7.1.　ふ化幼虫の体色を決定する内的要因

孤独相と群生相の特徴をもった卵とふ化幼虫は、バッタを単独あるいは集団飼育することによってえることができる。単独飼育では、もちろん交尾のときにはペアにして、あとは再び単独飼育にもどす。1960年に、そのような条件で何世代か飼育したサバクトビバッタのメス成虫の卵巣小管（卵をつくる管）の数が、孤独相より群生相の方が少なく、一度に産む卵数は多いが、ふ化幼虫の体重が軽いことが報告されている[4]。1950年代に、それらの子の形質は親世代

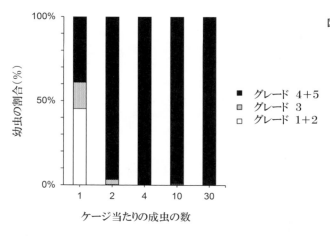

図2　サバクトビバッタの集団飼育成虫を羽化後、ケージ当たり 2 ～ 30 頭（性比は 1：1）の集団で飼育すると、採れた卵からふ化してきた幼虫はほとんど黒色（グレード 4 か 5）だった。8 ～ 12 時間の交尾期以外は単独で飼育したメスの産んだ卵からは、緑色を含むさまざまな体色の幼虫がふ化した。体色のグレードは図1を参照。文献 6) から出版社の許可をえて改変・転載。

の成虫期の混み合い条件によって著しく影響されることが実験的に証明されている 5)。この現象は私たちのサバクトビバッタのニジェール系統でも確認することができた（図2）6)。集団飼育したバッタを羽化後 2～30 頭の集団（雌雄の比は 1:1）で飼育し、採れた卵からふ化した幼虫の体色を調べたところ、ほとんどの個体が群生相特有の黒い幼虫だった。第 1 章の図15 で説明したように、群生相のオスはメスの背中にマウントして交尾するが、その後も産卵が終わるまでマウントしてメスを他のオスからガードする。この時、オスが出す PAN と呼ばれるフェロモンが他のオスからメスを守る働きがあるので、ケージの中にいくらオスの数を増やしても、メスへの影響はそれほど変わらないと考えられる（第 1 章 1.10. 参照）。影響が出るとすれば、数が増えることで餌不足が生じ、産卵間隔が延長したり、卵形成に生理的な悪影響をもたらすだけであろう。私たちの実験では、これがおこらないように餌を頻繁に与えた。一方、交尾時以外は単独ですごしたメスが産んだ卵からは、黒色のふ化幼虫の割合は約 40% で、孤独相特有の緑色の幼虫が約 45% あらわれた 6)。

7.2.　二つの仮説

サバクトビバッタのふ化幼虫の体色を決める仕組みとして少なくとも 2 つの仮説がある。1 つは、1999 年にイギリスの研究者らによる一連の研究から導き出されてもので、ふ化幼虫の黒い体色が産卵時に群生相のメス親の放出するフェロモン要因によって誘導されるというフェロモン説である 7,8)。メス成虫は付属腺と卵管から粘液状の物質を産卵時に放出し、卵を保護する機能をもっている

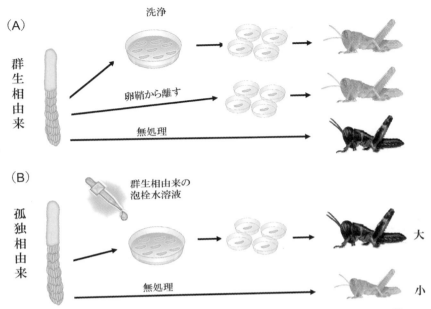

図3　サバクトビバッタのふ化幼虫の体色を決定する仕組みに関するフェロモン説。
群生相由来の卵を採卵後1時間以内に水で洗浄すると、緑色のふ化幼虫がふ化する。
洗浄せず、泡栓から隔離し、卵を1つずつおくだけでも、同様の効果がみられる
（A）。群生相由来の泡栓の水溶液を孤独相由来の卵に処理すると、その卵からは黒
い幼虫がふ化する（B）。（イラストは横山拓彦さんの好意による）

と考えられている。地下10〜2cmくらいの位置に卵を放出すると、その上に付
属腺と卵管由来の泡状の物質で栓をする（トノサマバッタの例を参照；第9章
図2）。この研究を行った研究者らは、フェロモンは卵の上につくられる泡栓に
含まれていると考えた。その仮説の根拠になったのは、先にふれた1998年に発
表された観察結果である[1]。それは、群生相メス成虫が産んだ卵を、産下後1
時間以内に水で洗うと、黒色ではなく孤独相特有の緑色のふ化幼虫が産まれて
きたという結果であった（図3A）。泡栓に含まれるフェロモン要因が水によっ
て洗い落とされたと考えた。また、洗浄しなくても、卵鞘から離すだけでも効
果があった。それは、泡栓に含まれるフェロモンが卵に届く前に卵を隔離した
効果だと考えた。一方、孤独相はそのようなフェロモン要因をもっていないが、
群生相由来の泡栓の水溶液で処理すると、孤独相の卵から黒いふ化幼虫が生ま
れた（図3B）。このフェロモン要因は、分子量が3000以下の水溶性物質であり、
ふ化幼虫の体色ばかりでなく、群生相的行動を誘導する効果があると報告され

ている[7,8]。その後、このフェロモン要因は、2008年に高速液体クロマトグラフ（HPLC）分析により部分解明が試みられ、アルキル化L-ドーパ様物質であると同定された[9]。この物質はピークXと称され、上述のような方法で卵を処理することによって、ふ化幼虫に群生相的行動を誘導するという結果が報告された。

　バッタの行動は集合性と活動性に関連した要素が含まれている。その行動については、第3章（3.6.）でくわしく議論されているが、最近、孤独相と群生相のふ化幼虫の集合性には差がないことが示されている[10]。また原野健一さんらの研究によれば、活動性の違いは体サイズの違いで説明できることが示されている。すなわち、群生相は孤独相幼虫より平均体重が大きいので活動性が高くなるが、同じくらいの体重の幼虫で比較すると、親世代の混み合いの影響はみられなかったのである[11]。もし2つの相のふ化幼虫の行動に差がないのなら、このピークXの効果とはいったい何なのだろうか。残念なことに、体色への影響については調べられていない。しかし、これは何とも不可解な話である。なぜなら、処理したふ化幼虫の行動を観察したのなら、当然、それらの幼虫の体色にも気づいていたと思われるからだ。彼らはそれまで体色について熱心に研究してきたことを考えると、なおさらである。このフェロモン様物質のさらな

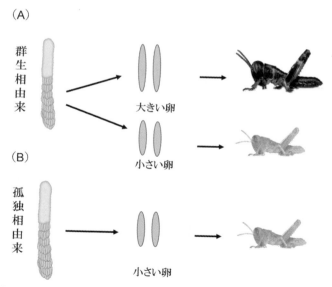

図4　サバクトビバッタのふ化幼虫の体色を決定する仕組みに関する卵サイズ依存説。大きな卵からは黒い幼虫がふ化し、小さい卵からは緑色の幼虫がふ化する。

る化学的同定と体色への影響に関する研究は、その後、現在まであたらない。

　もう一つの仮説は、私たちの研究によるもので、サバクトビバッタのふ化幼虫の体色は産卵後に泡栓物質によって決定されるのではなく、メス親の卵巣内ですでに決定されているという考えである[12]。このバッタのふ化幼虫の体色は連続的な変異がみられるのだが、黒い幼虫ほど体が大きい傾向があるので（図1）、それが決まるのは卵巣内であり、ふ化後の条件によって影響は受けないだろうと考えた（図4）。ここではこの仮説を、卵サイズ依存説と呼ぶことにする。その根拠となったのは、冒頭で述べた私自身の経験であった。そして、私たちも産卵1時間以内の卵を水で洗ってみたが、いくら実験をくり返しても、その効果がみられなかった（図5）。また、卵を卵鞘から離して1卵ずつ別々のシャーレに隔離しても、無処理の対照区のふ化幼虫と同様、ふ化幼虫は真っ黒のままであった。卵を処理する時期が遅れた可能性を排除するために、もう一つ追加実験を行った。上述したようにメス成虫はすべての卵を放出した後に泡栓で卵鞘を閉じるのだが、この泡栓をメスが出す前に産卵行動を中止させ、即座に砂から取り出した卵を使って、隔離処理をしてみた。しかし、結果は同じで、泡栓物質がふ化幼虫の黒化を誘導するという証拠はえられなかった[12]。

　実験をしているとすぐに気づくのは、古くから知られている群生相と孤独相ふ化幼虫の体サイズの違いである。そこで、図5の実験でえられたふ化幼虫の体色を黒斑紋の度合いにおうじて5段階に分けて、段階別に体重を調べてみた。

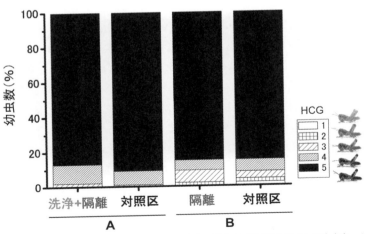

図5　群生相由来の卵を水で洗浄しても（A）、洗浄せずに隔離だけしても（B）、ふ化幼虫の体色への影響はなかった。文献[12]から出版社の許可をえて改変・転載。

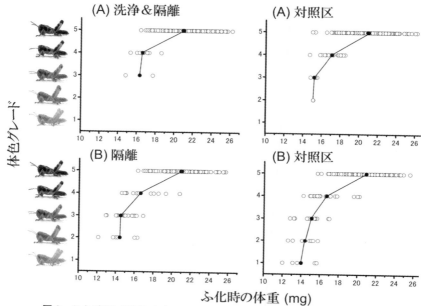

図6　さまざまに処理した卵からふ化した黒い幼虫の体重は重く、緑色の幼虫は軽い傾向があった。文献 [12] から出版社の許可をえて改変・転載。

　すると、体色が黒ければ黒いほど、体重が重いことが確認された（図6）。ふ化幼虫の大きさは、卵の大きさを反映しているはずなので、ふ化幼虫の体色は卵サイズと相関している。つまり、母親の卵巣内で卵サイズが決定され、卵サイズにおうじてふ化幼虫の体色があらわれていたと考えたのである [12]。

　私たちが卵の洗浄効果が再現できないことを報告すると、イギリスの研究者らはすぐに反論し、洗浄効果は系統によって異なる可能性があると指摘した [8]。その論文を読んだ私は、当時イギリスからオーストラリアに帰国してシドニー大学に着任したシンプソン教授に、彼らの使った系統を分譲してほしいと要請したのだが、すでに他の系統と混ぜてしまったということで、入手することができなかった [13]。そこで私たちは、すでに使用したエチオピア系統に加え、ニジェール系統とアルビノ系統（デンマークの大学で長期間飼育されていた系統；第5章5.12.を参照）を使って水による洗浄と卵の隔離の効果を調べてみた。集団飼育下でもアルビノ系統が産んだ卵からふ化する幼虫はすべて緑色になるので、エチオピア系統の野生型オスと交配させた。交配したメス成虫が産んだ卵からは、黒いふ化幼虫があらわれる。これは、アルビノ形質が単一の劣性遺伝

子によってあらわれることから、野生型オスと交配させると、F_1 の表現型は正常な黒い体色のふ化幼虫が生まれるのである。しかし、結論は変わらなかった。つまり、私たちの試した 3 つの系統すべてにおいて、群生相の卵の洗浄あるいは隔離が緑色のふ化幼虫をもたらすことはなかったのである[14]。

　イギリスの研究者らの仮説は、2007 年にも修正された。今度は、卵巣の中で付属腺物質に暴露していた可能性があると主張したのだ[8]。私たちの仮説に照らし合わせるならば、卵管に移動した卵の大きさはすでに決まっているので[14]、卵管内でふ化幼虫の体色が変化するような仕組みはきわめて考えにくい。

　さらに、2009 年には、洗浄効果があるのは第 1 卵鞘（はじめに産卵される卵鞘）の卵だけで、後の卵鞘の卵では効果が望めないのだと説明しはじめた[15]。その理由は、第 1 卵鞘の卵は付属腺物質に暴露される量が少ないので、洗浄によっ

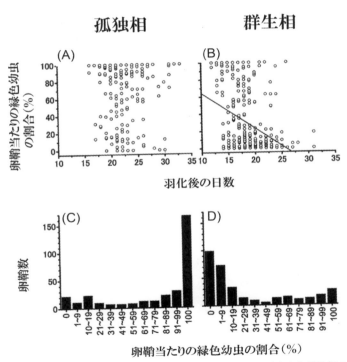

図 7　サバクトビバッタの卵鞘当たりの緑色のふ化幼虫は群生相より孤独相のほうが多いが、どちらの相でも、その割合は 0〜100％まで変異がみられる。その割合は、群生相では羽化後の日数の経過とともに減少するが、孤独相では一貫した傾向はみられない。文献[13] から出版社の許可をえて改変・転載。

て活性物質が卵から落ちやすいという説明だが、その量を測定したデータも存在せず、たんに辻褄を合わせただけのようにしか思えなかった。

　2 つの研究グループの結果の違いの原因について、後の総説 [13] で、私たちは以下のような問題を指摘した。サバクトビバッタの第 1 卵鞘は孤独相も群生相も緑色あるいは黒色のふ化幼虫の割合は 0〜100% まで変異する（図 7）。したがって、第 1 卵鞘やその後の卵鞘との混合で、しかも少数の卵鞘（3〜10 卵鞘）でしか実験を行っていないイギリスの研究者らの結果は、卵鞘内の緑色あるいは黒色のふ化幼虫の割合の変異に大きく左右される可能性が高いので、解釈には注意が必要である。別の論文では、使った卵鞘数は記されていないが、おそらく非常に小さい。なぜなら処理区当たり 16 頭のふ化幼虫しかえられていなかったからである [2]。フェロモン説を導いたイギリスの研究者らによる実験結果は、このような人為的な原因によって説明がつくと、私たちは結論した。

7.3.　卵を小さくする

　私たちの仮説をさらに支持する 2 つの実験結果を紹介したい。群生相の成虫に幼若ホルモン（JH）を処理すると、孤独相化がみられ、小型の卵や緑色のふ化幼虫が生まれるという現象がしばしば報告されてきた [16]。そこで、サバクトビバッタの群生相メス成虫に JH を分泌するアラタ体を移植してみた。移植は成虫期初期に行った。バッタへの器官移植手術は、第 5 章（5.2.）でくわしく述べたが、簡単である。すると、移植したメスは対照区のメスよりも早く産卵を開始した。JH 類似体（JH に似た効果をもつ合成化合物）を高濃度で処理したメスでは、さらに産卵が早くなり、しかも産卵間隔が短くなったのである。そして、JH 処理後に産卵された卵からは緑色の幼虫がふ化してきた。これは、先人による研究と同じ結論であるが、私たちが注目したのは、卵サイズである。JH 処理後に産まれた卵は、対照区の群生相の卵とくらべるとかなり小型化しており、羽化後単独飼育した孤独相メスが産んだものと似ていた。つまり、JH 処理によって早期に産卵し、短期間で次々に卵鞘を産んだ結果、集団飼育条件であっても卵サイズが小さくなり、黒色ではなく緑色の孤独相的な幼虫が生まれたのである。群生相の第 1 卵鞘は後の卵鞘と比較すると、小型の卵を含んでいる傾向があり、かなり高い割合で緑色のふ化幼虫をもたらす卵鞘があるのは、若いメスのホルモンバランスによって引きおこされるのだろう。興味深いことに、同様の JH 処理を羽化 25 日後の群生相メス成虫にも施したのだが、かなりの高

濃度の JH で処理しても、似たような効果はみられなかった [17)]。これは、すでに産卵をはじめたメス成虫の卵巣では卵サイズを変更しにくい状態になっていることを示している。この問題は、本章の後半で再び触れたいと思う。

　もう一つの実験では、どちらかというと力ずくで卵を小さくしたら、黒色ではなく緑色の幼虫がふ化してくるのではないか、という可能性を検討したものである。それは 1959 年にアルブレヒト（Albrecht, F. O.）らによって報告されたトノサマバッタでの実験結果がヒントになっていた [18)]。彼らは、関連データは示していないが、群生相の卵を糸で縛って小さくすると、孤独相の特徴をもった薄い体

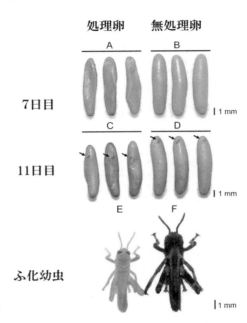

図8　サバクトビバッタの群生相由来の卵から卵黄を除くと（A・C）、小さくて緑色の幼虫がふ化してくる（E）。無処理卵からは大きくて黒い幼虫がふ化する（B・C・F）。文献 [19)] から出版社の許可をえて改変・転載。

色の幼虫がふ化したと記述していた。そこで、サバクトビバッタの群生相の大きい卵に針で穴をあけ、卵黄を絞り出して卵を小さくし、ふ化した幼虫の体色を観察した。卵黄を少し絞り出された卵は、はじめはしぼんでみえたが、しばらくすると眼点がみえはじめ、ふ化した。それらの幼虫は、まるで孤独相のふ化幼虫のように小さく、そして緑色をしていた（図8）[19)]。絞り出す卵黄の量をコントロールするのは難しい。だからこの実験では、とにかくたくさんの群生相の卵を使った。すると、さまざまな体色のふ化幼虫がふ化してきた。それらの幼虫を体色のグレードにおうじて分類し、体重を比較してみたのが図9である。私たちの仮説を裏付けるように、卵黄を絞り出して卵を小さくすればするほど、ふ化してきた幼虫は小さく、黒色の部分が少なくなり緑色に近づく傾向がはっきりみてとれる。

　私たちは卵を別の方法でも小さくしてみた。サバクトビバッタの卵は胚発育の過程で吸水するのだが、飽和湿度条件下でも空気中から水を摂取することは

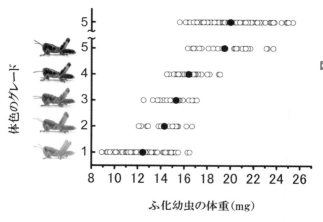

図9 サバクトビバッタのふ化幼虫を体色のグレード別にわけて体重を測ると、黒化の程度におうじて変化することがわかる。一番上の結果は群生相ふ化幼虫。○は 1 個体、●は平均値。文献 19) から出版社の許可をえて改変・転載。

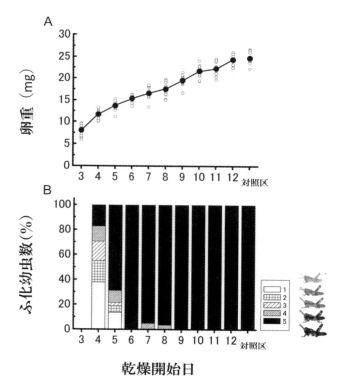

乾燥開始日

図 10 サバクトビバッタの群生相由来の卵を湿ったろ紙上から飽和湿度条件に移すと、その時期におうじて産卵後 12 日目に測定した卵の重さが変化する（A）。4、5 日目に移すと、卵は小さいままとなり、緑色の幼虫がふ化してくる（B）。黒化グレードは図 1 を参照。文献 19) から出版社の許可をえて改変・転載。

できず、少しずつ脱水してしまう（第9章9.8.参照）[20]。そこで、サバクトビバッタの卵を飽和湿度条件下において卵を小さくし、ふ化幼虫の体色への影響を調べてみた。はじめは乾燥の効果が検出できなかった。しかし、アルブレヒトらの結果や卵黄を一部除去した実験結果をみるかぎり、乾燥して小さくしても緑色の幼虫がえられるだろうと確信していたので、私は諦めずに試行錯誤をくり返した。すると飽和湿度条件に移すタイミングが重要であることがわかった。産卵後4、5日に移すと胚は死なず、卵は小型化し、その卵からは緑色の幼虫があらわれた（図10）。それらのふ化幼虫の腸内には大量の卵黄が残っていた。これは、卵黄を絞り出したときと同様、胚発育に卵黄を十分に利用できなかったことが、群生相特有の黒色の体色を発現できなかった原因だったのだろう。

　JH処理、卵黄の除去そして乾燥処理によって群生相の卵から緑色の幼虫がふ化する生理的仕組みについては不明な点が多いが、今後の興味深い研究課題になるに違いない。しかし、これまでの実験結果はすべて、群生相のメスが産んだ卵鞘の中からはしばしば緑色の幼虫がふ化してくるという現象が、卵サイズの変異によって説明できることを示しており、私たちの仮説を支持していると思われる。

7.4.　卵サイズを決定する生理的仕組みのモデル

　これらの結果を模式的に図11に示した[13]。サバクトビバッタのメス成虫は混み合いの度合いを感受し、その刺激が脳へ送られ、脳はその情報を処理して卵サイズを制御する指令または要因をだす。その要因はまだ特定されていないが、卵巣に働いて、卵サイズが決定される。孤独相メスは比較的小さな卵を産み、それらからは緑色の幼虫がふ化する。一方、群生相メスは大きな卵を産み、その卵からは大型の真っ

図11　サバクトビバッタのふ化幼虫の体色が決まる仕組みに関する仮説。文献[13]から出版社の許可をえて改変・転載。

黒なふ化幼虫が生まれてくる。これは全か無かの反応ではなく、卵サイズもふ化幼虫の体色も連続的な変異であり、同一卵鞘内でも、卵サイズには変異がみられ、そこからはさまざまに黒化したふ化幼虫が生まれてくることがある。成虫初期には卵サイズの変異が著しく、群生相でも比較的小さな卵が生産され、緑色の体色のふ化幼虫があらわれる。一方、日齢の進んだメス成虫では、卵サイズは変化しにくく、外部から投与した JH による影響もほとんどみられず、安定して大きな卵を生産するようになる。

7.5.　群生相化フェロモンの同定を目指して：　再現性の検証

　次に知りたかったのは、メス成虫が混み合いを感受する仕組みだった。すなわち、混み合い刺激とは何か。感受期は成虫期全体なのか、それとも短い感受期が存在するのか。体のどの部位で混み合いを感受するのか、などの謎を解明したいと思った。

　成虫期のどの時期の混み合いが子の形質の決定に重要なのかを調べた先行研究では、交尾と産卵中の混み合いが重要であるという報告もあるが、一貫した結果がえられていなかった[2,3]。その原因の一つは、調べた卵鞘数が少なかったことが考えられる。上述したように、第 1 卵鞘では同一卵鞘でも卵サイズの変異が大きく、混み合い条件下でも孤独相的な小さな卵と緑色のふ化幼虫がえられるので、間違った結論を導きだす危険性がある。私たちは、そのような問題

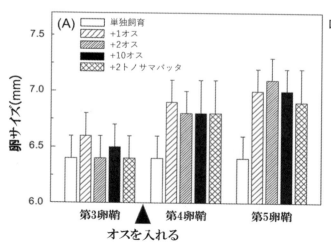

図 12　単独飼育したサバクトビバッタのメス成虫のケージに 1〜10 頭のオス成虫を入れると、オスの数に関係なく、その後に産まれた卵は大きくなった。第 5 卵鞘の卵は群生相に相当する大きさになった。同様の混み合い効果は、トノサマバッタのオス成虫 2 頭の導入によってもみられた。平均値と標準偏差を示した。文献[21]から出版社の許可をえて改変・転載。

に気をつけて研究を進めたところ、きわめて明瞭な一つの結果がえられた（図 12）。集団飼育したバッタを羽化後単独飼育し、交尾を済ませたメスを単独飼育下で 2 卵鞘産ませ、その直後に、1〜10 頭のオスをそれぞれのメスのケージに導入した。第 1 卵鞘の使用を避けたのである。第 2 卵鞘以降に産卵された卵サイズ（長さ）を測定した。するとオスの数が 1 頭でも 10 頭でもオスと一緒にすると、その約 4 日後に産んだ卵が一様に大きくなることがわかった。わずか 4 日の混み合いで、卵が群生相と孤独相の卵の中間くらいの大きさにまで変化したのである。その次の卵鞘の卵はさらに大きくなり、ほぼ群生相と同じサイズに達した。興味深いことに、一緒にしたオス成虫を別種のトノサマバッタ 2 頭にしても、同様の結果がえられた[21]。

　この明確な結果を機に、私たちは、サバクトビバッタの混み合いと卵サイズやふ化幼虫の体色との関係、そして、混み合い刺激の実体と感受部位に関する一連の実験を行い、次のような結論に達した。その概要を簡単に述べる。

1) 感受期の発見。卵子形成は 1 サイクル 6 日である（30〜32℃）。混み合いに対する感受期は、はじめの 4 日で最後の 2 日（産卵前 2 日間）は成熟卵となり、混み合いの影響を受けない[22]。

2) 感受部位の同定。触角で混み合い刺激を感受し、外科的切除やワックスで覆うことで、混み合いに対する反応がなくなる[23]。

3) アッセイ法の確立。孤独相（単独飼育）メスの触角をオスの体表で 2 日間（3 時間 / 日）刺激するだけで、約 70% の個体が反応して、次に産む卵が顕著に大きくなる。この結果を基礎に、関与する体表物質の同定のための生物検定法として「触角アッセイ法」を確立した[24]。

4) 触角アッセイ法を使った実験によって、卵を増大させる群生相化活性を示す体表物質が、性成熟した成虫にかぎられること、他種のバッタやコオロギやゴキブリにも存在することを発見した（図 13）[24]。

5) 光の重要性。混み合い刺激の感受には光が必要であり、暗闇での混み合いは効果がない。一方、群生相成虫を集団のまま暗闇に移すと、孤独相化して、小型の卵を産むようになる[24]。

6) 光の感受部位は頭部であるが、複眼や単眼ではなく、おそらく脳が直接光を感受している（図 14）[24]。

　これらの結果は、サバクトビバッタの卵とふ化幼虫の体色の制御が、親世代

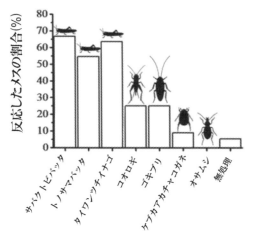

の非常に短い混み合いの体験によって決定づけられ、性成熟した成虫の体表に子の特性を群生相化する群生相化フェロモンとでも呼べる物質があることを証明していた。しかも、そのフェロモン活性を有する物質は、系統的に近い別種の昆虫にも広く存在する。バッタ研究の歴史の中でも、群生相化フェロモンの存在はしばしば想定されてはいたが、私たちの結果ほどその存在を明確に証明した研究はなかった。もし、そのフェロモンの同定に成功すれば、防除にも

図13 単独飼育したサバクトビバッタのメス成虫の触角をさまざまな昆虫の体で合計6時間（3時間/1日）触ると、近縁の昆虫では高い活性があり、メス成虫は大きな卵を産んだ。系統的に遠くなるにつれ、活性が減少した。文献[24]より転写。

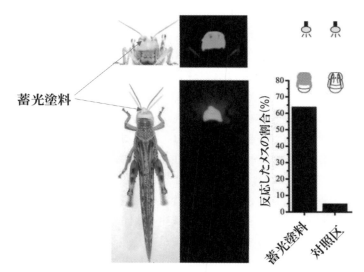

蓄光塗料

図14 単独飼育したサバクトビバッタのメス成虫に混み合い刺激をあたえても、暗闇では反応しない。しかし、頭部に蓄光塗料を塗って、1分間の光パルスを30分おきに1日3時間与えると、頭部は光を連続して受けるので、メスは混み合いに反応して大きな卵を産んだ。蓄光塗料なしの対照区のメスは、混み合いにさらされていたのだが反応しなかった。文献[24]より転写。

有効な手立てを提供することができるだろう。その同定に必要な触角アッセイ法は、きわめて安定したものであり、私は、はじめれば短期間にフェロモンの同定にたどり着けると期待していた。

　そこで、私たちは、このフェロモンを同定するためのプロジェクトを 2011 年に立ち上げることにした。フェロモンというと性フェロモンを思い浮かべる方が多いかもしれない。性フェロモンの場合、一般に揮発性が高く、空気中に漂うフェロモンをオスが嗅ぎ付け、メスの場所をみつける。今回、バッタで想定していたフェロモンは、触角で他個体の体に触ってはじめて刺激として伝わるもので、しばしば接触フェロモンと呼ばれる。今までの実験結果から、混み合い刺激として働くフェロモン活性は、幼虫や若い成虫の体表にはないが、性成熟した両性のバッタに存在するものである [24]。しかも、系統的に近い別種の昆虫にもあるとすれば、進化的背景を探るという意味でも、たいへん魅力ある物質ということになる。フェロモン同定の専門家である有機化学者 2 名と、新規の若い特別研究員、これまでの研究で実験の多くを担当してきた特別研究員の協力者と私の 5 名の布陣だった。ところが、研究をはじめてしばらくすると、思いがけない展開となり、プロジェクトは困難をきわめることになった。上述した結果が、まったく再現できなかったのだ。以下に、その経緯を紹介する。

7.6.　触角アッセイの再現

　フェロモン同定で最も重要なのが、目的の物質を同定するための生物検定法の確立である。私たちの場合、それは触角アッセイ法であり、確立していた。これまでの実験では、孤独相のメスに触角を触る処理をした後に採れた各卵鞘から 10 卵取り出し、その平均卵長が処理前と比較して 0.3mm 以上大きくなると、そのメスはポジティブに反応した、と判断していた [22]。私たちの使っていたサバクトビバッタ系統では、孤独相の卵は約 6.0mm、群生相の卵は約 7.0mm が平均値だった。したがって、0.3mm 大きくなっても群生相卵とは呼べないが、緑色の幼虫の出現率が顕著に低くなることから、群生相化がおこったことを示す基準として使っていたのである。上述したように、孤独相メスの触角を 2 日間（1 日 3 時間）別の成虫の体表でこすれば、約 70% のメスがポジティブに反応することがわかっていた。

　新しくバッタ研究室に加わったのは西出雄大さんだった。彼は東京農工大学でアリの研究をしていた若い研究者で、バッタの研究ははじめてだった。そこ

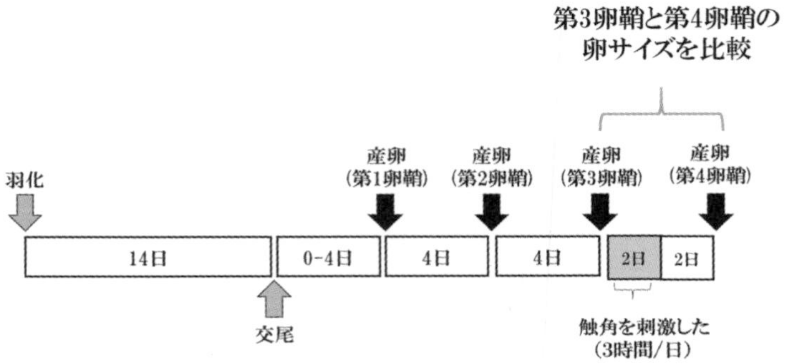

第3卵鞘と第4卵鞘の
卵サイズを比較

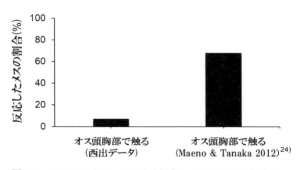

図 15　触角アッセイ法の手順。(西出雄大原図)

で、まず触角アッセイの練習を兼ねて、性成熟したオスの頭胸部で孤独相メス
の触角を刺激する実験を行い、アッセイ系の確認をしてもらうことにした。アッ
セイ法のスケジュールを図 15 に示した。集団飼育したメス成虫を羽化後単独飼
育し、約 2 週間後にオスと短時間ペアにして交尾を済ませ、オスを除いた。メ
スは単独飼育条件下で産卵させて、第 3 卵鞘を産んだ日から触角を刺激する処
理を行った。すなわち、メスの触角を 1 日 3 時間、2 日間にわたって刺激し、
その 2 日後に産みつけられた卵の大きさを測定し、第 3 卵鞘の卵と比較したの
である。ちなみに、採れた卵鞘は通し番号やアルファベットで区別したが、測
定時に本人がどの卵鞘を測定しているのかがわからないように、西出さんは工
夫していた。これはブ
ラインドテストと呼ば
れ、科学実験ではよく
採用される手順であ
る。それはたいへん優
れた考えであるが、私
自身ではそのような手
順を踏んだことはな
かった。データを恣意
的に操作すれば、再現
性のある結果にならな
いし、みえるものもみ
えなくなり、結局、困

図 16　サバクトビバッタの単独飼育したメス成虫の触角をオ
ス成虫の頭胸部で 2 日 (3 時間 / 日) 触れる触角アッセイ
の結果。Maeno & Tanaka (2012) (右) では、約 70%のメス
が反応して、次に産んだ卵サイズに顕著な変化がみられた
が、西出さんの結果はほとんど反応がみられなかった (左)。
値は文献 6,24) から引用。(西出雄大原図)

るのは自分だと考えていたからだ。西出さんは虫好きな若者で、飼育室のバッタの世話をじつに丁寧に行い、神経質なくらいケージを清潔に保つよう心がけていたようだった。週末も手を抜かずにバッタの世話をしていた。そんな西出さんから実験結果の報告を受けて、私は驚いた。なぜかほとんどポジティブな反応がみられなかったのだ（図 16）。

　同じ系統で、同じ飼育室、同じ飼育条件で行った実験だったのだが、信じがたい結果であった。西出さんは、この時の状況を次のように語っていた。「実験を担当している人間は違うものの、アッセイ法を熟知し、それまでの研究の当事者の一人であった田中さんの指導通りに行ったのだが、結果を再現できなかった」。しかし、彼は、自分なりに問題の解決法を模索していた。「論文になっていないような些細なことが結果に影響する可能性はある。例えば、オス頭胸部でメス触角を触ると一言でいっても、触り方に個人差があるかもしれなかった。」と、前向きに考えていた。

　私たちは相談し、もっと幅広く検証することにした。1 日に 3 時間（左右の触角を 10 回触るのを 10 分に 1 回）の処理を 2 日連続で行う触角アッセイの再確認に加え、1 日目はオス集団と混み合いにさらし 2 日目に 3 時間メスの触角をオスの体で刺激する実験や、1 日に 6 時間混み合い刺激をあたえ、それを 2 日あるいはそれより長くつづけた実験も行い、徹底的に触角アッセイ法の再現と改良作業に専念した。その中で独自のアッセイ法確立のための検討も行い、打開策を模索していこうと考えたのである。

7.7.　オスとメスの遭遇

　実験を行いながら、西出さんが疑問に感じたことがあった。それは、雌雄のバッタをペアにした場合、そもそも、どのくらいの頻度でオスはメスに触れるのかという疑問だった。触角アッセイ法では、10 分に 1 回、2 時間にわたってオスの体でメスの触角をこすっていたが、その頻度と時間で十分なのだろうか？ある日、彼は、メスとオスを同じケージに入れて、オスがメスに触れる頻度を観察してみた。すると、10 分に 1 回どころか、せいぜい 30 分に一度程度の遭遇頻度であった。しかも、必ずしもオスがメスの触角に触れるとはかぎらなかった。交尾しようとオスがメスに近づいたりするときや、餌を食べながらなど偶然触れることはあっても、バッタはただぼーっとしているかのような時間を過ごすことが多かった。そこで、10 分ではなく 30 分に 1 回の頻度で処理を行い、

(A)　　　ペットボトルでの実験風景

(B)

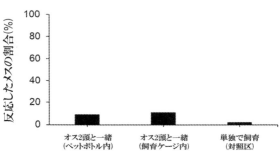

図17　サバクトビバッタの単独飼育したメス成虫とオス2頭をペットボトルあるいはケージ内に入れて、その後産まれた卵鞘の卵サイズへの混み合いの影響を調べた。対照区とくらべ有意な差はみられなかった。文献[6]から出版社の許可をえて改変・転載。

これを長い時間行った方がメス成虫は反応するのではないだろうかと考え、メス成虫の触角を30分に1回処理するのを6時間行う実験も追加した。以前の研究では[23]、単独飼育メスを1頭入れたペットボトルにオス4頭を導入すると、群生相化がおこり、メスは大きな卵を産みはじめるという結果がえられていた。そこで、ペットボトル内でメスに4頭のオスを導入し、混み合い処理を3時間行うといった実験も徹底的に行うことにした。

しかし、結果はがっかりさせられるものばかりであった。上述したどの処理でも0.3mm以上大きくなった卵を産むメスの割合は、無処理区と同様に低いままだったのである。不思議なことに、メスをペットボトル内や飼育ケージに入れて、複数のオスを導入するという実験でも、メスがポジティブな反応をみせることはなかった（図17）。これらは私たちをたいへん落胆させる結果ではあったが、同時に、私たちの実験操作が必ずしも間違っていたわけではないのではないか、と考える契機になった。つまり、ペットボトルやケージ内で複数のオスを入れても、メスが混み合いに反応しなかったということは、そもそもオスの体表でメスの触角を触るという作業自体の意義に疑問がわいてくる。西出さんは、「それらの実験では、実験者の技術や動作が結果に影響することはまずないはずだ。」と、問題が実験者の技術的な問題ではないことを、私に訴えた。たしかに、作業としては、2Lペットボトルにオス4頭と実験メス1頭を入れ、3または6時間後に取り出すだけなのだから、誰がやっても結果に違いが出るはずがない。

7.8.　感受期の確認

　7.5. で述べたように、私たちは、2010 年にサバクトビバッタの孤独相メス成虫は混み合いに対して 4 日間の感受期があるというモデルを発表していた[22]。それによると、サバクトビバッタの卵の発育サイクルは 6 日であるが、混み合いの感受期ははじめの 4 日である（図 18）。最後の 2 日間、つまり産卵 2 日前に

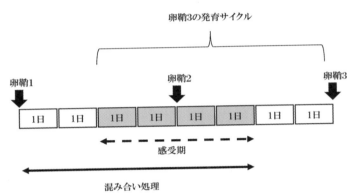

　図 18　サバクトビバッタのメス成虫の混み合いに対する感受期（破線）。卵子発育サイクルは 6 日で、はじめの 4 日が混み合いへの感受期。最後の 2 日（産卵前 2 日間）はすでに成熟卵に達していて、混み合いの影響は受けない。卵鞘 1 が産まれた直後から 6 日間混み合い処理をすると、全感受期が刺激され、孤独相メスが産む卵鞘 3 の卵サイズが増加し群生相相当になる。文献[22]に基づく。

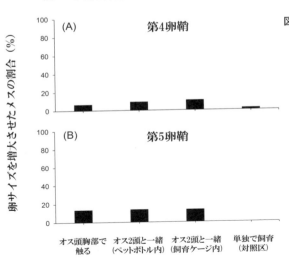

　図 19　サバクトビバッタの単独飼育メス成虫が第 3 卵鞘を産んだ後に 8 日間、さまざまな方法で刺激をあたえ、その間に産まれた第 4（A）と 5 卵鞘（B）の卵長を測定し、0.3 mm 以上増大させた卵を産んだメス成虫の割合を比較したが、対照区と顕著な差がなかった。左から、オス成虫の頭胸部で 1 日 3 時間刺激した、ペットボトル内でオス 2 頭と一緒に飼育した、ケージ内でオス 2 頭と一緒に飼育した、ケージ内で単独飼育した無処理の対照区のメス。文献[6]から出版社の許可をえて改変・転載。

はすでに卵巣内の卵は産下されるサイズに達している。そこで、4 日間の全感受期を含む 6 日間連続の混み合い刺激をあたえる実験を行い、卵サイズを測ってみることにした。この実験では、全期間を刺激することになるので、孤独相のメスは一気に群生相の卵に相当するサイズの卵を産むはずである。じっさいに、図 12 にあるように、以前の論文では、そのような結果が出ていた[21,22]。

　西出さんの実験では、孤独相メスが第 3 卵鞘を産んだ日から、そのメスを飼育しているケージやペットボトルに 2 頭のオスを導入し、第 5 卵鞘が産まれるまでの約 8 日間一緒に飼育した。しかし、感受期後半の 2 日間だけ混み合いを経験した後に産卵された第 4 卵鞘でも（図 19A）、4 日の感受期を含む 6 日間の卵子発育サイクル全期間にわたって混み合い処理を行い、その後に産卵された第 5 卵鞘でも（図 19B）、0.3mm 以上大きくなった卵を産んだメス個体の割合が、無処理の対照区より明確に高くなることはなかった。同じスケジュールで、オスを入れる代わりに、1 日 3 時間メスの触角をオスの頭胸部で刺激する実験も行ったが（図 19）、結果は同じであった[6]。

　これらの結果から、私たちは、以前の結論の中で、感受期、感受部位、接触フェロモンの役割に関する結論について、すべて考え直す必要があると考えるようになった。

7.9.　群生相化における光の重要性

　フェロモン同定のためのアッセイ法の確立に手こずっていたことから、気分転換を兼ねて、私たちはもう一つの重要なテーマである、光の役割に関する研究課題に取り組んだ。上述したように、メスが混み合い刺激を感受して大きな卵を産むのには光が必要であることを論文発表していた。実験結果はきわめて明快で、その受容は複眼や単眼ではなく、おそらく脳であろうと考えた[24]。その時の触角アッセイは完ぺきに機能し、その結論を導いた結果は一貫していた。また、暗闇では混み合っていても混み合い刺激は感受できず、群生相メスは孤独相的な小さな卵を産んだ。これらが事実ならば、光を感受するオプシンのような分子と混み合い刺激に関わる接触フェロモンとの関係などに迫ることができるだろう。まずは、確認実験からはじめた。

　最初に行ったのは、群生相成虫を暗闇条件に移して孤独相化がおこるという現象である。群生相成虫のメス 1 頭とオス 2 頭を羽化後に同じケージに入れて明暗条件下（16 時間明期 8 時間暗期）で飼い、3 個目の卵鞘を産んだ後に、全

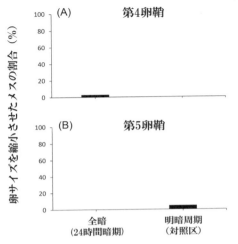

図20　暗闇で孤独相化がおこるかを検証。明暗条件（16L8D）下で集団飼育したサバクトビバッタの群生相成虫をオス2頭と一緒にして全暗条件に移し、第4（A）と5卵鞘（B）を採卵した。どちらも、孤独相化して小さな卵を産みはじめたメスの割合は低く、明暗サイクル下で飼育しつづけた対照区と同じくらいだった。文献 6) から出版社の許可をえて改変・転載。

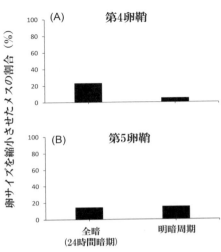

図21　暗闇で群生相化が抑制されるかを検証。明暗条件（16L8D）下で単独飼育したサバクトビバッタのメス成虫をオス2頭と一緒にして全暗条件に移し、第4（A）と5卵鞘（B）を採卵した。どちらも、暗闇下で群生相化が抑制されたという証拠はえられなかった。文献 6) から出版社の許可をえて改変・転載。

暗条件（一日中暗闇）に移して、その後産まれた卵サイズを測定した。しかし、予想に反して卵サイズはまったく小さくならず、同時に対照区として 16L8D（16時間明期 8 時間暗期）下で飼育した対照区と差はなかった（図 20A）。第 4 卵鞘だけでなく、第 5 卵鞘も調べてみたが、卵が小さくなる傾向すら確認できなかった（図 20B）。全暗条件下で混み合いを経験したメスが孤独相化するという現象は、再現できなかったのだ。

　逆の実験も試みた。この実験では、暗闇で群生相化が抑制されるのかを確かめるのが目的だった。メスが成虫になってから交尾時以外は単独飼育し、第 3 卵鞘を産んだ日に全暗条件でオス 2 頭と一緒に飼育した。論文に以前発表した結果 24) では、明暗条件下では約 80% のメスが 0.3mm 以上の大きな卵を産んだが、全暗条件に移した区では約 10% 程度で、暗闇では混み合いの効果がみられず、群生相化が抑制された。しかし、今回の西出さんの実験結果は、そのような違いはみられず、光の影響は確認できなかった（図 21A）。第 5 卵鞘でも、光の有無にかかわらず、第 3 卵鞘とくらべ平均卵サイズは変化せず、暗闇で群生相化

が抑制されたという証拠はえられなかった（図21B）。この結果は、それまでの西出さんの実験結果と一貫していた。そもそも、孤独相（単独）メスに短期間の混み合いを経験させても卵サイズには影響しなかったのだから、光の有無によってメスの産む卵サイズが変化することは、最初から期待できなかったのかもしれない。暗闇で気づいた影響が一つあった。全暗に移すと、バッタの寿命が短くなり、十分な個体数を確保するために多くのバッタが必要になったことである。

　これらの実験を通して、西出さんが気づいたことがあった。これまでの実験では、触角アッセイ法にしたがい、1日に3時間や6時間の混み合い処理を行い、それを6日間つづけた実験も行った。今回の実験では処理後2卵鞘産むまでの約8日間ずっとオス2頭と一緒に飼育していた。それでも産む卵の大きさに目立った変化が認められないということは、そのような変化が生じるにはもっと長期間、またはもっと多くのオスと一緒に飼育するのが必要になるのかもしれない、と考えたのである。ただ、ケージに多くのバッタを入れても、混み合いの効果は変わらないかもしれない。これは、図2で示した私の実験結果やハンタージョーンズが1958年に示した「オスは1匹でもたくさんでも、メスに対する混み合い効果は変わらない」という結論からも言えることである。数を増やせば、相変異を引きおこす混み合い効果ではなく、生理的悪影響をもたらす過密による効果が出る可能性が考えられる。後者を避けるには、過密をさけることが重要である（7.14.を参照）。

7.10.　混み合い効果の実体

　上述したように、以前に論文発表した結論は、ことごとく西出さんの実験によってくつがえされていった。とは言え、ネガティブなデータの論文発表は難しい側面がある。彼は萎える気持ちを振り払い、諦める前にもう一度実験を組み立て、確認することにした。まずは、メスの触角をオスの頭胸部やオスの体表面抽出物などで刺激してみた。次はペットボトルまたは飼育ケージで孤独相メス1頭とオス数頭を入れて3時間一緒にしておいた。これを2日連続で行った。それでも、メスは卵サイズを変化させなかった。そこで、次はこの3時間を倍の時間、6時間にしてみた。それでもメスの卵サイズは変化しない。次は1日につき3・6・12・24時間、2頭のオスと一緒にケージに入れておき、これを6日間連続で行ってみた。1日に24時間の場合は、メスは6日間ずっとオス

と一緒である。しかし、そのような条件でも 0.3 mm 以上大きな卵を産んだメスの割合は約 2 割と依然として低いままだったのである[6]。これと同じ条件での実験を、光の影響を確認しようとしたときにも行っていたが、彼の結果は一貫しており混み合いの効果はみられなかった。これらの結果を受けて彼が導き出した結論は「産卵をはじめたサバクトビバッタには、短い感受期は存

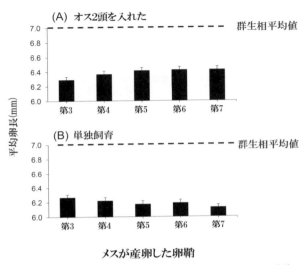

図 22　長期的な混み合いの影響。サバクトビバッタの単独飼育メス成虫を第 3 卵鞘の産下直後に、オス 2 頭と一緒にして（A）、引きつづき単独飼育しつづけたメスの産んだ卵長（B）と比較した。平均値と標準偏差を示した。文献[6]から出版社の許可をえて改変・転載。

在せず、ものすごくゆっくりでしか卵サイズは変わらない」というものであった。

　この仮説を検証するために、長期的な混み合いの影響をみることにした。単独飼育条件下で第 3 卵鞘を産んだメスを二つに分け、半分のメスをオス 2 頭と一緒に飼育し、もう半分のメスたちはそのまま単独飼育しつづけた。その結果は、クリアであった[6]。図 22 では第 3 卵鞘以降の平均卵サイズを示している。2 頭のオスを導入し飼いつづけた場合（A）、メスが産んだ卵のサイズは産卵を重ねるにしたがって増加した。一方、単独飼育しつづけた場合の卵サイズは、小さくなっていった（B）。しかし、どちらの場合も、それぞれの卵サイズの変化はものすごく小さかった。計算すると、（A）の場合、第 4 卵鞘では、平均卵長は約 0.1mm 大きくなり、第 5 卵鞘では第 3 卵鞘と比較して約 0.2mm 大きくなったにすぎず、すでに論文発表した結果や感受期のモデルから予想される結果とは程遠いものであった。（B）の単独飼育の結果では、その変化量は第 4 と 5 卵鞘で約 0.05mm ずつ小さくなったにすぎなかった。実験に用いたメスは、幼虫期は集団飼育し成虫になってから単独飼育したので、第 3 卵鞘では孤独相の平均的な値（6mm）より大きめだったが、その後さらに単独でおかれることによって、わ

ずかだが徐々に孤独相の卵サイズに近づいていったのである。典型的な孤独相の卵サイズになるには、少なくとも 2 世代にわたって単独飼育する必要がある。しかし、西出さんのえたこの結果は、「成虫期に集団飼育したメスは単独で飼育したメスより大きな卵を産む」という 1950 年代から報告されてきた研究結果 [5,15] とも矛盾しないし、彼のそれまでの結果とも合致していた。

7.11.　触角が感受部位か？

触角アッセイ法が再現できなかった原因が、混み合い刺激を感受する体の部位が触角ではないのではないかという疑いが生まれてきた。私たちは、この知見に関しても、2012 年の論文 [24] と同じ手法を用いて検証することにした。以前の実験では、メス成虫の触角を柔らかい歯科用ワックスで覆い、ペットボトルの中で 2 頭のオスと一緒にして、混み合い効果を調べた。その結果、サバクトビバッタのメス成虫は触角をワックスで覆われると、次に産んだ卵サイズの変化はみられなかったが、その直後にワックスをはがして混み合いにさらすと、次に産んだ卵は顕著に大きくなったことが報告された [24]。しかし、そもそも 4 日間の感受期に複数のオスと一緒に飼育しても、そのメスは直ぐに産む卵の大きさを変化させないことは、これまで書いた通りである。しかし、念のために、再現実験を行った。結果は、触角をワックスで覆ったメスでも、覆わずに同量のワックスを背中にくっつけておいた対照区のメスでも、その後の卵サイズに有意な変化は検出できなかった [6]。

西出さんの実験結果は、触角が混み合いを感受する部位ではないことを証明したというわけではないが、たとえ触角で感受していたとしても、本来、図22 に示したように、短期的な混み合い処理が卵サイズにほとんど影響がなければ、上述のような実験で、感受部位を決定することができるはずがないのだ。そして、彼の実験結果はそれを証明しているように思える。

7.12.　プロジェクトの終わりと発表

3 年のプロジェクトの終わりが近づいて、成果をまとめる時期がきた。目標であった群生相化フェロモンの同定は達成できなかった。それどころか、触角アッセイ法がまったく機能せず、以前に発表された幾つかの論文の結論を確認するための再現実験に終始せざるをえなかった。したがって、この研究に関する論文はもちろん、学会発表も皆無だった。結果がネガティブだったので、論

文発表も難しかったのだ。しかし、3 年間の集大成として、学会で発表をすることを、私は西出さんに提案した。それは同時に、共著者である私が関わった以前の一連の研究論文の結論を翻すことでもあったが、西出さんの労作と結果を無視はできないし、私自身でネガティブな結果を確認した現象もいくつかあった。私たちが 3 年間で到達した科学的結論であった。2014 年 3 月の日本応用動物昆虫学会で「サバクトビバッタにおける群生相誘導刺激の感受と伝達機構」という題で口頭発表した。

　その後、私はこのテーマに関して発表した 6 つの論文 [13,17,21,22,23,24] の結論を導いた主要な実験を、4 年かけて自ら追試した。二人の共同研究者が出した相反する結論を目の当たりにして、自分で真実をみきわめるのが定年前の自分の宿題だと考えたからである。

　2018 年、私は一連の実験を終え、西出さんに報告した。私の結論は西出さんのものと一致していたので、共著で一連のネガティブデータを論文にまとめることにした。以前の結果との違いを象徴するような私のえた実験結果を最後に示すことにする。図 12 に示した以前の結果は触角アッセイ法の基礎になったものであり、孤独相（単独飼育）メスにオスを導入すると、その数が 1 頭でも10 頭でも、メスはその後、卵サイズを増加させ、2 つ目の卵鞘では群生相に相当する大きさ（7.0 mm）に達したという結果であった [21]。一方、私の再現実験では、オスの導入の有無に関係なく、卵サイズに有意な変化は検出されなかった（図 23）[6]。この結果は、別のサバクトビバッタ系統でも、確認した。図には示していないが、トノサマバッタのオスを 2 頭、メスのケージに導入する再現実験も行ったが、結

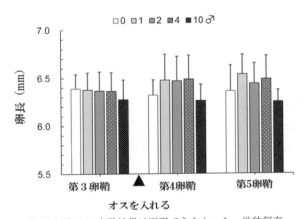

図 23　図 12 の実験結果は再現できなかった。単独飼育したサバクトビバッタのメス成虫のケージに 1〜10 頭のオス成虫を入れても、オスの数に関係なく第 4 卵鞘の卵の大きさは変化せず、第 5 卵鞘の卵が群生相と同等の大きさになることもなかった。文献 [6] から出版社の許可をえて改変・転載。

果はネガティブだった。そこで私は、トノサマバッタの数を倍にして4頭を導入してみたが、サバクトビバッタのメスが卵サイズを増加させることはなかった[6]。二種のバッタはケージ内では離れている時間が長く、二種が物理的に接触する頻度はきわめて低かったので、当然かもしれない。

ネガティブデータだけの論文は、きわめて書きにくいし、受理されにくい。何より、書くのも読むのも楽しくない。しかし、確認して再現できなかった現象をそのままに放置すれば、学界に混乱を招くばかりか、後進の研究者に迷惑をかけることになる。それだけは避けたいと思った。予想通り、投稿準備から受理までの道は険しかったが、Nishide and Tanaka の論文は2019年に発表に漕ぎ着くことができた[6]。私たちのプロジェクトが走り出して8年が経とうとしていた。

7.13. モロッコ系統での反応を記した論文

西出さんが私との共著で2014年に応用動物昆虫学会大会で口頭発表した翌年の2015年に、初期の一連の研究で実験を担当した前野浩太郎さん（現在、JIRCAS、国際農林水産業研究センター職員）が、同じ学会の小集会で反論する結果を発表したことを、のちに知った。内容は、モロッコで行った実験結果で、「単独飼育メス成虫が短期間の混み合いに反応して、群生相に似た大きさの卵を産んだ」という内容だったそうだが、講演要旨にはその記述はなかった。それらの結果の一部が2020年に論文として出版された[26]。私は、2015年の彼のその結論を踏まえて再現実験を行い上述の結果をえたのだが、図23に代表されるように、4日間の感受期の存在も短期間の混み合い効果も確認できなった。前野さんらの2020年の論文では、なぜか、それまでの研究の結晶ともいえる群生相化フェロモンの存在、感受期や感受部位の特定、触角アッセイ法に関する言及が一切みあたらないばかりか、それらのデータを含んだ論文[24]すら引用されていなかった。一方で、前野さんらは、成虫が混み合いに反応して子の特性を変化させるという古くから知られていた現象を Nishide & Tanaka（2019）が否定したかのような誤った批判をくり広げていた（Maeno *et al.* 2020 の4.2.）。じっさいには、逆で、私たちはその現象の存在を確認した図（本章の図2など）まで付けて、適切に議論していたのだが（Nishide & Tanaka, 2019 の4.2.）。

残念なのは、前野さんらの2020年の論文では、彼が触角アッセイを駆使した研究で使った、ある一定以上の卵サイズを増加させたメス成虫の割合を示さず、

全部の卵を測定して比較を行っていた点である。前野さんらの今回の実験結果
では、（別々の年に少数個体で行った2回の実験をプールしたというもので）供
試メス数が少なく、そのような比較をしても統計的な差が検出できない可能性
がある。それで、すべての卵を測定したのだろうか。しかし、その方法には深
刻な問題がある。彼らの実験では、卵鞘当たりの卵数に最大6倍以上の大差（約
20〜125卵）[26] があるので、卵が多い卵鞘の値が過大評価されてしまい、通常
の統計法が使えなくなる。さらに、大きな卵は小さな卵よりふ化率が高いとい
う報告があるので、もしそうだとすれば、問題はさらに深刻になるだろう。卵
の比較では、新たに乾燥重量を測定して多角的に観察しようと心がけたようだ。
しかし、同じ系統で、同じ条件で測定したはずの卵の乾燥重量が二回の実験の
間で15%もの差がみられる。方法に問題があったとしか考えられない。一方、
一貫して各卵鞘から10卵をサンプリングし、卵長を測定した私たちの方法は[6]、
愚直にみえるかもしれないが、以前の結果と直接比較できるというメリットが
ある。相変異現象を多角的に研究しなおすのではなく、あくまでも私たちの目
的は触角アッセイ法とそれにかかわる現象の再現実験だった。再現実験の鉄則
は、できるだけ同じ条件で同じ方法で行うことであると認識していたからだ。

7.14.　相変異反応と過密

　前野さんらの上述の研究論文[26] の結果は、重要な問題を提起しているように
みえる。それは、混み合いに対する適応的反応としての相変異と、人為的過密
による生理的悪影響との違いを区別すべきという点である。前野さんらは、以
前、1頭のオスでも10頭のオスでも、メス成虫への混み合いの効果は同様であ
ると結論していた[21]。ところが、今回の論文では、ケージ内でメスを15頭も
の集団に強制的にさらした。そのような過密状態では、バッタは餌を短時間で
食い尽くして飢餓にさらされたり、異常な個体間の相互作用によって、メスの
生理状態に悪影響がおよぶ可能性が排除できない。その兆候が、産卵数の減少
や産卵の遅れである。前野さんらの結果をみると、混み合いにさらしたメスは、
遅いものでは8日後にようやく産卵していた。本章の図18に示したように、以
前の研究では、産卵は約4日ごとにみられ、混み合いの感受期が産卵を挟む4
日間にあると主張していた[22]。本章の図12に引用した結果が本当なら、なぜ1
頭のメスに対し1頭あるいは2頭のオスで混み合い刺激を与える実験をしなかっ
たのか、疑問が残る。それでも他個体と一緒にするかぎり、相変異と過密の悪

影響を明確に区別するのは、通常、難しいだろう。しかし、サバクトビバッタなら可能かもしれない。孤独相メスの触角をオスの頭胸部で 6 時間（1 日 3 時間）こするという、触角アッセイ法を使えばよいのだ[24]。対照区のメスは、触角ではなく胸部でもこすれば反応しないはずだ[23]。すべてのメスは、処理時間以外は、単独飼育すればよいので、過密や餌不足の影響も回避できるだろう。その結果を上述の 15 頭の集団実験の結果とくらべれば良い。是非、明らかにして欲しいものだ。もちろん、これはフェロモンの感受器官が触角で、触角アッセイ法に再現性があることが大前提となる。

　いずれにせよ、相変異と過密によるストレス反応は生理的にも生態的にも異なる現象であるから、区別して慎重に解析する必要があるだろう。

まとめ　～真実はバッタが知っている

　泡栓の関与：サバクトビバッタのふ化幼虫の体色と行動を群生相化する水溶性のフェロモン要因が、卵鞘の泡栓に含まれていることを示す研究では、当初、群生相の卵は産卵直後にその活性物質に暴露され、ふ化幼虫の体色が黒化し、群生相的行動がもたらされると説明されていた。また、同じ卵鞘からふ化する幼虫の体色にみられる変異の原因は、この活性物質が不均等に卵に行きわたるからだと考え、イギリスの研究者らは、卵鞘の上より下層にある卵からより多くの緑色ふ化幼虫が出現するという現象[4]もうまく説明できると述べていた[8]。しかし、私たちが 27 卵鞘について上、中、下段に分けて、それぞれの位置にある卵について再検討したところ、緑色の幼虫はむしろどの場所からも均等に出現し、卵鞘の下側からより多くの緑色の幼虫がふ化するという傾向をみいだすことはできなかった[14]。緑色と黒色のふ化幼虫の大きさを比較すると、前者は一貫して小型で、後者は大きかった。この体サイズと体色の関係は、産卵後に卵が暴露した、メスの付属腺由来のフェロモンでは説明できない。したがって、ふ化幼虫の体色は卵の大きさと関連しており、それが決まるのは卵巣内である、というのが私たちの結論である。

　群生相化フェロモンの関与と触角アッセイ法：メス成虫の混み合いと子の形質について、私たちは 2007 年以来 11 年間研究をつづけてきた。上述したように、はじめの 4 年間にえた結果が、その後 3 年間にえた結果と大きな隔たりをみせた。その間、常に立ち会っていた私は、どこに不一致の原因があったのか、いまだに確信をもって説明できない。私は、実験を主に担当した 2 人の共同研究者の

結論のどちらが真実なのかを知るために、4 年を費やして再現実験を試みた。実験をして結果が出た以上、結論を出すのが研究者の使命だとするならば、私は、サバクトビバッタの群生相化フェロモンが存在するとしても、触角アッセイ法では同定できないと結論する。なぜなら、このアッセイ法は単純だが、誰もが再現できるものではないことが一つの理由である。もう一つの理由は、孤独相成虫が 4 日間の感受期を備え、その間に触角で混み合いを感受し、2 卵鞘後には、群生相に相当する卵を産むという現象が、まったく再現できなかったからだ（図12 と 23 を比較）。後に気づいたことだが、親世代で 3、4 日混み合いにさらされたくらいで、次世代のふ化幼虫が群生相的体色、つまり黒色になることはない、と思わせる野外調査結果があった。2009 年にモーリタニア沙漠で大量発生がおきた。私が 10 月に調査に入ったときに、群生相化した成虫はすでに真っ黄色だった。防除されたたくさんの成虫が沙漠のあちらこちらで干からびていたが、それらもすべて黄化していた。孤独相として羽化した成虫が混み合いにさらされて黄化したのだ。黄化は 3、4 日の混み合いではおこらないのでもっと長期間の混み合いに遭遇していたはずであった。しかし、棲息地で大量にふ化していた 1齢幼虫のほとんどはまだ緑色だった [27]。野外で孤独相成虫が混み合いに遭遇しても、次世代のふ化幼虫は直ぐには黒化しないということである。産卵を開始したメスに JH を処理しても、その後の卵サイズに影響しないという上述の知見とも整合性がとれる。

　群生相化に光が必要であるという現象も間違いだったと結論せざるをえない。上述したように、暗闇でも群生相成虫は混み合い刺激を感受しつづけ、孤独相化した卵を産むことはなかった。並行して、別の研究者と相変異の研究をつづけていたので、2011 年以降の実験に使った複数のバッタ系統が同時に変質した可能性もきわめて考えにくい。

　ひとつ残念なのは、触角アッセイ法で一貫してポジティブな結果を残していた前野さんがいろいろな事情から、私たちと共同で再現実験をすることができなかったことである。1 週間も要さない実験だったのだが、いまだに実現していない。触角アッセイ法は前野さんと私が進めた研究の結晶といえる。それが本当に機能するならば、図 12・13 で示された結果は再現され、群生相化に関わる接触フェロモンの同定が実現するだろうし、トノサマバッタやゴキブリやコオロギにも共通して存在するとされる体表活性成分の同定とフェロモン成分の進化的道筋にも光が射すかもしれない。今から 60 年以上も前に、幼虫の群生相

行動を誘導する混み合い刺激が、動く針金でも誘発可能な機械的刺激であると結論した報告がある[25]。もし成虫だけに混み合い刺激として機能する接触フェロモンが進化したとしたら、興味深い。2019 年に、前野さんに、触角アッセイ法を駆使した群生相化フェロモン同定のプロジェクトの提案をしたが、その後の経過についての情報はない。

文　献

1) Islam, M. S. *et al.* 1994. Journal of Insect Physiology 40: 173–181.
2) Islam, M. S. *et al.* 1994. Proceedings of Royal Society of London B 257: 93–98.
3) McCaffery, A. R. *et al.* 1998. Journal of Experimental Biology 201: 347–363.
4) Papillon, M. 1960. Bulletin Biologique de la France et de la Belgique 94: 203–263.
5) Hunter-Jones, P. 1958. Anti-Locust Bulletin 29: 1–32.
6) Nishide, Y. and Tanaka, S. 2019. Journal of Insect Physiology 114: 145–157.
7) Simpson, S. J. *et al.* 1999. Biological Review of the Cambridge Philosophical Society 74: 461–480.
8) Simpson, S. J. and Miller, G. A. 2007. Journal of Insect Physiology 53: 869–876.
9) Miller, G. A. *et al.* 2008. Journal of Experimental Biology 211: 370–376.
10) Guershon, M. and Ayali, A. 2012. Insect Science 19: 649–656.
11) Harano, K. *et al.* 2012. Journal of Insect Physiology 58: 718–725.
12) Tanaka, S. and Maeno, K. 2006. Journal of Insect Physiology 52: 1054–1061.
13) Tanaka, S. and Maeno, K. 2010. Journal of Insect Physiology 56: 911–918.
14) Tanaka, S. and Maeno, K. 2008. Journal of Insect Physiology 54: 612–618.
15) Pener, M. P. and Simpson, S. J. 2009. Advances in Insect Physiology 36: 1–286.
16) Pener, M. P. 1991. Advances in Insect Physiology 23: 1–79.
17) Maeno, K. and Tanaka, S. 2009. Journal of Insect Physiology 55: 1021–1028.
18) Albrecht, F. O. *et al.* 1959. Nature 194: 103–104.
19) Maeno, K. and Tanaka, S. 2009. Journal of Insect Physiology 55: 849–854.
20) Shulov, A. and Pener, M. P. 1963. Anti-Locust Bulletin No. 41: 1–59.
21) Maeno, K. and Tanaka, S. 2008. Journal of Insect Physiology 54: 1072–1080.
22) Maeno, K. and Tanaka, S. 2010. Journal of Insect Physiology 56: 1883–1888.
23) Maeno, K. *et al.* 2011. Journal of Insect Physiology 57:74–82.
24) Maeno, K. and Tanaka, S. 2012. Physiological Entomology 37: 109–118.
25) Ellis, P. E. 1959. Animal Behaviour 7: 91–106.
26) Maeno, K. *et al.* 2020. Journal of Insect Physiology 122: 104020.
27) Tanaka, S. *et al.* 2010. Applied Entomology and Zoology 45: 641–652.

第 8 章

第8章　トノサマバッタの寄主特異性：
染色体導入法によるアプローチ

徳田　誠

　トノサマバッタは様々なイネ科植物を食べるが、なぜかオオムギの若葉は食べない。また、フタテンチビヨコバイも様々なイネ科植物の葉に虫こぶを形成するが、オオムギには形成しない。トノサマバッタの摂食やフタテンチビヨコバイによる虫こぶ形成を妨げる原因とはなんなのだろうか？本章では、オオムギの染色体を1対ずつ導入したコムギ系統を用いて、これらの昆虫に影響するオオムギの遺伝的な背景について研究した話を紹介する。

序　〜偏食な昆虫たち

　私たち人間は様々な野菜や肉を食べる雑食性であり、健康のためには色々な食べ物をバランスよく摂ることが必要と言われている。それに反して、ほとんどの昆虫は、"偏食"であり、多くの場合、植物だけ、あるいは肉だけを食べる。さらに、植物だけを食べる昆虫（植食性昆虫）の中でも、多くの種は、ある決まった種類の植物だけを食べる性質があり、それ以外の植物を食べさせても、成虫まで発育することができない。ある昆虫が成虫まで発育することができる植物のことを寄主植物と呼ぶ。昆虫の寄主植物の範囲はどのように決まっているのだろうか。そして、寄主植物以外の植物ではなぜ発育することができないのだろうか。

　トノサマバッタは色々なイネ科植物を食べるが、オオムギの若葉は食べないことが知られている。その理由の1つは、オオムギの若葉にグラミンと呼ばれるアルカロイドが含まれているためである[1]。しかし、様々なオオムギ品種を用いて比較した結果、葉に含まれているグラミンの量と、トノサマバッタがどのくらいその葉を食べるかという関係はそれほど明瞭ではないことから、オオムギの若葉には、グラミン以外にもトノサマバッタの摂食を妨げる原因があると考えられる[2]。

　私たちは、偶然のきっかけから、トノサマバッタがオオムギの若葉を食べない原因について遺伝子の観点から研究を始めることになった。

Chapter 8　Host specificity of the migratory locust: an approach using barley chromosome disomic addition lines of wheat. *Written by* Makoto Tokuda

8.1. 偶然から芽生えた研究

私は九州大学で博士号を取得した後、いくつかの研究機関を渡り歩き、2007年6月から2008年3月までの10ヶ月間、つくば市にある農業生物資源研究所（農生研）の田中誠二さんの研究室で、特別研究員としてトノサマバッタの研究や、沖縄でサトウキビの害虫として問題となっていたケブカアカチャコガネの行動に関する研究に携わった[3-7]。それは2008年1月下旬に、沖縄県の宮古島でのケブカアカチャコガネの調査を終え、田中誠二さんとともにつくば市に戻る際のことであった。私たちが羽田空港からつくば行きの高速バスに乗り込んで出発を待っていたところ、偶然にも、イネの害虫に対する抵抗性を研究されている九州大学農学部育種学教室の安井秀先生が同じバスに乗車されてきた。トノサマバッタやケブカアカチャコガネもイネ科植物に被害を与える害虫であったため、羽田空港からつくば市への移動中、私たちの話題は自然とイネ科植物と害虫の話になった。その中で、田中さんが「トノサマバッタはオオムギの若葉を食べません」という話をした。それに対して、安井先生が、「そういえば、どこかにオオムギの染色体をコムギに組み込んだ系統があったと思います」というような話をされた。

この偶然の出会いで、バスの中で移動中に交わされた何気ない会話が、本章で紹介する研究が始まるきっかけとなったのである。

私は農生研で研究に携わるより前に、熊本県の西合志市（現・合志市）にある九州沖縄農業研究センターで、様々なイネ科植物に虫こぶを形成し、トウモロコシの害虫となっていたフタテンチビヨコバイという昆虫の研究をしていた。そして、このヨコバイは、イネやコムギ、トウモロコシなどには虫こぶを形成するが、オオムギにはなぜか虫こぶを形成しないという論文を読んでおり、その理由は何だろうかと疑問に感じていた。

その記憶がある中で、田中さんの「トノサマバッタはオオムギの若葉を食べない」、安井先生の「オオムギの染色体をコムギに組み込んだ系統がある」という情報を聞き、フタテンチビヨコバイ、トノサマバッタ、オオムギ染色体導入コムギを使えば、面白い研究ができそうだな、とひらめいたのである。

トノサマバッタとフタテンチビヨコバイは、どちらもイネ科植物を食べる昆虫であるが、その食べ方は大きく異なる。トノサマバッタは大あごで植物の葉をバリバリとかみ砕いて食べるのに対し、フタテンチビヨコバイの口はストロー

のような形をしており、その口を植物の葉の中に突き刺して、師管液を吸う。つまり、植物を食べるというより、植物の汁を飲む昆虫である。トノサマバッタのような口を持つ昆虫は咀嚼型、フタテンチビヨコバイのような口をもつ昆虫は吸汁型と呼ばれる。

　このように、食べ方が大きく異なっているため、トノサマバッタがオオムギの若葉を食べない理由と、フタテンチビヨコバイがオオムギに虫こぶを形成しない理由は、きっと異なるはずだと考えた。そして、オオムギ染色体を導入したコムギには、オオムギの遺伝子が一部だけ入っているものの、大半はコムギの遺伝子であるため、トノサマバッタはコムギだと認識して食べる可能性があるし、フタテンチビヨコバイも虫こぶを形成する可能性がある。ただし、もし、オオムギのある染色体上にある遺伝子が、トノサマバッタの摂食や、フタテンチビヨコバイの虫こぶ形成を妨げる原因であれば、その染色体が含まれているコムギを与えた場合に、トノサマバッタは摂食しないかもしれないし、フタテンチビヨコバイは虫こぶを形成しないかもしれない。

　このように、単にオオムギを与えただけではどの遺伝子が関連しているかという原因の特定が難しい場合でも、オオムギ染色体導入コムギを用いればわかることがあるのではないか、と考えたのだ。

　そして、いつかそんな研究がやりたいな、という気持ちを抱きつつ、私は農生研での研究員の任期を終え、次の職場があった横浜市へと転居した。

8.2.　さらなる偶然と予算の獲得

　私は 2008 年 4 月から、理化学研究所・植物科学研究センター（現・環境資源科学センター）の神谷勇治先生の研究室で、基礎科学特別研究員として昆虫による植物への虫こぶ形成のメカニズムを研究することになった。理化学研究所は、横浜市立大学と連携して研究や教育に取り組む協定を結んでおり、私がいた理化学研究所・横浜研究所と同じ敷地の中には、横浜市立大学の鶴見キャンパスもあった。その関係で、私は横浜市立大学にどんな研究室があるだろうと興味を持って調べていたところ、鶴見キャンパスではなかったが、舞岡キャンパスという所にある木原生物学研究所の荻原保成教授の研究室に、オオムギ染色体導入コムギ系統が保存されていることを偶然見つけた。そして、あの 1 月の高速バスの中での田中さんと安井先生との会話を思い出した。

　これは素晴らしいと思い、私が頭で思い描いていた研究に関する説明用の資

料を準備して、神谷先生の所に相談に行ったところ、それは面白そうですね、と言ってくださり、すぐさま木原生物学研究所の荻原先生に連絡を取ってくださった。そして、またたく間に、荻原先生の研究室の川原香奈子さんとの共同研究の話がまとまった。

　さらに、農生研でトノサマバッタの研究をしていた田中さん、九州沖縄農業研究センターで当時フタテンチビヨコバイの研究をしていた松倉啓一郎さんにも加わってもらい、文部科学省の科学研究費に共同で応募した結果、幸運にも採択された。偶然から芽生えたこの研究に、晴れて取り組めることになったのだ。

8.3.　トノサマバッタはなぜオオムギの若葉を食べないのか

　コムギ属の植物は本来、14 本の染色体を持っている（2n = 14）。ところが、現在私たちが栽培しているコムギは、クサビコムギとウラツルコムギの交雑により、両方の染色体をあわせ持った栽培二粒系コムギ（2n = 28）が誕生し、さらにそれにタルホコムギの染色体が加わった、6 倍体（2n = 42）と言われる状態になっており、染色体の数がもともとのコムギ属植物の 3 倍の 42 本となっている。このように、複数の種由来の染色体をたくさん持っているため、コムギは他の植物の染色体を導入することが比較的容易である[8]。木原生物学研究所で保存されているオオムギ染色体導入コムギは、この性質を利用して、Betzesというオオムギ品種の 7 対の染色体を、1 対ずつ Chinese Spring というコムギ品種に導入した系統である（1H ～ 7H）。このうち、オオムギの 1 番染色体が導入された 1H という系統は生育不良となるため使用できなかったが、残りの 2 番から 7 番染色体が導入された 2H ～ 7H の 6 つの系統と、オオムギ品種 Betzes、コムギ品種 Chinese Spring をトノサマバッタに食べさせてみる実験をやることにした[9]。実験には沖縄の伊平屋島と南大東島由来の系統を用いた。

　その前に、予備的な試験として、ろ紙にオオムギの葉の抽出物、コムギの葉の抽出物、溶媒のみ（対照区）を染み込ませてトノサマバッタのふ化幼虫に与え、活動性を比較してみた。比較には第 3 章でも登場したアクトグラフという装置を用いた。その結果、コムギの葉の抽出物を与えた場合には、活動性がすぐに低下したが、オオムギの葉の抽出物や溶媒のみを与えた場合には活動性が高い状態が約半日間続いた（図 1）。これは、トノサマバッタのふ化幼虫がコムギの葉の抽出物が含まれたろ紙を餌として認識し、すぐに食べ始めて移動しなくなったのに対し、オオムギの葉の抽出物や溶媒のみを染み込ませたろ紙は餌として

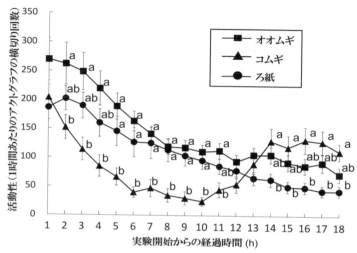

図1　ろ紙に染み込ませたオオムギの葉の抽出物、コムギの葉の抽出物、溶媒の
み（対照区）を与えた場合のトノサマバッタふ化幼虫の活動性の比較。横軸は
与え始めてからの時間を、縦軸はふ化幼虫の活動性（赤外線センサーを横切っ
た回数）を示している。コムギの葉の抽出物を与えると、オオムギの葉の抽出
物や溶媒のみを与えた時より活動性が早く低下する。これは、コムギの葉の抽
出物が染み込んだろ紙を餌として認識して食べ始めたためと考えられる。図中
のアルファベットは各時間内での有意差を表わす（異なる場合 $p < 0.05$）。文献[9]
を許可を得て改変、転載。

認識せず、いつまでも餌を探して歩き回っていたためと考えられる。なお、餌
があるとトノサマバッタの幼虫は落ち着き、餌がないと活動量が上昇すること
は実験的に証明されている（第3章参照）。

　　次に、オオムギ染色体導入コムギ2H〜7H、コムギ、オオムギの葉を与えて、
ふ化幼虫の活動性を比較してみたところ、2H〜7Hを与えた場合には、コムギ
の葉を与えた場合と同様に、ふ化幼虫の活動性は速やかに低下した。したがって、
オオムギの染色体が導入されていても、トノサマバッタはこれらを餌として認
識すると言える（図2）。

　　続いて、ふ化幼虫にそれぞれの葉のみを与えた場合、どのくらい食べるかを
比較した。ふ化幼虫にオオムギを与えた場合には食べなかったが、コムギや2H
〜7Hを与えた場合には、すぐに食べ始めた。2H〜7Hを与えてから1時間以内
あるいは4時間以内に食べた量はコムギと差が見られなかったが、24時間後に
比べたところ、5番および6番染色体が導入されている5Hと6Hでは、コムギ
よりも食べた量が少なかった（図3）。このことから、5番および6番染色体上に

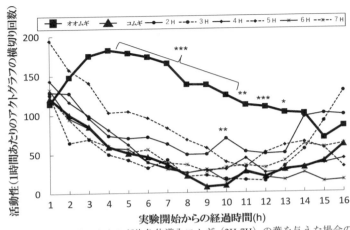

図2　オオムギ、コムギ、オオムギ染色体導入コムギ（2H-7H）の葉を与えた場合のトノサ
マバッタふ化幼虫の活動性の比較。横軸は与え始めてからの時間を、縦軸はふ化幼虫の
活動性（赤外線センサーを横切った回数）を示している。染色体導入コムギ（2H-7H）を
与えた場合、コムギの葉と同様に活動性が速やかに低下するのに対し、オオムギの葉を
与えた場合には活動性が高いままで推移する。したがって、オオムギ染色体導入コムギ
は、コムギと同様に餌として認識され、ふ化幼虫がすぐに食べ始めたものと考えられる。
図中のアスタリスクは各時間内での有意差を表わす（* p < 0.05; ** p < 0.01; *** p < 0.001）。
文献⁹⁾を許可を得て改変、転載。

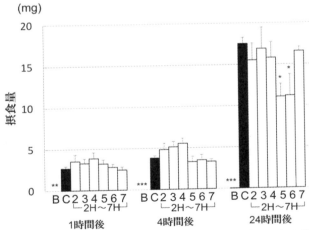

図3　オオムギ（B）、コムギ（C）、オオムギ染色体導入コムギ（2H-7H）の葉を与えた場
合のトノサマバッタふ化幼虫の1時間後、4時間後、24時間後の摂食量。横軸は与えて
からの時間、縦軸は時間内に食べられた葉の重さを示している。1時間後、4時間後には
差が見られなかったが、24時間後には、6Hと7Hの摂食量が他に比べて少なかったこと
から、オオムギの6番および7番染色体にはトノサマバッタの摂食を妨げる遺伝子があ
ると考えられる。図中のアスタリスクは各時間内での有意差を表わす（** p < 0.01; *** p
< 0.001）。文献⁹⁾を許可を得て改変、転載。

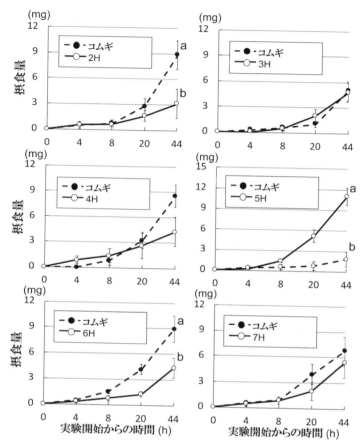

図4　オオムギ染色体導入コムギ（2H-7H）と通常のコムギの葉を同時に与えた場合のトノサマバッタふ化幼虫の4時間後、8時間後、20時間後、44時間後の摂食量。横軸は与えてからの時間を、縦軸は時間内に食べられた葉の重さを示している。2H、5H、6Hでは、通常のコムギと比べて44時間後の摂食量が少なかったことから、オオムギの2番、5番、6番染色体にはトノサマバッタの摂食を避ける遺伝子があると考えられる。図中のアルファベットは各時間内での有意差を表わす（異なる場合 p < 0.05）。文献[9]を許可を得て改変、転載。

は、摂食量を減らす効果を持つ遺伝子が存在すると私は考えた。続いて、2H～7Hのいずれかとコムギとを同時に与え、ふ化幼虫がどちらを好んで食べるかを選べる状態にして、食べる量を測定した。すると、2H、5H、6Hとコムギとを同時に与えた場合には、染色体導入コムギよりも普通のコムギの方を多く食べることがわかった（図4）。したがって、オオムギの2番、5番、6番染色体には、

摂食を避ける効果を持つ遺伝子が存在している可能性が高いことがわかった。

　さらに、トノサマバッタのふ化幼虫にそれぞれの植物を与え続けて終齢幼虫になるまで単独飼育してみた。すると、2H を与えた場合には、1 齢と 2 齢期間の発育が遅れること、5H を与えた場合には 3 齢幼虫期以降の死亡率が高まることが判明した。したがって、オオムギの 2 番染色体には幼虫の発育を遅らせる効果を持つ遺伝子が存在しており、5 番染色体には幼虫の生存率を下げる効果を持つ遺伝子が存在しているに違いない、と私は考えた。

　以上のように、オオムギが持つ遺伝子の中には、当初想定していた摂食を妨げる効果だけでなく、摂食を避ける効果や発育を遅らせる効果、生存率を下げる効果といった、トノサマバッタにとって不利益になる様々な遺伝子が存在していると考えられる結果が得られた。そして、これらの複合的な影響により、トノサマバッタはオオムギ若葉を摂食しないことがわかってきた。

　では、これらと関係しているのは、具体的にはどのような遺伝子なのだろうか？最終的に、それらを明らかにしたいと考えているが、残念ながら、まだ私たちはその答えにたどり着いていない。これからのアプローチとしては、関係している染色体の中で、どの部分にその遺伝子が存在しているのか、実験を重ねてだんだんと領域を絞り込んでいき、原因となる遺伝子を 1 つに絞り込む作業が必要になる。それらの遺伝子が明らかになったときには、ぜひ皆さんにも紹介したいと思っている。

8.4.　フタテンチビヨコバイはなぜオオムギに虫こぶを形成しないのか

　フタテンチビヨコバイ（図 5）は主にアジアの熱帯地域から亜熱帯地域にかけて分布している昆虫で、日本では南西諸島から九州、四国の一部にまで生息している[10-12]。このヨコバイは休眠性を持たず、1 年に何世代も繰り返す昆虫で、1 世代あたりの期間は、25℃で飼育すると約 1 ヶ月半、30℃で飼育すると 1 ヶ月弱である。このヨコバイは、暖かい条件の方が生育に適しており、分布の北端にあたる九州では、冬の寒さが厳しすぎるので、ほとんどの

図5　フタテンチビヨコバイの成虫。

図 6　飼料用トウモロコシで発生したワラビー萎縮症。
（松村正哉さん原図）

個体が越冬できないで死んでしまう。したがって、春先は個体数がとても少ないが、季節が進み、気温が上がってくるにつれて生育が促進され、繁殖を繰り返して徐々に個体数が増え、夏から秋にかけては個体数がとても多くなる[13]。

フタテンチビヨコバイはイネやコムギなど、様々なイネ科作物の葉に虫こぶを形成する。虫こぶは、ヨコバイが植物を食べる時の刺激により形成され、雌雄の成虫だけでなく、幼虫も虫こぶを形成する能力を持っている[14]。ヨコバイの幼虫は、虫こぶが形成された植物を食べた方が早く成長することができ、生存率も高いことから、虫こぶ形成はヨコバイにとって利益がある現象であると言える[15]。こぶが形成される度合いは、加害する個体数の多さや時間の長さに比例して激しくなるため、吸汁量に比例した反応であると考えられる[16]。とくに植物が芽生えた直後でまだ小さい時期にヨコバイに加害されると虫こぶが激しく形成され、植物の伸長が止まってしまう。このような症状は、「ワラビー萎縮症」と呼ばれている（萎縮したトウモロコシが、有袋類のワラビーに似ていることから、オーストラリアの研究者がそのように名付けた）（図 6）。以前は、この症状はフタテンチビヨコバイが媒介するウイルスによる病気ではないかと疑われていたが、症状が出ている部分からウイルスは検出されないため、ヨコバイ自身が植物を食べる際に注入する化学物質により生じたものであると考えられている[17]。植物にとっては、激しく虫こぶができると成長が止まってしまうことから、ヨコバイに加害されると不利益をこうむると言える。

九州中南部では、かつて家畜の餌にするためのトウモロコシを毎年 1 回収穫していたが、品種改良によって早く成長するトウモロコシ品種が開発されたことにより、春に種をまいて夏に 1 回目の収穫をして、夏から秋にかけてもう 1 回作付けして収穫するという二期作と呼ばれる栽培の仕方が広まった。年に 1 回収穫していた頃は、フタテンチビヨコバイはトウモロコシの害虫にはなって

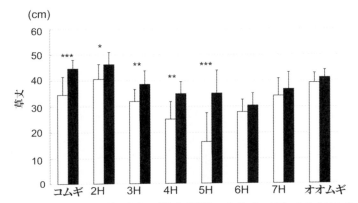

図7　オオムギ、コムギ、オオムギ染色体導入コムギ（2H-7H）をフタテンチ
ビヨコバイに吸汁させた場合とさせなかった場合の植物の成長度合いの比
較。縦軸は、ヨコバイに吸汁させた時期にコムギや2H〜5Hでは、ヨコバ
イに吸汁されると草丈が萎縮するが、6H、7H、オオムギでは萎縮しない。
図中のアスタリスクは各時間内での有意差を表わす（* p < 0.05; ** p < 0.01;
*** p < 0.001）。文献 [18] を許可を得て改変、転載。

いなかったが、二期作の栽培法が広まると、2回目の栽培期間である夏のトウ
モロコシの芽生えの時期と、フタテンチビヨコバイの個体数が多くなる時期と
が重なってしまい、ひどい被害が発生するようになった。

　そんなヨコバイが虫こぶを形成しにくい条件が見つかれば、効果的な防除手
段もこうじられるかもしれない。前の方で述べたように、フタテンチビヨコバ
イはイネやコムギには虫こぶを形成するが、オオムギではヨコバイに加害され
てもなぜか症状が現れない。これには、オオムギのどのような遺伝子が関係し
ているのだろうか。それをトノサマバッタで用いた方法で調べてみた。

　オオムギ染色体導入コムギ2H〜7Hと通常のコムギに一定の数のフタテンチ
ビヨコバイのオス成虫を付けた場合と付けなかった場合とで、虫こぶ形成の激し
さや萎縮（茎や葉の伸びが止まる現象）の度合いを比較してみた。メス成虫は植
物の茎に産卵管を突き刺して卵を産む性質があり、植物に別の形でダメージを与
える可能性があるので、この実験では使わなかった。虫こぶ形成の激しさを表
す際には、変化が見られない場合を0、葉脈が少し太くなる場合を1、葉脈にこ
ぶが形成された段階を2として、0〜2の3段階で記録した。実験の結果、6Hと
7Hでは通常のコムギと比べてヨコバイを付けた場合の草丈があまり萎縮しなく
なり（図7）、3Hでは虫こぶ形成がある程度抑えられた（図8）。これによって、
萎縮させなくする遺伝子はオオムギの6番および7番染色体に、虫こぶ形成を

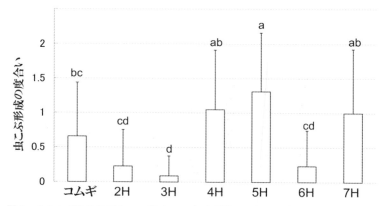

図8　オオムギ染色体導入コムギ（2H-7H）と通常のコムギの葉をフタテンチビヨコ
バイに吸汁させた場合の虫こぶ形成の度合い。虫こぶ形成の度合いを表す際には、
変化が見られない場合を 0、葉脈が少し太くなる場合を 1、葉脈にこぶが形成され
た段階を 2 として、0〜2 の 3 段階で記録した。統計解析の結果、3H では通常の
コムギによりも虫こぶ形成の度合いが小さいことが判明した。図中のアルファベッ
トは各時間内での有意差を表わす（異なる場合 p < 0.05）。なおオオムギでも実験
したが、虫こぶは全く形成されなかったため、図には含めなかった。文献 [18] を許
可を得て改変、転載。

妨げる遺伝子はオオムギの 3 番染色体に存在する可能性が高いと考えられる。

　また、それぞれのオオムギ染色体導入コムギについて、虫こぶ形成の激しさ
と萎縮の度合いの関係を比較した結果、両者には明瞭な相関関係は見られな
かった（図9）。したがって、これまでワラビー萎縮症と呼ばれていた一連の症
状は、虫こぶ形成と草丈の萎縮という、2 つの異なる現象が同時に発現した複
合的な症状であり、単純な虫こぶ形成だけによるものではないことが明らかに
なった [18]。

　この虫こぶ形成と草丈の萎縮という 2 つの現象に関しては、その後にイネを
使って取り組んだ研究から、根から吸収する窒素分が多いほど激しく虫こぶが
形成されることや、フタテンチビヨコバイがイネを食べ始めると、植物の窒素
の運搬に関わっている遺伝子が多く発現し、虫こぶの部分に窒素分が蓄積する
ことなどが判明した [18]。窒素は植物や昆虫にとって重要な栄養であるため、フ
タテンチビヨコバイが加害することによって、植物の中で養分を運ぶ反応が活
発になり、虫こぶの部分に養分が集まるということになる。そして、フタテン
チビヨコバイはこの栄養がたくさん溜まった部分を吸汁することにより、早く
成長することができ、生存率も高まると考えられる。また、ヨコバイの吸汁に

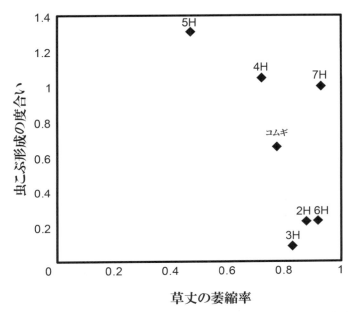

図9　染色体導入コムギ（2H-7H）および通常のコムギにおける草丈の萎縮
の程度と虫こぶ形成の度合いの関係。横軸に萎縮の程度、縦軸に虫こぶ形
成の度合いをとり、両者の間に関係が見られるか確認したところ、明瞭な
相関関係は認められなかったことから、草丈の萎縮と虫こぶ形成は2つの
別々の反応であると考えられる。文献[18]を許可を得て改変、転載。

よって、ジベレリンという植物ホルモンの量が低下することがわかった。ジベ
レリンは、植物の伸長成長に関わっていることから、この植物ホルモンの減少が、
萎縮症状の発生と関連しているものと考えられる[19]。今後、オオムギを用いて
フタテンチビヨコバイが吸汁した際の窒素運搬に関わる遺伝子の発現や、ジベ
レリンの量の変化を比較することにより、なぜオオムギには虫こぶが形成され
ないのか、ワラビー萎縮症の症状が出ないのかが明らかにできる可能性がある。

まとめ

　オオムギ染色体導入コムギを用いた研究により、トノサマバッタがなぜオオ
ムギの若葉を食べないか、フタテンチビヨコバイがなぜオオムギに虫こぶを形
成しないのか、という疑問に対して、オオムギの複数の遺伝子が関与している
ことが明らかになってきた。そして、オオムギの中には、トノサマバッタの摂
食を妨げるだけでなく、発育を遅らせたり、生存率を低下させたりという、様々

な効果を持つ遺伝子が含まれており、それらが複合的に作用して「トノサマバッタはオオムギの若葉を食べない」という現象が生じている可能性がある。また、上述した私たちの研究から、フタテンチビヨコバイによるワラビー萎縮症の被害は、植物体の虫こぶ形成と萎縮という2つの異なる現象が同時に発現した症状であることが明らかになった。今後、これらのオオムギ遺伝子を特定することができれば、トノサマバッタに食べられにくい農作物や、フタテンチビヨコバイによるワラビー萎縮症が発症しにくい品種を育成できると考えている。

文　献

1) Ishikawa, Y. and Kanke, T. 2000. Applied Entomology and Zoology 35: 125–130.
2) Ishikawa, Y. and Kanke, T. 2000. Applied Entomology and Zoology 35: 251–256.
3) Wakamura, S. *et al.* 2009. Applied Entomology and Zoology 44: 579–586.
4) Harano, K. *et al.* 2010. Physiological Entomology 35: 287–295.
5) Tokuda, M. *et al.* 2010. Biological Journal of the Linnean Society 99: 570–581.
6) Tokuda, M. *et al.* 2010. Physiological Entomology 35: 231–239.
7) 徳田誠. 2016. 植物をたくみに操る虫たち　虫こぶ形成昆虫の魅力. 東海大学出版部
8) 佐藤洋一郎・加藤鎌司. 2010. 麦の自然史. 北海道大学出版会
9) Suematsu, S. *et al.* 2013. Scientific Reports 3: 2577.
10) Webb, M. D. 1987. Bulletin of Entomological Research 77: 683–712.
11) Matsukura, K. *et al.* 2009. Applied Entomology and Zoology 44: 207–214.
12) Kumashiro, S. *et al.* 2014. Applied Entomology and Zoology 49: 325–330.
13) Tokuda, M. and Matsumura, M. 2005. Applied Entomology and Zoology 40: 213–220.
14) Matsukura, K.*et al.* 2010. Communicative and Integrative Biology 3: 388–389.
15) Matsukura, K. *et al.* 2012. Evolutionary Biology 39: 341–347.
16) Matsukura, K.*et al.* 2009. Naturwissenschaften 96: 1059–1066.
17) Ofori, F. A. and Francki, R. I. B. 1983. Annals of Applied Biology 103: 185–189.
18) Kumashiro, S. *et al.* 2010. Naturwissenschaften 98: 983–987.
19) Miyazaki, S. *et al.* 2020. Plants 9: 1270.

第9章

第9章 魔法の砂に含まれる産卵と胚発育抑制要因

田中誠二

　ほとんどのバッタやイナゴは土や砂に卵を産む。腹部を地面に突き刺して、長い時間をかけて穴を掘り、たくさんの卵をまとめて卵鞘として産む。サバクトビバッタを飼育していると、不思議な現象に遭遇した。メスたちが産卵のために砂に試し掘りをするのだが、いっこうに産卵しないのだ。そこで新しい砂の入ったカップをおくと、次の日にはたくさんの卵鞘が産みつけられていた。そんなことをくり返すうちに、なぜメスたちが古い砂に産卵しないのかが気になりはじめた。本章では、私たちが「魔法の砂」と呼んだ古い砂の正体を追求した研究を紹介したい。

序　～産卵しない砂

　サバクトビバッタは羽化して2週間くらいすると交尾をして、産卵をはじめる。飼育ケージの中に湿った砂をいれた産卵用カップをおくと、メス成虫は試し掘りをはじめる（図1A）。この試し掘りは産卵場所として適切であるかどうかを判断しているようにもみえる一方、メス成虫が穴掘りの練習をしているようにもみえる。数日間この状態がつづくことがあるので、産卵の準備が完了する前から試し掘りははじまるようだ。1頭のメスが一晩で18個の穴を掘ることもあった。こうなるとカップの表面は穴だらけになる。卵を産まない場合、メスは掘った穴をふさぐことはなく、鉛筆で開けたような穴が砂の表面に残されたままになる。一方、メス成虫の産卵準備ができていても、砂のはいった産卵カップを入れないと、メスは1、2日間産卵をがまんできるようだ。メスは、しばしば木製のケージの床に腹部を曲げて、穴を掘るような行動をみせる。そんなメスのケージに産卵用カップを入れると、すぐに産卵がはじまる。産卵完了には40分以上要し、最後は腹部を砂から引き抜いて、後ろ足で穴をふさぐしぐさをする。

　サバクトビバッタが産卵を拒否する砂がみつかったのは、次のような経緯であった。別の実験のために卵を1日でも早く欲しかったことから、100頭以上の成虫を集団で飼っていたケージの中に、早い時期から産卵用カップをおいた

図1　魔法の砂の発見。産卵穴を掘るサバクトビバッタ（A）。実験に使ったバッタケージ（B）。試し掘りはたくさんするが（C）、魔法の砂にはまったく産卵しない（D）。

（図1B）。産卵準備ができたメスがすぐに産卵できるよう配慮したのだ。じきにメスたちは試し掘りをはじめたのだが（図1C）、その後1週間たっても卵鞘は1つも産まれなかった。それどころか、ケージの床に卵を産んでしまったものもいた。そこで新しい産卵用カップを入れたところ、翌日にはそのカップだけに多くの卵鞘が産みつけられていた（図1D）。試し掘りはみられたが、古い砂には1つも卵はみられなかった（図1D）。私は、これを「魔法の砂」と呼んで、この強い産卵抑制効果が何によってもたらされるのかに興味をもった。

9.1.　バッタの産卵行動

さらに話を進める前に、産卵行動について概観しておきたい。産卵場所の決定と産卵にはさまざまな要因が影響するが、実験室ではバッタが産卵場所を選択する余地はすでにかぎられている。ここでは、どのような要因が産卵行動、つまり穴掘りと産卵に影響するのかについてふれることにする。

一般に、サバクトビバッタを含む多くのバッタ類は水分を含む砂や土に産卵する。ノーリス（Norris, M. J.）は、1～25％水分を含んだ砂を使って調べたところ、サバクトビバッタは水分15％の砂をもっとも好んで産卵することをみつけた[1]。2～5％の砂では産卵にいたるまでに長い時間を要したが、いくつかの卵鞘が産

みつけられた。5〜25% の砂ではほとんど差がなく、飽和状態（25%）の砂にも産卵がみられた。しかし、1% ではまったく産卵が行われなかった。

　サバクトビバッタは、表面が湿っているより乾燥している砂を好んで産卵行動をはじめる。ノーリスによると[1]、湿った砂（水分 15%）の上にいろいろな厚さで乾いた砂をかぶせると、乾いた砂の厚さが 9cm になると産卵せずに、砂の表面に卵がばらまかれた。これはがまんができなくなって卵を放出してしまう行動で、卵は死んでしまう。乾いた砂の層が 8cm の場合には、11 個の卵鞘がその下の湿った砂に産まれ、15 卵鞘が砂の表面にばらまかれた。同じ条件でも日齢の進んだメスでは、湿った砂にうまく産んだ卵鞘は 1 個で、15 個の卵鞘が砂の表面にばらまかれていた。老いたメスでは、砂を深く掘る能力が衰えるようである。

　温度も産卵に影響する。サバクトビバッタは、20〜44℃ の範囲では温度がより高い場所を選んで卵鞘を産む傾向がある[1]。似たような現象は、アカトビバッタでも知られていて、地表温度が 43℃ 以下なら、産卵にはより高い温度を好む[2]。トノサマバッタでは 36〜38℃ が最適温度のようである[3]。

　化学物質も重要な要因である。サバクトビバッタの群れが砂浜に上陸しても、湿った砂に産卵することはない。これはバッタが塩分を感知するからである。高濃度だと穴掘り行動もしないが、中間の濃度では穴掘りはするが産卵しない。そして、低濃度になると産卵がみられる。明らかにバッタは塩分（塩化ナトリウム）濃度を測定し、産卵するかしないかを決めているのだ[4]。塩化ナトリウム以外にもスクロース、マグネシウム、リシングルタミン酸、ハイドロキノン、ニコチン、酒石酸水素塩、タンニン酸なども実験的に試され、産卵行動に影響することが知られている[5]。これらは摂食刺激または摂食阻害物質として知られているのだが、すべての物質で濃度依存的にサバクトビバッタの産卵を抑制する。浸透圧や pH はあまり重要な要因ではないようだ。

　ノーリスは、水で湿らせた砂の上に塩分を含ませた砂をかぶせたところ、サバクトビバッタは穴掘りを開始し、下層の塩分のない砂に産卵することを観察した。この結果から彼女は、砂中の塩分は穴掘り行動を抑制せず、産卵のみを抑制すると結論した。上述したように、塩分濃度がもっと高ければ、バッタは試し掘りもしなくなる。さらに、腹部末端の感覚子をワセリンでカバーしたり、焼いたりした後でも、塩分を含んだ砂には産卵しなかったことから、塩分を感知する感覚子は、腹部末端の内部に隠れていると結論している[1]。これを支持

する結果が、トノサマバッタでもえられていた。腹部末端の産卵弁の感覚子を
触れると神経の電気的反応がみらのだが、同じ部位に食塩水を垂らしても反応
はなかった[2]。バッタの産卵に関連する腹部末端節にある感覚子の役割、それ
らを通して産卵のための運動にかかわる神経連絡システムや伝達物質の研究は、
近年目覚ましい進歩をみせている[6]。しかし、産卵を決断するための腹部末端
にある感覚子は、いまだに特定されていないようだ。

　産卵行動に影響する要因として、物理的、生態的要因の他に、バッタの行動
面の重要性が指摘されている[4,7]。群生相成虫は集合して産卵する性質があるが
（第1章1.10.参照）、冷凍して殺したおとりバッタを複数置くと、その近くに多
く産卵する。おとりバッタは雌雄どちらでも効果があり、別種（トノサマバッタ）
でも有効である。しかし、異種と比較すると同種の方がより効果がある。それ
らの反応は暗闇の中や、おとりバッタに直接さわれないようにすると弱まるこ
とから、視覚、接触フェロモン、接触刺激などが関与していると考えられる[1,8]。

9.2.　魔法の砂の特徴

　産卵しなくなった古い砂と洗浄した新しい砂（対照区）の比較をしてみた。
水分が15％くらいになるように調整して、集団で飼育していた成虫のはいった
ケージに入れて、毎日どれくらいの卵鞘が産まれるのかを数えた。水は消毒さ

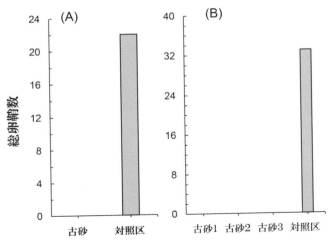

図2　新しい砂（対照区）には産卵するが、バッタケージに何日かおいた古
い砂には産卵しない（A）。別々にえられた古い砂3カップと対照区との
比較（B）。文献[9]より許可をえて転載。

れた水道水ではなく生水を使った。卵鞘数を記録した後は、卵鞘をすべて除いて砂カップを元にもどした。1 週間で 25 卵鞘とれたが、すべて対照区の砂に産卵がみられた（図 2A）。別の 3 カップの魔法の砂についても確かめてみた。今度は、これら 3 カップと対照区の砂 1 カップを同時にケージに入れてみた。5 日間に合計 33 卵鞘産まれたが、すべて対照区の新しい砂に産まれたものだった（図 2B）。1 日に産まれる卵鞘数は、ケージあたりのメス数、メスの成熟度、齢（若いか老いているか）などによって異なるので、実験結果はつねに対照区との比較で判断する必要があった[9]。

　次に、魔法の砂の安定性を調べてみた。約 31℃ に 4 か月乾燥状態で放置した魔法の砂を、湿らせて、その効果を確認してみた。2 カップの魔法の砂を対照区の砂とペアにして別々に比較したのだが、結果はほぼ同じで、魔法の砂の効果は長期間保存された後でも、強い産卵抑制効果を示した（図 3A）。予備観察でみられたように、砂に開けた穴の数は、魔法の砂でも対照区の砂でもほぼ同じだった（図 3B）。つまり、産卵のための穴掘り行動と産卵は別々のメカニズムによって制御されているという、先人の結論[2]を支持した結果であった。

　これらの実験から、魔法の砂にはサバクトビバッタの産卵を抑制する要因が含まれており、それはかなり安定した物質ではないかと考えられた。以下、この要因を産卵抑制要因または物質と呼ぶことにする。

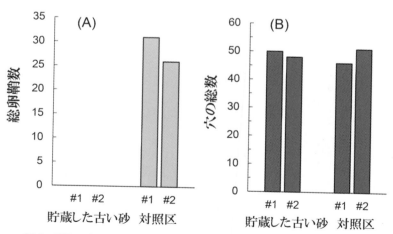

図 3　魔法の砂を 4 か月間 31℃ で貯蔵したが、産卵抑制活性は維持された。一方、産卵穴の数には差がなかった。処理区と対照区それぞれ 2 カップ（#1 と #2）ずつテストした。文献[9]より許可をえて転載。

9.3.　産卵抑制要因の由来

　新しい砂を魔法の砂に変える原因はいくつか考えられる。産卵抑制要因が、①砂の上に積もった糞から砂に移ったり、②食べ残した草片（イヌムギ）から砂に移った可能性もある。また、③糞や草片を栄養にして繁殖した菌（カビ）や細菌（バクテリア）類などが、その要因を合成して放出した可能性も考えられる。バッタの糞はほとんどが植物の繊維の塊で、長さ1cmほど、幅3mm程度である（図4）。食べる植物にもよるが、排出される前に水分はかなり吸収される。飼育室ではすぐに乾燥してお茶の葉のようにみえる（じっさいに、急須でお茶として飲んでも違和感はまったくなかった）。

　まず、①と②について調べてみた[9]。糞またはイヌムギの葉片をカップに入れ、その上に湿らせた新しい砂をかぶせ1日放置した。糞とイヌムギを取り除いた後に、砂カップをバッタケージにいれた。糞とイヌムギ処理区では、ほとんどの卵鞘はイヌムギ処理区に産みつけられたが（図5A）、それぞれの処理カップを新しい砂の対照区とペアにしてバッタケージに入れると、産

図4　サバクトビバッタの乾燥した糞。モーリタニアの沙漠にてアカシアの木の下で採取された。

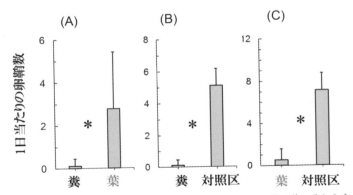

図5　糞とイヌムギの葉を湿った砂の下に1日間おいて、その後、それらを取り除いてから産卵させると、糞の産卵抑制効果がみられた（A）。しかし、両者ともに新しい砂と選択させると、産卵はもっぱら後者に集中した（B・C）。＊は有意差があることを示す。文献[9]より許可をえて転写。

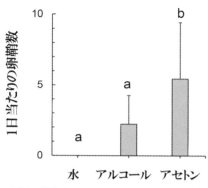

図6　糞を水、メタノール、アセトンで抽出すると、産卵抑制効果は水とメタノール抽出物と混ぜた砂にみられた。異なるアルファベットは有意差があることを示す。文献[9]より許可をえて転写。

卵はもっぱら対照区の方に集中していた（図5B・C）。糞はイヌムギより産卵抑制効果は高いが、イヌムギにもある程度の産卵抑制効果があることを示していた。③について調べる前に、この産卵抑制要因がどのような化学的特性をもっているのかをもう少しくわしく調べてみた。

乾燥させた一定量の糞を水、エタノールそしてアセトンで3時間抽出して、ろ過液を乾燥させ、砂と混ぜてから水を加えて産卵抑制効果を比較してみた。それぞれの抽出物と混ぜた3種類の砂を入れたカップを、同じケージに入れて産卵を観察した。これで関連物質が水溶性か油性かの見当がつくと考えた。すると、アセトン抽出区への産卵が水やエタノール区より多くみられた（図6）。つまり、活性物質は水かエタノールで効果的に抽出される水溶性物質である可能性が高いことがわかった[9]。

次に水での抽出時間の影響を調べてみた。30gの乾燥糞を300mlの水に漬けて、1分、10分、100分後にろ過し、それぞれの抽出液60mlを270gの砂に混ぜてカップに入れ、産卵抑制活性を比較した。まず、それぞれのサンプルを水だけで湿らせた砂の対照区とペアにした。すべての比較で、卵鞘はもっぱら対照区に集中していた（図7A）。わずか1分という短い抽出時間でも、産卵抑制要因が抽出されていた。次に、3つの抽出液だけでくらべてみると、抽出時間が長ければ長いほど、産卵鞘数が減少した（図7B）。最後にもう一度、対照区カップと一緒にバッタケージに入れてみた。予想通り、産卵はすべて水で湿らせた対照区だけにみられた（図7C）。メス成虫が糞の抽出物を含んだ砂への産卵を避けるのは明らかだが、抑制物質への反応は全か無という反応ではない。選択がかぎられている場合、濃度を正確に査定し、ある範囲内において、抑制物質の濃度がより低い砂に産卵することがわかる[9]。

そこで上述した③の可能性、つまり産卵抑制物質が生まれる過程に、菌類や細菌類がかかわっているかどうかについて検討してみた。たくさんのバッタをケージで飼育して、その中に試料サンプルの砂カップを入れるので、滅菌状態

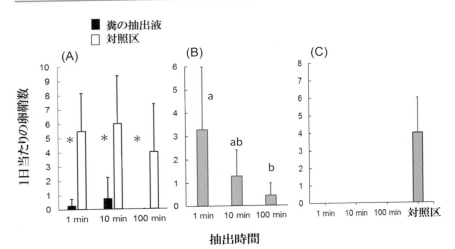

図7　糞を水で1、10、100分間抽出し、その抽出液を砂に混ぜてバッタケージにいれると、産卵はもっぱら対照区にみられた（A）。抽出時間におうじて産卵抑制効果が増すが（B）、対照区の新しい砂カップをいれると、産卵は対照区だけにみられた（C）。＊は差が有意であることを示す。異なるアルファベットは有意差があることを示す。文献[9]より許可をえて修正して転写。

図8　糞を熱湯で抽出しても水で抽出した場合と同様、強い産卵抑制効果がみられた（A）。産卵穴の数には3者で差がみられなかった（B）。＊は差が有意であることを示す。n.s.は有意差がないことを示す。文献[10]より許可をえて修正して転写。

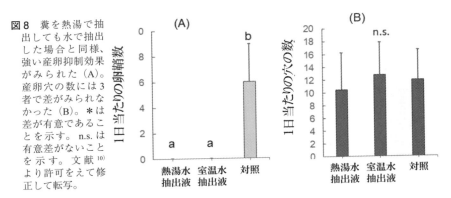

での実験は不可能であった。そこで、糞を沸騰中の水に3分間漬けて、7分間さました後にろ過して、上述のような方法で抽出液の効果を調べた。比較のために、室温の水に10分間漬けて作った糞の抽出液と水を用意した。結果は明瞭で、バッタは卵鞘を対照区の砂のカップにだけ産んで、抽出液のはいった処理カップにはまったく産まなかった（図8A）。この場合、試し掘りは3者で同じように頻繁にみられたので（図8B）、バッタは明らかに処理カップへの産卵を避けていたことがわかる。熱湯下で菌類や細菌類が産卵抑制物質の生成に関

与した可能性は低いので、産卵抑制物質は糞やイヌムギの葉に含まれていると結論できる[9]。

9.4.　他種のバッタの糞にも産卵抑制活性はあるか？

　他のバッタの糞にも、サバクトビバッタのメス成虫の産卵を抑制する物質が含まれているのだろうか？また、サバクトビバッタの糞と比較してその効果に違いはあるのだろうか？この疑問に答えるために、実験室で飼育していたトノサマバッタとタイワンツチイナゴ（口絵Ⅷ–(24)）にイヌムギを与え、えられた糞を上述の方法にしたがって水で抽出し、3者の糞抽出液の活性をくらべてみた[9]。トノサマバッタの糞抽出液はサバクトビバッタのものと同じくらい抑制効果が高く、タイワンツチイナゴの糞抽出液はそれらのものより活性が低く、もっとも多くの卵鞘が産みつけられた（図9A）。掘った穴の数は3者間で似たような値だった（図9B）。水で湿らせた砂（対照区）との選択実験では、タイワンツチイナゴの糞の抽出液も強い産卵抑制活性がみられ、96%の卵鞘が対照

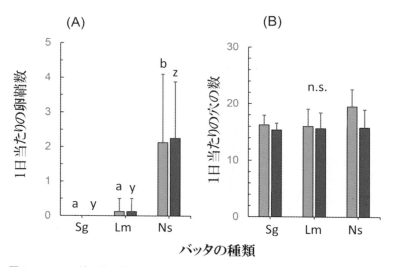

図9　バッタ3種の糞の抽出液を混ぜた砂を同時にサバクトビバッタのバッタケージにいれると、サバクトビバッタ（Sg）とトノサマバッタ（Lm）の糞の抽出液の産卵抑制効果はタイワンツチイナゴ（Ns）のものより高かった（A）。産卵穴の数には3者で差がみられなかった（B）。濃さの異なるヒストグラムは2回の実験を意味する。異なるアルファベットは有意差があることを示す。n.s.は有意差がないことを示す。文献[10]より許可をえて修正して転写。

区に産卵された。これらの結果から、産卵抑制物質はイヌムギ由来で、バッタの種類によって濃縮の程度が異なるのかもしれない、と考えるようになった。

9.5.　野外のサバクトビバッタの糞に産卵抑制効果はあるか？

　これまでの結果は、すべて実験室で飼育していたバッタからえられたものである。イヌムギは南米が原産で、世界中に外来種として広まった植物である。アフリカにも分布を広げているが、人が農業をいとなみ、灌がいを施すような地域を除いて、サバクトビバッタの分布圏である沙漠や半沙漠には棲息できないであろう。もしそうだとしたら、自然の植物を食べた野外のサバクトビバッタの糞にも、産卵抑制物質が含まれているのだろうか、という疑問がわいてくる。また、もし野外のサバクトビバッタの糞にはそのような活性がなければ、上述した結果は、実験室内でみられた人為的効果であり、生態的意義はないということになる。

　世界の研究者のコミュニケーションのサイトの一つであるリサーチゲート（ResearchGate）を利用して、「サバクトビバッタの糞を野外で採取してコップ一杯送ってくれないか」と呼びかけてみた。するとアフリカのモーリタニアとチュニジアの研究者から良い返事がもらえ、サバクトビバッタの糞を入手することができた。モーリタニアの沙漠ではアカシアの木の下で集めたもので、サバクトビバッタがアカシアの葉を食べたものと推定された。サンプルは2016年と2017年の2回送ってもらった。じつは、別の植物を食べたバッタの糞が欲しかったのだが、入手できなかったらしい。2016年のサンプルでは、延べ14日間の総産卵鞘数は80個であったが、そのすべてが対照区に産卵され、糞抽出液を含んだ砂には、まったく産卵がみられなかった（図10A）。砂に残っ

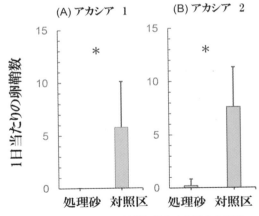

図10　モーリタニアの沙漠に自生するアカシアの木の下で2016年（A）と2017年（B）に採取したサバクトビバッタの糞の抽出液にも産卵抑制効果が認められた。＊は差が有意であることを示す。文献[10]より許可をえて修正して転写。

た穴の数は両者で有意な差はみられなかった[10]。これは、アカシアの葉を食べたバッタが残した糞の中にも、産卵を抑制する物質が含まれることを示していた。2017 年のサンプルも似たような結果がえられた（図 10B）。

　チュニジアから送られてきたサンプルは、ロメインレタスを食べたサバクトビバッタの糞だった。ロメインレタスは栽培野菜だが、チュニジアでは畑で栽培されていてサバクトビバッタが食害することもあるという。日本でも最近は幅広く栽培され、スーパーマーケットにも頻繁にならぶようになってきた。そこで送られてきた糞を水で抽出して、産卵抑制効果を調べてみた。延べ 15 日間で 94 卵鞘がえられたが、そのすべてが対照区に産卵された。アカシアの場合と同様、ロメインレタスを食べたサバクトビバッタの糞にも、強い産卵抑制活性があることがわかった[10]。

　魔法の砂がみつかった飼育下の現象はけっして特殊なものではなく、自然界でもサバクトビバッタの糞には産卵抑制効果があることが確認できた。

9.6.　他の植物を食べさせたら、その糞の産卵抑制活性は変わるのか？

　サバクトビバッタはイネ科ばかりでなく、他のさまざまな植物も食べる（第 1 章 1.2. 参照）。私たちの研究室では、栽培しやすいイヌムギやソルガムの他に、キャベツとコマツナなどを餌として使っていた。そこで 6 種の植物をそれぞれバッタに食べさせ、えられた糞の活性を調べてみた。それらは、オーチャードグラス、コマツナ、ソルガム、ロメインレタス、キャベツ、そしてススキであった。はじめの 3 種は圃場で栽培し、キャベツとロメインレタスはスーパーマーケットで購入、そしてススキはつくば市内で採ってきたものを使った。この研究を行った頃の私は再雇用職員だったので、研究費がなかったばかりか研究そのものも禁じられていたので、ロメインレタスや一部の消耗品などの購入は自費でまかなうしかなかった。サバクトビバッタはススキをあまり好まないが、選択の余地がなければがまんして食べる。2020 年にはサバクトビバッタが大発生して、「群生相のバッタは狂暴となり、植物ならなんでも食べつくす」と誇張した記事もみかけたが、事実ではない。空腹になれば紙やケージの枠木でもかじることもあるが、彼らにも好き嫌いはあり、じっさいに、成長して産卵することができる寄主植物の数はかぎられている。

　用意した糞の抽出液と水をしみ込ませた砂でくらべてみると、イヌムギでの

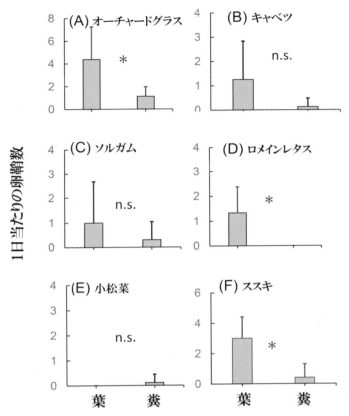

図 11　さまざまな植物の葉とそれを食べたサバクトビバッタの糞の抽出液の産卵抑制効果の比較。どちらも産卵抑制は強いが、糞の方が活性が強い傾向がある。＊は差が有意であり、n.s. は有意差がないことを示す。文献 10) より許可をえて修正して転写。

実験結果と同様、バッタはほとんどの卵鞘を水で湿らせた対照区の砂だけに産んで、糞や植物の抽出液をしみ込ませた砂には産まなかった。つまり、糞にも植物にも、産卵を抑制する物質が含まれているのだ。

　そこで、対照区を除いて、糞と植物の抽出液をくらべてみた。すると、オーチャードグラス、ロメインレタスそしてススキの 3 種に関しては、植物より糞の抽出液のほうに高い産卵抑制活性が認められた（図 11）。残りのコマツナ、キャベツ、ソルガムでは、2 つの処理区間では明確な差はみられなかった。この実験では、産卵鞘数が全体的に少ない。これはバッタの産卵活動が低かったため

ではなく、産卵抑制効果が強かったために、がまんできなくなったバッタだけ
が仕方なくいくつかの卵鞘を産んだためである[10]。

　この結果の解釈は、じつは簡単ではない。植物によって水で抽出される効率
はたぶん異なるからである。それぞれの茎葉は小さくハサミで切ったものの、
粉砕したわけではなかった。葉の表面の親水性も植物によって差があることは
容易に想像できる。しかし、植物によって、その茎葉とそれを食べたバッタの
糞の抑制効果に関する比較と解釈は難しくても、両者に産卵抑制効果があるこ
とは間違いなさそうである。

9.7.　もう一つの活性：　ふ化阻害効果

　サバクトビバッタのメスが産卵のためについやす時間と労力はきわめて大き
い。せっかく穴を掘ったのに目的の産卵をあきらめねばならず、穴掘りをくり
返す姿をみていると、なんともけな気で、子孫を残すためのいとなみの、何か
ひたむきなものを感じる。一方で、なぜ魔法の砂には産卵しないのだろうか、
という疑問がわいてくる。そこで、イヌムギを食べた成虫の糞を上述した方法
で抽出し、砂に混ぜて、その中に卵を埋めて、胚発育を観察してみた。すると、
その砂に埋めた卵はまったくふ化してこなかった。本章の後半は、糞の抽出液
の胚発育への影響について、最近わかったことを紹介したい。

　まず、糞の抽出液で処理した砂に産卵1日目の卵を埋めてみた。比較のために、
イヌムギの茎葉の水抽出液と生水で湿らせた砂（対照区）にも卵を埋めた。この
場合、同じ卵鞘からの卵を3等分して、それぞれの砂に埋めて、卵鞘の違いが結
果に影響しないよう配慮した。卵鞘によっては、卵の死亡率がきわめて高いのだ。
結果は明瞭で、糞の抽出液の砂からは1つの卵もふ化してこなかった（図12）。

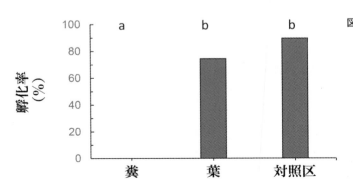

図12　サバクトビ
バッタの糞の抽出
液で湿らせた砂に
は殺卵効果があっ
た。そのような効
果はイヌムギ乾燥
葉の水抽出液には
なかった。異なる
アルファベットは
有意差があること
を示す。文献[9]よ
り許可をえて修正
して転写。

一方、イヌムギの抽出液と水で湿らせた砂では高いふ化率がみられた。前者の平均ふ化率はわずかに対照区より低かったが、統計学的には有意な差ではなかった[9]。つまり、ふ化阻害効果は、糞にあってイヌムギにはなかったと結論できる。この結果は、ふ化阻害要因が上で述べた産卵抑制物質とは異なることを示しているのかもしれない。

　次に、このふ化阻害要因が卵に直接触れていないと効果はないのだろうか？という疑問を検討した。上述したように、サバクトビバッタの卵は胚発育の過程で吸水する必要がある。複雑な要因を避けるために、正常に吸水して発育中のふ化 3 日前の卵を使った。糞の抽出液で湿らせた砂に卵を埋めた場合（図 13A）と、砂に直接接しないように皿の上にのせた場合（図 13B）とでくらべた。後者では、容器に蓋をしたので、もし空気中に放出されて影響する揮発性の物質であるのなら、皿の上の卵にも影響する可能性がある。

　ここで、バッタのふ化が二段階でおこることを説明しておきたい。まず、卵殻から脱出すると、うじ虫のような形をしたふ化前幼体が、蠕動運動によって地上めがけて移動していく。地上に出ると、そこではじめて脱皮してふ化幼虫

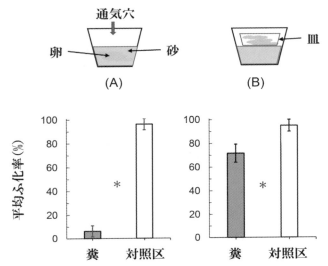

図 13　サバクトビバッタの糞の抽出液で処理した砂にふ化 3 日前の卵を埋めるとふ化率が著しく低下した（A）。活性は低下するが、皿にのせた卵を処理した砂の上においても対照区よりふ化率は低下した（B）。＊は差が有意であることを示す。文献[9]より許可をえて修正して転写。

があらわれる。バッタのふ化幼虫とは、卵殻から脱出したものではなく、脱皮してあらわれた幼虫のことをさす。

　実験にもどろう。糞の抽出液は、ふ化3日前の卵にも深刻な影響をもたらした。対照区では77%がふ化したのだが、糞の抽出液で処理した砂に埋めた卵からは、ほんのわずかの幼虫しかふ化してこなかった（図13）。この場合、19%の幼虫は砂の表面にまで達したのだが、実際ふ化したのは6%だった。一方、皿の上においた卵では90%が卵殻から脱出し、ふ化したのは72%だった。対照区では95%がふ化し、卵殻から脱出してふ化に失敗したものはいなかった[9]。これらの結果から、①ふ化阻害要因は、ふ化数日前の卵にも効果がある。②直接触れなくても、ある程度効果があるので、活性物質はいくらか揮発性がある。③卵殻からの脱出とふ化脱皮を阻害する効果がある、と結論できるかもしれない。

9.8.　胚発育への影響

　卵と胚発育におよぼす糞に含まれるふ化阻害要因の影響を調べてみた。多くの昆虫の卵は、胚発育の前半に外界から水を吸収することが知られている。サバクトビバッタの卵では、湿度100%であっても空気中から水分をとることはできない。水と接触していないと吸水できず、むしろ脱水してしまうのだ[11]。卵サイズの変化を30℃で追ってみた。水で湿らせた砂に埋めた場合（対照区）、卵幅は徐々に増加し、1週間後に変化が止まり、その後ふ化2、3日前まで一定となる（図14A）。一方、糞の抽出液で処理した砂に埋めた卵では、似た変化を示したが、増加量はわずかであった。明らかに、吸水が抑制されていた。卵を90〜100℃で10分処理して解剖すると、中の胚は白くなってみやすくなる。胚の触角の長さは、対照区とくらべて、ほとんど発育が進んでいないことがわかる（図14B）。胚子発育5日目の胚では、対照区（図14C）とくらべ処理区の胚は細く、少し変形していた（図14E）。9日目の処理区の胚は、もはや胚の原型をみせずボール状になっていた（図14F）。正常な発育をしている対照区では、胚はすでに卵内で回転し、触角もかなり伸長していた（図14D）。ふ化阻害要因は胚発育に直接、深刻な影響を与えるようである[10]。

9.9.　ふ化阻害活性

　糞抽出液のふ化阻害をさらにくわしく調べるために、卵期のさまざまな時期に糞抽出液を含んだ砂に卵を移して、ふ化を観察した。水で湿らせた砂の対照

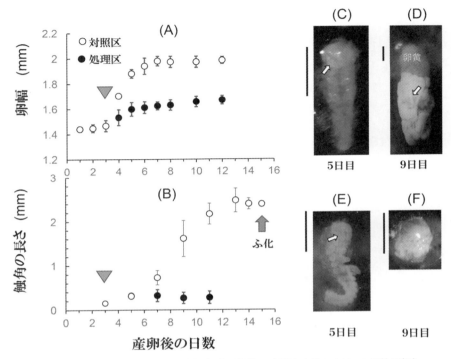

図14 サバクトビバッタの糞の抽出液（処理区）で処理した砂の中に、3日齢の卵を埋めて発育を調べた。処理区の卵は4日以降小さいままだった（A）。胚の触角長は5日以降伸長が止まり（B）、対照区（C·D）とくらべると変形（E, F）がみられた。▼は処理開始日。矢印は胚の触角（C–E）。文献 10) より許可をえて修正して転写。

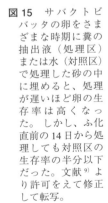
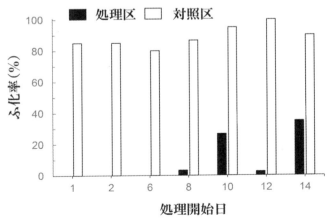

図15 サバクトビバッタの卵をさまざまな時期に糞の抽出液（処理区）または水（対照区）で処理した砂の中に埋めると、処理が遅いほど卵の生存率は高くなった。しかし、ふ化直前の14日から処理しても対照区の生存率の半分以下だった。文献 9) より許可をえて修正して転写。

区の卵では高いふ化率を示したが、処理区では卵期のはじめ 6 日以内に移した卵からはまったくふ化するものがいなかった（図 15）。その後に移したものでもふ化率は低く、ふ化直前（14 日目）に処理されたものでもふ化したのは全体の 35% であった [9]。この結果は、イヌムギを食べたサバクトビバッタが排泄した糞には、処理する時期によって卵のふ化率にさまざまな影響をもたらす要因が含まれていることを示していた。

9.10.　他のバッタの糞にもふ化阻害活性があるのか？

産卵抑制効果を示したタイワンツチイナゴとトノサマバッタの糞抽出液が、サバクトビバッタの卵のふ化にどのように影響するのかを調べてみた。対照区とくらべ、処理区のふ化率は低く、特にトノサマバッタの糞抽出液はタイワンツチイナゴのものより高いふ化阻害活性がみられた [10]。このパターンは、産卵抑制効果の場合と似ていた。

9.11.　他の植物とそれを食べて排出した糞のふ化阻害活性

イヌムギにはふ化阻害活性は認められなかったが、他の植物あるいはそれらを食べたバッタの糞にはどのような活性があるのだろうか？

そこで、まずモーリタニアとチュニジアから送られてきたアカシアとロメインレタスを食べたバッタの糞のサンプルを調べた。アカシアからのサンプルでは、2016 年のものは対照区とくらべると、ふ化阻害活性がみられたが、2017 年のものでは明瞭な活性はみられなかった。この違いの原因は不明だが、野外でサンプルを採ったタイミングの違いがあったのかもしれない。たとえば糞の古さや降雨や紫外線による活性物質の流出や分解などが考えられる [10]。いずれにせよ、アカシアの葉を食べたバッタの糞にはあまり高いふ化阻害活性はないのかもしれない。一方、ロメインレタスを食べたバッタの糞には、はっきりとした活性がみられた。これは、後にスーパーマーケットで購入したロメインレタスを与えたバッタの糞をチェックしても、同様な結果がえられている。

次に、オーチャードグラス、ソルガム、ススキ、コマツナそしてキャベツを食べたサバクトビバッタの糞について、上と同様に実験してみた [10]。調べたすべてのサンプルについて、高いふ化阻害活性がみられた（図 16）。オーチャードグラスとススキを除いて、他はすべて農作物であるので、それらを食べたバッタの糞にサバクトビバッタの胚のふ化を阻止する要因が含まれていたというこ

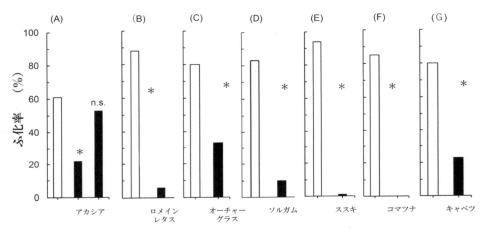

図16　さまざまな植物を食べたサバクトビバッタの糞の抽出液（処理区）または水（対照区）で処理した砂に卵を埋めると、処理区の生存率は著しく低下した。＊は差が有意であり、n.s. は有意差がないことを示す。文献 10) より許可をえて修正して転写。

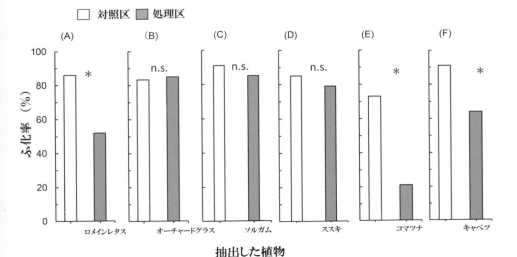

図17　さまざまな植物の葉の抽出液（処理区）または水（対照区）で処理した砂に卵を埋めると、植物の種類によって処理区の生存率は著しく低下した。＊は差が有意であり、n.s. は有意差がないことを示す。文献 10) より許可をえて修正して転写。

とになる。それでは、その要因とはバッタ自身が生産するものであるか、または植物自体に含まれている物質が濃縮されたのか？

そこでそれらの植物の葉をハサミで小さく切り、水抽出液を作って調べてみた。アカシアの葉は入手できなかったが、ロメインレタスはスーパーマーケットで熊本産のものを購入できた。対照区とくらべてふ化阻害活性がみられたのはロメインレタス、コマツナそしてキャベツの 3 種で、残りの 3 種ではふ化率が低下することはなかった（図 17）。

この植物の抽出液を試した実験では、結論できることはあまり多くなかった。植物によって水での抽出効率は異なることは容易に想像できる。ススキの葉は硬く、表面は水をよくはじくし、水でふやけて柔らかくなりにくく、抽出液もわずかに色がつく程度である。一方、キャベツやコマツナは柔らかく、水の中ではふやけて、抽出液はススキのものより濃い。たとえ活性物質を同じ量含んでいたとしても、同じように抽出されるとはかぎらないだろう。しかし、いくつかの植物の葉には、ふ化阻害活性をもった物質が含まれていて、バッタの糞の抽出液と似た効果を示すということはいえるだろう。糞と葉の抽出液の活性の正体が同一であるかどうかは、化学的分析を待たねばならない。

9.12.　生態的意義

糞に含まれる要因がサバクトビバッタの産卵を抑制するという現象は、彼らの野外での行動や生活にどのように関連しているのだろうか？

ノーリスが興味深い実験をしている [1]。57cm の立方型ケージの床の一方に列状に草をおき、もう一方にヤシの繊維でできた人口草をおいた。草あるいは人口草の内側 2cm に 6 個ずつ産卵用の筒をおいた。この産卵用の筒は直径 4cm、高さが 10cm で、湿った砂を詰めた後に、10cm 底上げした床にあけた穴に収めると、バッタがバリアフリーで砂に産卵できるようになっていた。そこに 4〜15 頭のメスを放して、翌日に卵鞘の数を記録したのだ。何度もくり返して、合計 97 卵鞘採れたのだが、草の近くの産卵筒に産んだのはわずか 6 個で、残りの 91 個は人口草の近くの産卵筒でみつかった。メスたちは空腹のものもいて、ケージに入れられると草を食べはじめたものもいた。それなのに、産卵するときは草から離れた場所に産卵したのである。ノーリスは、似たようなユニークな実験をいくつか行って、サバクトビバッタのメスが産卵場所として草の近くを避ける、という結論に達したのである。しかし、なぜ草の近くを避けるのかについては、

明確な答えも仮説も示されていない。

　1954年にサバクトビバッタが大発生したエリトリアの沙漠で、ストワー（Stower, W. J.）らは卵鞘がどのような分布を示し、その分布がどのような要因によって決定されているのかを調査した[7]。沙漠には主にオヒシバ、マツナそしてキダチルリソウとアブラナ科に近いフウチョウソウ科植物が生えていたが、卵鞘のほとんど（818 / 831個）は、キダチルリソウとフウチョウソウが生えていた場所で発見された。それ以外に約25種の植物がまばらに生えていたが、産卵と植物の種類との間には関連をみいだすことはできなかった。卵鞘は、全体の面積の4%に集中してみられた。地面の65%の面積が植物で占められている場所には産卵されておらず、30〜40%の面積が植物によって覆われていた場所でのみ卵鞘がみつかった。地面の硬さや裸地の面積なども、産卵に影響する可能性が指摘されている。

　私が注目したのは、彼らの論文の中にあった、卵鞘と植物の分布を描いた生息地の見取り図である。卵鞘がみつかった位置は、すべて植物（トウダイグサ、フウチョウソウ、キダチルイリソウなど）から数十cm以上離れたところにかぎられていたのである。そのような行動は、植物の葉やそれを食べながら排泄される糞が落ちる場所であり、バッタはそれを避けていたためではないだろうか。そのような場所に産卵すれば、卵のふ化率は低下する可能性があるからだ。野外の棲息地のさまざまな場所から砂を採取し、その砂に埋めた卵の生存率をくらべることによって検証できるかもしれない。

展望

　魔法の砂については、かなり以前から気づいていたのだが、じっさい研究をはじめたのは退職する数年前だった。化学的分析を通して活性物質の特定も試みた。当時、京都学園大学（現在、京都先端科学大学）の若村定男教授と大学院生だった森山太介さん（現在、神戸大学）の協力をえて、進めていただいた。しかし、私の退職が制限要因となり、実験は途中で中止となり目的を達成することができなかった。反応はやや弱いが、似た現象がトノサマバッタでも観察されることから、現在、弘前大学の管原亮平さんらが、トノサマバッタを使ってこの問題に取り組んでいるようだ[12]。近い将来、糞に含まれる産卵抑制物質と胚発育阻害物質の正体が解明されることを期待しないではいられない。

　これまでの結果をみるかぎり、サバクトビバッタの産卵と胚発育に影響する

物質は別のものであると推測されるが、それを判断するには物質の特定が必要である。現時点でわかっていることは、その活性物質は水で容易に抽出され、熱湯や乾燥にさらされても比較的安定であること。胚発育阻害要因に関しては、水とともに卵内に容易にはいって胚発育または吸水を阻害する。直接触れなくても気化して胚脱皮直前の生理的プロセスに影響する性質もある。それぞれの活性要因は一つの物質とはかぎらない。それらの物質は植物あるいはバッタに由来することから、バッタの行動制御剤として使われたとしても、生態系への悪影響をもたらす原因にはならないはずである。単離または合成することによって、サバクトビバッタの防除の一助になれば幸いだが、産卵も胚発育も地下5cmあたりでおこる。棲息地に処理して効果を期待することは難しいかもしれない。しかし、バッタの産卵行動を制御する感覚子の特定や、胚発育や脱皮の仕組みを研究する道具としてなら使えるかもしれない。

　小さな現象でも再現性ある知見を蓄積していけば、いつか別の観点から解明が進んで、今は謎と思われる疑問に解答がえられる日が来るにちがいない。

文　献

1) Norris, M. J. 1968. Anti-Locust Bulletin 43: 1–43.

2) Woodraw, D. F. 1965. Animal Behaviour 13: 348–256.

3) Choudhuri, J. C. B. 1956. Locusta no. 4: 23–34.

4) Uvarov, B. 1977. Grasshoppers and Locusts. Vol. 2. Centre for Overseas Pest Research, Cambridge.

5) Newland, P. L, and Yates, P. 2008. Journal of Insect Physiology 54:273–285

6) Lange, A. B. 2009. Canadian Journal of Zoology 87: 649–661.

7) Stower, W. J. *et al.* 1958. Anti-Locust Bulletin 30: 1–33.

8) Norris, M. J. 1963. Entomologia Experimentalis et Applicata 6: 279–303.

9) Tanaka, S. and Sugahara, R. 2017. Applied Entomology and Zoology 52: 635–642.

10) Tanaka, S. *et al.* 2019. Journal of Orthoptera Research 28: 195–204.

11) Shulov, A. and Pener, M. P. 1963. Anti-Locust Bulletin No. 41: 1–59.

12) Sugahara, R. et al. 2021. Applied Entomology and Zoology DOI: 10.1007/s13355-021-00725-x

第 10 章

第10章 バッタのふ化時刻とそれを決める仕組み：
温度と光周期の役割

西出雄大

　昆虫のほとんどの種は卵を産む卵生である。卵は捕食者から逃げることはできないが固い殻に守られているのが一般的である。一方、ふ化した幼虫は、自身で動くことができるものの、ひ弱で、捕食者から見ると絶好の餌になりうる。ふ化のタイミングは、捕食者が活動している時間帯にふ化するのはまずいし、極度の高温や乾燥も避けるべきである。このように、ふ化のタイミングは生存に重要なものであることは想像に難くない。ふ化は、必ずしも卵の中で胚が発生し終えたタイミングで起こる必要もないのだ。この章では、サバクトビバッタとトノサマバッタのふ化時刻とそれに影響する環境要因に関する最近の研究成果を紹介したい。

序　〜注目されてこなかった昆虫のふ化タイミング

　昆虫の中には、光や温度に反応してふ化してくるものがいる。たとえばキリギリスの卵を、明暗周期（ある時間帯を照明して明期とし、残りの時間を暗くして暗期とする）をつけた飼育容器で維持すると、暗期から明期に切り替わる前後でふ化が起こる[1]。また、低温と高温の温度周期下では、低温から高温に切り替わるタイミングでふ化することも示されている。しかし、このような昆虫におけるふ化のタイミングに関する研究は驚くほど少ない。2011年にIntegrative and Comparative Biology という科学雑誌がさまざまな分類群ごとにふ化のタイミングに関する研究をまとめた総説を10編掲載しているが、鳥、魚、カエル、亀、カニなどに関する総説があるものの、昆虫に関しては全くない。

　トビバッタはしばしば大発生して農業に深刻な影響を与えるため、長年多くの研究が行われてきた（第1章参照）。しかし、ふ化のタイミングに関する研究はこれらトビバッタでも少ない。後述するように、私と田中誠二さんは、偶然の出来事からサバクトビバッタのふ化時刻が卵を置いた温度によって大きく変化することに気づいた。そして、ふ化時刻がどのような温度と光の条件によっ

Chapter 10　Mechanisms controlling the hatching time in two locust species: roles of temperature and light. *Written by* Yudai Nishide

250

て決定されるのか、それらの条件が複雑に変動する野外では、いつふ化が起きるのかに興味をもった。サバクトビバッタは沙漠にすむが、日本にも広く分布するトノサマバッタは草原に棲息する。ふ化するタイミングがふ化幼虫の生存に深刻な影響をもたらすとしたら、生息環境が大きく異なる 2 種のバッタのふ化のタイミングは異なるかもしれない。本章ではこれら 2 種における、ふ化のタイミングについての研究を紹介する。

10.1.　偶然による発見

　ある日、私はいつも通り研究所の飼育室でサバクトビバッタの世話をしていた。そこに、田中さんが来て、ふ化直前の卵をいくつか欲しい、と言われた。どんな研究をするのかを尋ねると、1 齢幼虫の体色について少し実験したいことがある、とのことだった。私たちはサバクトビバッタをいくつかのケージで採卵用に集団飼育していた。バッタは卵鞘を毎日産んでいたので（図 1）、ふ化直前の卵鞘をいくつか田中さんに渡した。一般に、昆虫は温度が高い方が発育は早く、温度が低いと発育は遅くなる。そこでふ化を促進するために卵を通常の飼育温度（31℃）ではなく高温（35℃）に置き、ふ化の有無を頻繁に確認した。しかし、その日はどの卵鞘でも全くふ化しなかったので、夜間のうちにふ化するのを抑えるために、卵を低温（20℃）に移してから帰宅した。次の日の朝に卵を見てみると、卵はすでにどの卵鞘でもふ化していて、実験には使えなかった。なんて運が悪いんだ！そこで、その日もふ化直前の卵鞘をいくつか用意して高温（35℃）に置いたのだが、ふ化は見られず、夕刻にふたたび低温に置いて帰宅した。しかし、次の朝も卵はすでにどの卵鞘でもふ化して幼虫が容器内にうごめいていた。「これは偶然ではない！」と感じた。

　そこで、2 つの実験でこの現象の原因を探ることにした。低温がふ化の引き金になったと感じてはいたが、他の可能性も考えられた。夜間のふ化が続いたのは、用意した卵の

図 1　産卵しているサバクトビバッタ。

胚がどれもたまたま夜間に発育を完了したからという単純な理由かもしれない。卵鞘は一定の温度に置かれていたので、どれも同じ速度で発育したはずである。用意した卵鞘が同じような時刻に産下されていたから、どの卵鞘でもたまたま夜の時間帯にふ化したのかもしれない。一つ目の実験では、この可能性を調べたいと思った。メスが朝に産んだ卵と夜に産んだ卵を複数採取し、上記と同様の温度条件（昼間は 35℃、夜間は 20℃）に置いてみた。産卵時刻が夜間のふ化の原因であれば、高温である昼間にふ化するものが現れるはずである。しかし、この実験でも全ての卵が夜の低温の間にふ化してきた。

　もう一つ実験では、ふ化のタイミングを決めているのは時刻なのか、それとも温度なのかを調べた。1 つの卵塊を 2 つに分け、一方を昼間 35℃、夜 20℃の条件下において、もう一方は逆の温度、昼間に 20℃、夜に 35℃の条件下においた。すると、結果ははっきりしていた。どちらの条件でも、20℃でふ化してきたのだ。これらのことから、サバクトビバッタの卵は 35℃でふ化が抑制され、20℃でふ化してくることを確認できた。

10.2.　過去の文献調査

　サバクトビバッタのふ化のタイミングに関して興味深い現象に気づいたものの、すぐに本腰を入れて研究するには早すぎる。バッタ研究の歴史は長く、すでに同じような研究が行われている可能性があるのだ。そこで、バッタのふ化のタイミングに関する文献調査を始めた。

　まず私が見たのはバッタ類の研究をまとめたウヴァロフ卿（Uvarov, B. P.）による大著「Grasshoppers and locusts vol.1」[2] と「Grasshoppers and locusts vol.2」[3] であった。これらの本にはバッタ類の 1970 年代までの研究が詳しく記載されている。しかし、ふ化のタイミングについては vol.2 の方に、1 行の記載があるのみであった。その 1 行には引用文献が記されていたのだが、引用された元の論文全 94 ページ中でもふ化に関する記述はわずか 1 行、「野外においてサバクトビバッタは明け方から日の出 4 時間後までの短い時間に起こる」と書いてあるのみであった[4]。1980 年代以降についても文献を探してみたところ、1 編だけ実験室内で行った研究論文が見つかった。その論文で、パジャム（Padgham, D. E.）は、12 時間周期で 28℃と 33℃に変動する条件に卵を置くと、28℃でふ化し、さらに体内時計によってふ化は制御されていると記していた[5]。温度周期が重要なのか？絶対的な温度が重要なのか？光周期の役割は？など、多くの疑問は

未解決のままであることに気づいた。この過去の文献調査を終えた時は、本当
に興奮が抑えられなかった。バッタのふ化時刻に関する知見が乏しいというこ
とから、ふ化のタイミングに関する研究は新発見につながる可能性が高かった。

10.3. さまざまな温度に対する反応

　卵を35℃と20℃の温度周期に置くとふ化は20℃で起こることは実証できたが、
これが何を意味するのだろうか？ 2つの温度を比較して低い方でふ化してくる
のだろうか？それとも、20℃という温度が特別にふ化をうながす効果を持つの
だろうか？そして、このような温度に対するふ化のタイミングの調節は、トノ
サマバッタでも存在するのだろうか？これらの謎を解くために、サバクトビバッ
タとトノサマバッタの卵を様々な温度に置いてふ化のタイミングを調べた。

　2つの温度を 12 時間周期で変動させる条件に卵を置いて（12 時間高温、12

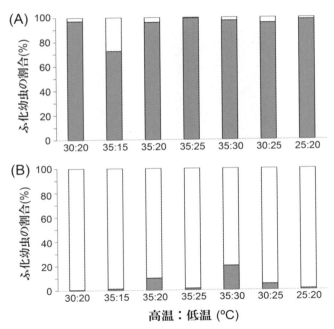

図2　さまざまな温度を組み合わせた温度周期下に卵を置くと、サバクトビバッ
タは主に低温期にトノサマバッタは高温期にふ化した。グレーは低温条件で
ふ化した個体の割合、白抜きは高温条件でふ化した個体の割合を示す。サバ
クトビバッタでの結果（A）とトノサマバッタでの結果（B）。文献 [8] の図を
出版社の許可を得て転載・改変。

時間低温）、ふ化した幼虫を 12 時間に 1 回直接数えることで、高温でふ化した個体数と低温でふ化した個体数を調べた。シャーレの中に湿った白い砂を入れ、ふ化した幼虫が隣の卵を蹴ったりする刺激がふ化に影響を与える可能性を考えて、卵鞘を崩して卵を一つ一つ砂の中に埋めた。さまざまな組み合わせの温度を試したが、どの温度周期でもサバクトビバッタは低温期にふ化してきた（図2A）。低温期が15℃の場合には高温期にもふ化が比較的多く見られたが、これは、温度が低すぎて体の動きが鈍くなった幼虫が、土の上に出てくるという行動を低温期の間に終わらせられなかったためである可能性が考えられる。特筆すべきは、35℃と30℃の周期で行った実験で、ほとんどの卵が30℃でふ化してきたのに対し（図2A、右から 3 番目）、30℃と25℃の実験では25℃でふ化してきた点である（図2A、右から 2 番目）。また、25℃と20℃の場合では20℃でほとんどの卵がふ化してきた（図2A、一番右）。この結果は、サバクトビバッタはふ化に好適な温度でふ化してくるのではなく、2 つの温度を比較してより低温の

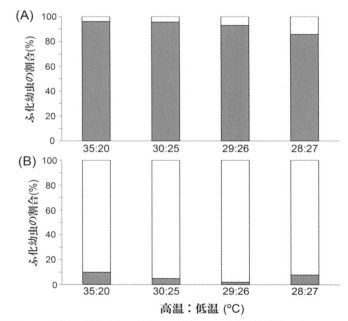

図3 2つの温度の差を変えてもサバクトビバッタは主に低温期に、トノサマバッタは高温期にふ化した。平均温度は 27.5℃。グレーは低温条件でふ化した個体の割合、白抜きは高温条件でふ化した個体の割合を示す。サバクトビバッタでの結果（A）とトノサマバッタでの結果（B）。文献[8]の図を出版社の許可を得て転載・改変。

時間にふ化してくることを表している。この種では、温度の低下によってふ化が誘導されるのかもしれない。一方、トノサマバッタはサバクトビバッタと逆で、すべての実験区で高温期にふ化してきた（図 2B）。これは、トノサマバッタの卵が 2 つの温度を比較して高温の時間に、つまり温度の上昇を受容してふ化していることを示唆している。

　次の実験では、「温度周期を認識するには何度の温度差が必要なのだろうか？」という疑問に取り組んだ。上記の実験では、5℃以上の温度差を作って実験を行っていた。もっと小さな温度差でも、卵は識別するのだろうか？1 日の平均温度を 27.5 度に固定し、2 つの温度の差を 15℃、5℃、3℃、1℃になるように設定して、ふ化を観察した（図 3）。驚くべきことに、その差がわずか 1℃しかない 28℃と 27℃の温度周期でもサバクトビバッタは低温期、トノサマバッタは高温期にふ化してきた。なんと正確な温度識別だろう。これらのバッタの卵は感度の良い温度計をどこかに備えているに違いない。ちなみに、ツェツェバエが羽化するときには、0.4℃の温度変化を認識することが示唆されている[6]。感度の良い温度計はバッタだけがもっているわけではないようだ。

10.4.　体内時計の影響

　昆虫の活動や発育などが体内時計と呼ばれる内因性の生体リズムによって制御されていることは古くから知られている。1968 年にミニス（Minis, D.H.）とピッテンドリック（Pittendrigh, C.S.）がワタアカミムシというガの 1 種で、ふ化のタイミングが体内時計の影響を受けていることを示し[7]、1970 年代以降には体内時計に関する研究が盛んに行われた。1980 年、パジャムはサバクトビバッタのふ化が体内時計に影響されていることを示唆する論文を出しているのだが[5]、調べた卵の数が少なかったので、観察された結果が真実を表しているのか疑問だった。ふ化は生涯に 1 度のイベントであり、同じ個体で処理を変えて実験することはできない。数多くの個体を使って実験し、個体群としてどのような傾向があるのかをつかむ必要があった。

　体内時計は、明暗や温度の周期などの外界の手がかりがなくなっても時を刻み続け、特定の時刻に行動を引き起こす。サバクトビバッタの卵がほんとうに体内時計によってふ化のタイミングを決めているのであれば、温度周期を経験していた卵を一定温度条件に移して温度のてがかりをなくしても、低温期にあたる時間帯にふ化するはずである。これを確認するため、サバクトビバッタが

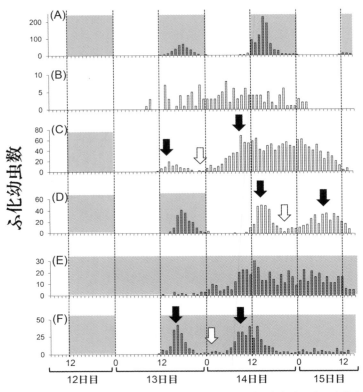

ふ化幼虫数

図4　体内時計がふ化に与える影響。背景グレーは 28℃（低温）、背景白抜き
は 33℃（高温）の時間帯を示し、縦軸はふ化個体数、横軸は時間軸で産下後
の日数を示した。12 日目までは全ての卵を高温 12 時間、低温 12 時間のリズ
ムにしておき、そのまま 28℃と 33℃を 12 時間周期の場合（A）、12 日目から
33℃一定にした場合（B）、13 日目から 33℃一定にした場合（C）、14 日目か
ら 33℃一定にした場合（D）、12 日目から 28℃一定にした場合（E）、13 日目
から 28℃一定にした場合（F）のふ化時刻を示す。黒矢印はふ化の一つのピー
クを示し、白矢印はふ化が見られない時間帯を示す。温度変化がなくてもふ
化する時間としない時間が見られるため、体内時計による影響があることが
わかる。文献[8] の図を出版社の許可を得て転載・改変。

産下した卵を 28℃と 33℃の 12 時間温度周期下に置き、ふ化の 1〜2 日前（産下
12〜13 日後）から温度を一定に保ったときのふ化時刻を調べた。温度周期を持
続させたままの対照区では、低温の時間帯にふ化してきたが（図 4A）、12 日目
から高温（図 4B）あるいは、低温（図 4E）の一定温度条件においた場合、明
確なふ化リズムが見られなかった。一方、13 日目から一定温度に保った場合と
（図 4C・F）、14 日目から高温に保った場合は（図 4D）、低温後約 24 時間から

ふ化の一次ピークが見られ（黒矢印）、その後一旦ふ化が収まり（白矢印）、再びふ化の二次ピークが見られた（黒矢印）。このことから、ふ化時刻の調節には体内時計が関係し、その効果は24〜48時間程度経つとリセットされると考えられる。また、同様の実験スケジュールで行ったトノサマバッタ卵の実験でも、ふ化時刻の調節に体内時計が関与していることが分かってきた。ただし、どちらのバッタでも、一定温度条件に移した後に明確なふ化ピークは最大2度しか観察されなかった。また、どちらのバッタでもピークの間隔は約20時間で、24時間より短いものであった。明瞭なパターンを見るために、最終的にはサバクトビバッタで5000個以上、トノサマバッタで4000個以上の卵を使った、とても労力のかかった実験となった。

10.5.　光の影響

ここまでの温度とふ化に関する実験では、24時間明るい（全明）条件で卵のふ化を観察していた。暗闇ではふ化幼虫を数えられないからなのだが、コオロギ類を使った研究では、光とふ化の関係が調べられていた[9,10,11]。例えば、清水と正木[11]は、コオロギ類6種のうち4種が暗期から明期に切り替わる前後にふ化することから、これら4種は野外では明け方にふ化してくると推測している。

そこで、サバクトビバッタとトノサマバッタを用いて光とふ化時刻の関係を調べてみることにした。光の明暗が12時間ごとに切り替わる光周期条件下に卵を置き、明期と暗期の終わりの時間に、ふ化個体を数えた。ふ化が数日にわたって起こるように、数日間にわたって産卵された卵鞘の卵を混ぜたものを用意し、

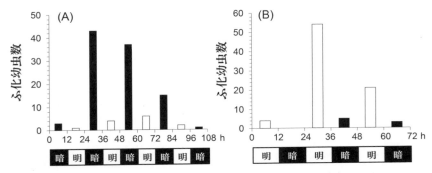

図5　光の明暗がふ化に与える影響。サバクトビバッタでは暗期に（A）、トノサマバッタでは明期にふ化してくる（B）。温度は25℃一定にし、12時間明期、12時間暗期の条件に卵を置いた。縦軸は12時間ごとのふ化幼虫数、横軸はふ化し始めてからの時間。文献[12]の図を出版社の許可を得て転載・改変。

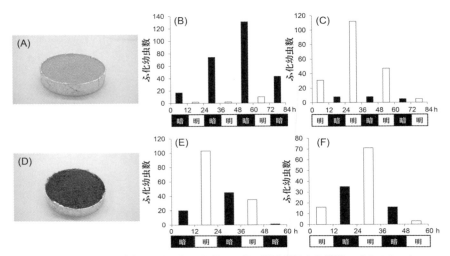

図 6　ガラスビーズまたは土に埋めた卵のふ化に明暗が与える影響。プラスチック
シャーレにガラスビーズで卵を埋めた写真（A）と土に埋めた写真（D）。ガラスビー
ズで埋めた場合はサバクトビバッタの卵は暗期にふ化し（B）、トノサマバッタの
卵は明期にふ化する（C）。一方、土に埋めた場合は、サバクトビバッタ（E）もト
ノサマバッタ（F）も光の明暗に関係なくふ化してくる。文献 12) の図を出版社の
許可を得て転載・改変。

　それぞれの卵は砂の上に水平に置いた。図 5 に結果を示したように、サバクト
ビバッタは主に暗期に、トノサマバッタは明期にふ化してくることが見て取れ
る。自然界では、光が射す昼間に温度が上昇し、夜には温度が下がるのが普通
なので、低温でふ化するサバクトビバッタが暗期にふ化し、高温でふ化するト
ノサマバッタが明期にふ化したことは、自然に思えるかもしれない。

　しかし、ここで違和感を覚えた読者の方は、かなりの切れ者だろう。この章
の最初に述べたように、サバクトビバッタもトノサマバッタも土の中に産卵す
る。メスは腹部をいっぱいに伸ばして土中 2〜7cm に卵鞘として産卵する。光は
卵に届くのだろうか？そこで、光を通すガラスビーズまたは土に埋めた卵（図
6A・D）を 12 時間周期の明暗の条件に置き、ふ化のタイミングを見た。ガラス
ビーズに埋めた場合は、予想通りサバクトビバッタは主に暗期、トノサマバッ
タは明期にふ化し（図 6B・C）、やはり光がふ化に影響していることを示した。
一方、卵を 1cm の土で覆った場合、光条件とは関係なくふ化したように見えた（図
6E・F）。これは、土の中に光は届いておらず、卵はふ化のタイミングを決める
シグナルとして光を使っていない可能性を示している。

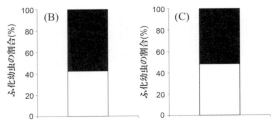

図7　光の明暗が泡の栓までそのままの卵鞘のふ化に与える影響。缶の中に土を入れ、缶の上部まで底上げした飼育容器でメスを飼育し、採卵（A）。この卵鞘をそのまま、12 時間明期、12 時間暗期の条件に置き、ふ化のタイミングを見た。サバクトビバッタの結果（B）とトノサマバッタの結果（C）。白抜きは明期にふ化した個体数、黒塗りは暗期にふ化した個体数を示す。文献[12]の図を出版社の許可を得て転載・改変。

　しかし、光が卵に届いている可能性がまだ残っていた。上記の実験では人為的に卵鞘をバラバラにして土をかぶせたが、自然な状態ではメスが卵を産んだ後に、泡状の物質で栓をするのである。泡の栓は固まるのだが、それが天窓のように作用し卵に光が届く可能性が考えられた。そこで、上部を切り取った 500ml 入りのジュースのアルミ缶に土を入れて、それに産卵させた（図7A）。卵鞘を缶ごと 12 時間周期の明暗条件に置き、ふ化のタイミングを調べた。その結果、サバクトビバッタでもトノサマバッタでも、卵は明期と暗期に関係なくランダムに起こった（図7B・C）。サバクトビバッタは名前の通り沙漠に棲む生き物なので、モーリタニアの沙漠の生息地で採取した砂を使って同様の実験を行ったが、結果は同じだった。この観察から、自然の状態では、これらのバッタの卵はふ化時刻の制御に光を利用していないと思われる。

10.6.　なぜ光がふ化に影響する？

　バッタの卵が温度にも光にも反応してくることがわかった。では、温度と光、どちらがより重要なのだろうか？つまり、低温で明るい、高温で暗い、という不自然な条件に置くと、ふ化のタイミングはどうなるのだろうか？そこで、温度周期と光周期をさまざまな組み合わせで与える実験を行った。最初は確認のため、温度が下がるタイミングで暗期が来るようにした。この場合では、予想されたようにサバクトビバッタは低温・暗期にふ化し（図8A）、トノサマバッタは高温・明期にふ化してきた（図8B）。次に、低温で明期、高温で暗期という不自然な条件に卵をおいた。このような条件で低温期と高温期の温度差を 10℃ とした場合はサバクトビバッタでもトノサマバッタでも、特定の時間帯に

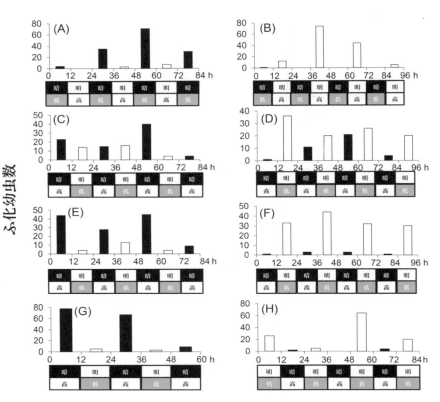

図 8　光と温度変化がふ化に与える影響。高温・暗期、低温・明期という不自然な環境でふ化を見ると、温度差が 10℃ の時はランダムに（C・D）、温度差が 7℃ の時は明暗の影響が強く（E・F）、温度差が 3℃ の時はさらに明暗の影響が強くなる。左がサバクトビバッタの結果（A・C・E・G）、右がトノサマバッタの結果（B・D・F・H）。高温 32.5℃、低温 22.5℃ の場合（A・B・C・D）、高温 31℃、低温 24℃ の場合（E・F）、高温 29℃、低温 26℃ の場合（G・H）。縦軸はふ化幼虫数で、黒塗りは暗期のふ化幼虫数、白抜きは明期のふ化幼虫数。横軸はふ化開始からの時間。文献 [12] の図を出版社の許可を得て転載・改変。

ふ化してくるような傾向は見られなかった（図 8C・D）。温度周期の影響と光周期の影響が拮抗した結果、どちらの周期にもふ化のタイミングを合わせることができなかったように見える。しかし、この温度差を 7℃ にすると、サバクトビバッタは高温・暗期に、トノサマバッタは低温・明期にふ化してくる傾向を示した（図 8E・F）。つまり、温度差を小さくすると、温度は光の影響に負けるようだ。さらに温度差を 3℃ にするとこの傾向は強まり、サバクトビバッタもトノサマバッタも温度変化を無視し、光の明暗のみを見ているかのようにふ

化してきた（図 8G・H）。これらの結果は、10℃の温度差は光と同等の影響を
ふ化のタイミングに与えるが、7℃や3℃だと光の影響よりも弱いことを示して
いる。つまり我々が実験に使っていた蛍光灯の光は、10℃の温度変化と同等の
影響力を持ち、7℃や3℃よりも重要な影響を与えているのだろう。

　この温度周期と光周期を同時に起こす実験が、「光が届かない環境でふ化す
るはずの卵がなぜ光に影響されるのか？」という謎に一つの仮説を生み出した。
キイロショウジョウバエでは、光を感受するロドプシンという分子が、温度の
認識にも関与していることが分かっている [13]。我々の仮説とは以下のようなも
のである。バッタの卵は温度を認識するための物質としてロドプシンのような
温度と光を感受するタンパク質を使っており、野外では光が届かない土の中な
ので温度変化のみを感知し、適した時間にふ化してくる。しかし、ロドプシン
は光にも反応する物質なので、人工的に明暗を与えると、明るい時間を高温と
して、暗い時間を低温として認識してしまうのではないだろうか。私の研究で
は、ロドプシンの関与すら証明できず、この仮説を提唱するだけになってしまっ
たが [12]、私たちの仮説の妥当性は今後検証されていくだろう。

10.7.　野外におけるトノサマバッタのふ化時刻

　トノサマバッタは高温・明期にふ化してくる。では、1日のうちでふ化は何
時に起こるのだろうか？最も温度の高い時間帯なのだろうか？しかし、温度の
高い時間帯は季節や天候によっても異なるだろう。午前中は晴れるが午後は雨
で気温が下がるような日もある。そのような日はどうするのだろう？そこで、
実際に野外でのふ化の時刻を調査してみた。前年の秋に野外で採集したトノサ
マバッタから採卵し、休眠した卵鞘を4℃に貯蔵して準備しておいた。春になっ
てからこの卵鞘を30℃に戻すと、卵は約10日でふ化してくることが分かって
いる。卵鞘を30℃におき、ふ化予定日の2日前に、この卵鞘を野外の日の当た
る場所に埋めて（図9）、ふ化の時刻を1時間毎に観察した。実験は5月から行っ
たが、長く4℃に置くとふ化率が急激に下がったため、9月以降の実験は十分に
出来なかった。この実験は、毎時間野外でふ化の確認をする必要がある。これ
までの室内での実験では12時間に1回の観察かデジタルカメラで1時間ごとに
写真を撮るだけでよかった。写真を撮ってみたら、シャーレのふたに光が反射
していて中の卵は何も見えなかった、などの苦労はあったが、毎時野外でふ化
を見るのは大変だった。

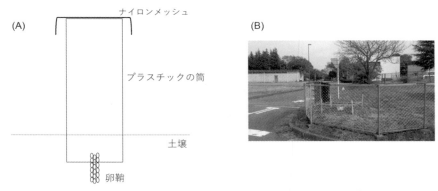

図9　野外でのふ化実験。ふ化個体数を数えるために、プラスチックの筒とナイロンメッシュで逃げないようにして、卵を埋めた（A）。研究所内の圃場一角でのふ化時刻に関する実験場所（B）。4 本の木枠で囲った場所が実験を行った場所。

さて、努力の甲斐もあって、野外でのトノサマバッタのふ化時刻がわかってきた [14]（図 10）。ふ化は 9 時から 16 時までに起こり、ほとんどの個体は午前中にふ化してきた。ピークは 11 時から 12 時の間だが、季節による変動はほとんど見られなかった。野外の土中の温度は記録計を設置して毎時間記録してあっ

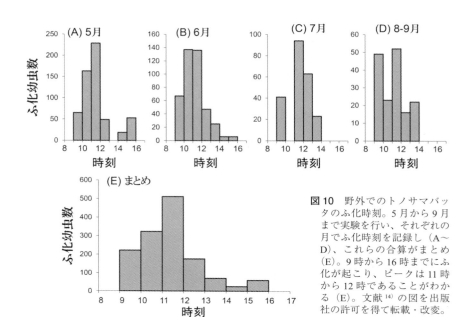

図10　野外でのトノサマバッタのふ化時刻。5 月から 9 月まで実験を行い、それぞれの月でふ化時刻を記録し（A〜D）、これらの合算がまとめ（E）。9 時から 16 時までにふ化が起こり、ピークは 11 時から 12 時であることがわかる（E）。文献 [14] の図を出版社の許可を得て転載・改変。

たので、温度変化とふ化時刻との関係を解析した。その結果、ふ化前の3時間に毎時1℃以上（計3℃以上）温度が上昇すると、多くの卵がふ化することが分かった。しかし、何℃上がれば確実にふ化するという条件はなく、ある絶対的温度レベルに達するとふ化するという現象でもないようだ。一貫していたのは、昼間でも温度が上がらないような雨の日はふ化してこなかったことだ。また、雨が降り出すとふ化が中断し、卵鞘に残った卵は次の日までふ化しなかった事例もあった。さらに、後述する温度シミュレーターで雨の日の温度を再現することによって、ふ化時刻の決定には温度が重要な要因になっていることを証明することができた。雨の日は気圧や湿度も大きく変わると考えられるが、それらの要因は重要ではないと思われる。

　また、面白い現象をトノサマバッタの野外観察では見ることができた。卵鞘内で卵から脱出したバッタの幼虫はまだ一枚の膜を被っており、蠕動運動しかできない。地中から地表まで蠕動運動で移動し、地表でその膜を脱いで1齢幼虫となる。ある日ふ化した幼虫を観察していると、その脱いだ白い膜をアリの1種トビイロシワアリが行列を作って持ち去ったのだ。第3章で述べられているように、トノサマバッタは、ふ化直後に運動性が高い。これは、脱いだ膜にアリが来ることから、草の上など少し離れた場所に移動し、そこで体を固めるように進化したためかもしれない。ふ化行動の研究から推測した仮説にすぎないのだが、このように他の研究成果とのつながりによりバッタ行動の生態的意義が少しずつ分かっていくのはとても楽しいことである。

10.8.　野外におけるサバクトビバッタのふ化時刻

　サバクトビバッタの番である。前述したように、野外でのサバクトビバッタのふ化は「夜明け直前から日の出4時間後までの短い時間に起こる」という報告がある[4]。しかし、私たちの場合、それを野外で検証するのは現実的ではなかった。夜明け前後に私が起きることが出来なかったからではない。サバクトビバッタは横浜植物防疫所から特別な許可を得て輸入した昆虫であるため、定められた飼育室の外に持ち出すことはできなかったからだ。まして、生きた卵を野外に放つことは法律で禁じられていた。そこで、私たちは、当時千葉大学（現：東京農工大学）の鈴木丈詞さんにお願いして0.1℃の精度で10秒ごとに温度制御できる温度シミュレーターを作ってもらった。これはPCに貯蔵した温度データにしたがって、忠実にインキュベーター内の温度を調節するという特

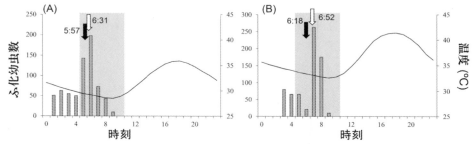

図 11　野外の土中温度とふ化数。モーリタニアにおける 5 月 15 日（A）と 9 月 21
日（B）の沙漠土中温度をシミュレーターで再現した。温度は折れ線グラフ、ふ化
幼虫数は棒グラフで示し、白抜き矢印はモーリタニアの日の出時刻、黒矢印は平
均ふ化時刻。背景の灰色は、文献[4]でバッタがふ化すると報告された夜明け直前（夜
明け前 1 時間とした）から 4 時間後までの時間。文献[15]の図を出版社の許可を得
て転載・改変。

別な装置である。沙漠の地中温度は、モーリタニアのバッタの生息地の地下 5
cmで 1 時間毎に記録されたデータを、モーリタニアにある国立バッタ防除セン
ター（Centre National de Lutte Antiacridienne（CNLA））のバーバ所長（Mohamed
Abdellahi Babah Ebbe）に送ってもらった。その記録の中の 5 月と 9 月の沙漠の
地中温度を温度シミュレーターで再現して、サバクトビバッタのふ化時刻を調
べた。

　卵鞘を砂に埋めておくと、ふ化のピークが夜明け時間とほぼ一致し、かなり
の個体が「夜明け直前から日の出 4 時間後」にふ化してくることが明らかとなっ
た（図 11）。これらの卵鞘によるふ化時刻のデータは、野外で観察されたふ化
時刻とほぼ一致するもので、野外でも温度をたよりにふ化を調節しているもの
と思われる。

10.9.　ふ化時刻の適応的意義

　サバクトビバッタは夜明け前後に、トノサマバッタは正午直前にふ化してく
ることがわかった。なぜこのような時間にふ化してくるのだろうか？サバクト
ビバッタの場合を考えてみよう。彼らのふ化が夜明け前後に起きるのは、沙漠
という厳しい環境に棲息しているということと関係があるかもしれない。沙漠
は昼間の地表温度が50℃を超えることもある灼熱の地だ。そのような時間帯に
ふ化すれば、一瞬にして死んでしまうだろう。実際に確認したところ、恒温器
を 50℃以上にするとふ化幼虫は倒れてしまう。したがって、温度が急上昇する

昼間はふ化が抑えられ、地中で卵のまま過ごし、温度が低くなる夜明け前後にふ化するのだろう。ふ化後に草陰や岩陰の直接日光に当たらない場所まで移動すれば、致死的高温は避けることができる。

　一方、トノサマバッタではなぜふ化が正午直前に起こるのだろうか？考えられるのは、気温が高い時間の方が、ふ化後の体の硬化が速く進むために、昼間にふ化するという可能性だ。ふ化直後は体が柔らかく、歩くことはできるものの得意のジャンプも出来ない。アリやクモ、トカゲなどの捕食者に見つかってしまえば、食べられてしまうに違いない。もし昼にふ化することで体の硬化を早めることができれば、捕食者から逃れる確率が高まるはずだ。そのため、捕食者が夜でも昼でも活動するような場合には、昼にふ化した方が生存に有利なのかもしれない。

まとめ

　最初は偶然に見つけた現象がきっかけだったが、上述したように研究が広がっていきサバクトビバッタとトノサマバッタの興味深いふ化現象の一部を垣間見ることができた。手前味噌だが、ふ化と温度、体内時計、光の影響、そして野外でのふ化時刻などが調べられた昆虫は珍しい。本研究では、室内と野外での実験により、ふ化に最も重要な要素は温度であることが明らかになった。そしてアリによる脱皮殻の持ち去りが観察されるなど、興味深い知見も得られた。室内と野外の両方の実験をすることは大変ではあるが、その分収穫も多かったように思う。ここから私が気になるのは、ふ化を決める環境要因や、ふ化の時刻が近縁な種では保存されているのだろうか？ということである。数種のコオロギでは光に反応し夜や夜明け前後にふ化してくることが知られている[11,16]。これらの種のふ化にも、温度への反応が見られるだろうか？クマゼミは雨の日にふ化してくるなど、湿度の影響も知られている[17]。今後、さまざまな昆虫でふ化のタイミングに関する研究が進んでいけば、それぞれの種でふ化のタイミングがどのように決まり、その違いがどのように進化してきたかが解明されるだろう。

文　献
1) Arai, T. 1979. Japanese Journal of Ecology 29: 49–55.
2) Uvarov, B. 1966. Cambridge University Press, Cambridge.
3) Uvarov, B. 1977. Centre for Overseas Pest Research, London.

4) Ellis, P.E. and Ashall, C. 1957. Anti-Locust Bulletin 25: 1–94.

5) Padgham, D.E. 1981. Physiological Entomology 6: 191–198.

6) Zdarek, J. and Denlinger D.L. 1995. Physiological Entomology 20: 362–366.

7) Minis, D.H. and Pittendrigh, C.S. 1968. Science 159: 534–536.

8) Nishide, Y. *et al.* 2015. Journal of Insect Physiology 72: 79–87.

9) Arai, T. 1977. Kontyu 45: 107–120.

10) Tomioka, K. *et al.* 1991. Journal of Insect Physiology 37: 365–371.

11) Shimizu, T. and Masaki, S. 1997. Japanese Journal of Entomology 65: 335–342.

12) Nishide, Y. *et al.* 2015. Journal of Insect Physiology 76: 24–29.

13) Shen, W.L. et al., 2011. Science 331: 1333–1336.

14) Nishide, Y. *et al.* 2017. Physiological Entomology 42: 146–155.

15) Nishide, Y. *et al.* 2017. Applied Entomology and Zoology 52: 599–604.

16) 新井哲夫. 2012. 山口県立大学学術情報 5: 1–41.

17) Moriyama, M. and Numata, H. 2006. Journal of Insect Physiology 52: 1219–1225.

第11章

第 11 章　卵塊から一斉にふ化する仕組み：
胚が発する振動

田中誠二

　バッタはたくさんの卵をまとめて土や砂に卵鞘として産む。それらの卵はし
ばしば一日のある特定の時間帯にふ化する。じっくり観察していると、それぞ
れの卵塊から幼虫が一斉にふ化してくる光景を目にすることができる。昆虫の
生態の何気ない一コマにみえるのだが、卵鞘から卵を取り出してばらばらにお
くと、それらの卵は一斉ではなく、長時間にわたって散発的にふ化する。最近、
卵が一斉にふ化する行動には胚がもつ精巧な仕組みが背景にあることがわかっ
てきた。モーツァルトの曲を流すと、なぜかトノサマバッタの卵は早くふ化し
てくる。本章では、それらの仕組みについて紹介したい。

序　〜一斉ふ化の謎

　前章で記されたふ化時刻に関する研究を進めるうちに、バッタのふ化の仕組
みに興味を引きつけられた。実験室で観察すると、温度や光周期に反応して種
特異的な時間帯にふ化がみられる[1]。バッタの卵は温度周期の高温と低温がたっ
た1℃の差でもきっちり認識して、トノサマバッタは高温期に、サバクトビバッ
タは低温期にふ化してくるのには、驚嘆しないではいられなかった。ふ化時刻
の調節における生物時計の役割については詰め切れなかったが、サバクトビバッ
タのふ化行動をさらに調べていく中で、一斉にふ化するためのもう一つの仕組
みが存在する可能性に気づき[2]、バッタ類の一斉ふ化の仕組みにつてくわしく
調べることにした。

　トノサマバッタは100個前後の卵を、卵鞘として地下に埋める。卵がふ化す
るまでには、少なくとも3段階の調節ポイントがあり、それによってふ化のタ
イミングが変わってくる。

　（Ｉ）季節的調節：たとえば関東地方のトノサマバッタの卵が休眠するかし
　　　ないかは、親バッタが経験する光周期（日長）とその卵の温度条件によっ
　　　て決まる[3]。長日下では不休眠卵が、短日下では休眠卵が産まれる。日

Chapter 11　Mechanisms inducing synchronous hatching in locusts: roles of vibrations emitted by embryos. *Written by* Seiji Tanaka

図1　トノサマバッタの一斉ふ化。（南大東島にて。相澤昌成さん撮影）

長が急速に短くなる夏には、地温しだいで休眠あるいは不休眠となる。不休眠卵は夏にふ化し、休眠卵は翌年の春にふ化する。卵で休眠しないサバクトビバッタなどの昆虫には、この調節はない。

（Ⅱ）日周的調節：休眠からさめた胚は春の温度上昇におうじて発育を再開し、ふ化の数日前に経験する温度周期を読み取って朝9時から午後4時の間にふ化する[4]。

（Ⅲ）一斉ふ化調節：別々の卵鞘のふ化時刻は異なっても、それぞれの卵鞘からは一斉にふ化する（図1）。ふ化の数日前のトノサマバッタの卵鞘を2つに分けて、半分の卵を卵鞘のまま砂に埋め、残りの卵をばらばらにして砂に埋めると、同じ温度・光条件下であっても、前者は一斉にふ化

図2　トノサマバッタの卵を卵鞘内で集団のまま（A）と1つ1つばらばらにおいた場合（B）のふ化時間の比較。どちらも平均を0時間にそろえてある。文献[5]の図を出版社の許可をえて転載・改変。

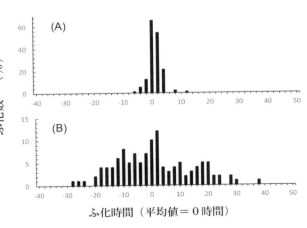

するが、後者は散発的にふ化してくる（図 2）[5]。これは最終的なふ化のタイミングの調節に、（Ⅱ）とは違ったもう一つの仕組みがあることを意味している。

　本章では、どうやって卵は一斉ふ化するのかに関する（Ⅲ）の仕組みについて焦点をあてる。

11.1.　昆虫の一斉ふ化の仕組みに関する研究

　昆虫の卵塊から幼虫が一斉ふ化する現象はよく知られているが、その仕組みについてはほとんど研究されてこなかった。

　そんな中で、卵が比較的大きく、卵殻が硬くて扱いやすいからだろうか、カメムシでの研究がいくつか行われている。初期の研究としては、ミナミアオカメムシの例があげられる。1964 年に桐谷圭治（Kiritani, K.）は、このカメムシの卵を 1 個ずつ単独にすると卵塊のままにした場合より、ふ化が遅れ、しかもばらばらにふ化することを発見した[6]。最近、同様の現象がいくつかの別のカメムシでも観察されているが、卵を単独にしても影響のない種や、単独にするとむしろそろってふ化する種もいるようである[7]。

　2002 年に大庭は、水の上に露出したタガメの卵のふ化が、オス親のかける水によって刺激されることを発見した[8]。さらに、水をかけられると最初の卵がふ化し、周りの卵も一斉にふ化しはじめる。ふ化するときに破裂音が聴こえるそうである。彼は、その音または振動が同一卵塊の他の卵のふ化を刺激する可能性を指摘したが、それを検証する実験は行っていない。似たような現象がフタボシツチカメムシとベニツチカメムシでもみられた。これらの場合、重要なのはメス親であった。向井（Mukai, H.）らは、卵塊を抱えるメス親が体を震わせ、その振動が一斉ふ化をもたらすことを実験的に証明した[9,10]。これらのカメムシの親はふ化を促すために闇雲に水をかけたり、卵塊をゆすったりしているとは考えにくいので、卵塊から発せられる何らかの信号を感受してタイミングをはかっていると思われるが、その仕組みは検討に値する。

　タガメで指摘されたふ化時の物理的刺激の重要性はクサギカメムシでも想定され、遠藤（Endo, J.）らはレーザードップラー振動計という特殊な装置を使って、ふ化時に発せられる振動の記録に成功した[11]。それを再生して別の卵を刺激したところ、刺激された卵は刺激されなかった卵より速やかにふ化したことから、卵殻が壊れるときに発せられる振動が同一卵塊の他の卵の一斉ふ化を誘導する、

と結論している。このカメムシに関する私たちの最近の研究[12] では、異なった
卵塊に由来する卵を糊でくっつけても一斉にふ化がみられ、最長 8 時間のエイ
ジの違い（産卵時刻の違い）があっても、一緒にふ化してくることがわかった。
また、数cmの間隔で卵を離しても、同じ紙あるいはコルク上に貼れば一斉にふ
化することから、卵を産みつける基質を通して振動がよく伝わることが明らか
になった。

　カメムシ以外の昆虫では、ワモンゴキブリのふ化行動が研究されている。ゴ
キブリはたくさんの卵を卵ケースに入れて産む。卵ケースは、巾着（昔の財布）
に似ていて、それを腹部の先につけて運ぶことから、昔はコガネムシと呼ばれ
ていたという[13]。ふ化した幼虫は協力してこの卵ケースをこじ開けて脱出する
ので、卵ケース内で一斉にふ化することはゴキブリにとって重要になってくる。
1976 年にプロビン（Provine, R. R.）はワモンゴキブリのふ化直前の卵をピンセッ
トで触れるとふ化することを観察し、物理的な刺激がふ化に関わっている可能
性を指摘した[14]。

　サバクトビバッタの卵と砂を入れた容器を手で振ったり[15]、ボルテックス（サ
ンプルを振動で攪拌する装置）で卵に振動を与えたりすると[2]、刺激するたび
にいくつかの卵がふ化してきた。バーネイズ（Berneys, E.A.）によるこのサバク
トビバッタの知見は 1971 年に発表されており[15]、昆虫のふ化が振動のような物
理的刺激で誘導されることを実験的に示したはじめてのものである。しかしそ
れらの処理によって必ずしも全部の卵が一斉にふ化しないので、一斉ふ化は単
純な仕組みではなさそうである。

　これらの研究から、昆虫の卵の一斉ふ化が親からの刺激やふ化時の卵殻の破
裂振動によって誘導されることが明らかになった。しかし一斉ふ化の仕組みと
して、これらの行動がおこる前の、胚による精巧な調節が存在することが、こ
れから紹介するバッタでの研究で少しずつわかってきた。

11.2.　トノサマバッタのふ化時刻の調節

　卵鞘の構造　地中に産まれたトノサマバッタの卵鞘は地下 5〜7cmに達する
（図 3）。産卵直前に、卵はメス成虫の卵管で貯精嚢から下ってきた精子と受精し、
付属腺からタンパク質でできた粘液と一緒に地中に押し出される。メス成虫は
腹部を巧みに動かし、卵を規則正しくならべながら産んでゆく。卵は付属腺と
卵管からの粘液でコーティングされ、後に固まると網目状となり卵どうしがしっ

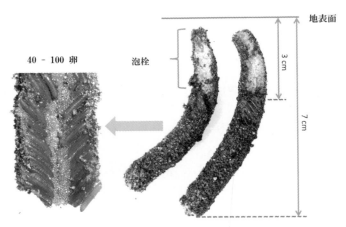

図3　トノサマバッタの卵鞘。半分に割ると卵が互いに接してならんでいるのがみえる。

かり固定される。卵鞘当たりの卵数は100前後である。このような構造は、他のバッタの卵鞘にもみられ、後に述べるように、一斉ふ化をする上で重要な役割をはたすと考えられる。卵鞘の上部2〜3cmほどは、泡栓と呼ばれ、付属腺と卵管由来の泡状の物質だけでできている。卵を保護する機能にくわえ、ふ化するときの地上への坑道となる。

卵塊サイズとふ化　卵の集団サイズがふ化のパターンに影響する現象は、桐谷によってミナミアオカメムシで報告されている[6]。卵塊を1、2、5、10卵に分けると、卵の数が多いほど早くそろってふ化し、集団サイズはふ化後の幼虫の発育に影響する。

トノサマバッタの卵塊サイズとふ化の関係について調べてみた。卵鞘から卵をとりだし、30℃、連続照明下で観察した。

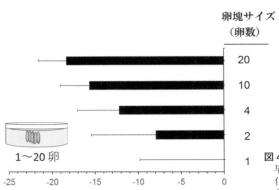

図4　卵塊サイズが大きくなると、早くふ化する。単独卵の平均ふ化時間を0時間（平均値＋SD）とした。文献[5]の図を出版社の許可をえて転載・改変。

シャーレに湿った白い砂をいれ、鉛筆で円錐状の穴をつくり、そこに1〜20個の卵を入れた。シャーレに蓋をして上からカメラで30分ごとにインターバル撮影をして、ふ化時刻を記録した。すると、卵塊サイズが大きいほど、卵が早くふ化した（図4）。1卵よりも2卵の方が約8時間も早くふ化し、20卵まとめるとふ化は約18時間も早くなった[5]。ミナミアオカメムシでの1卵と10卵との差はわずか2.3時間なので、トノサマバッタの場合、卵塊サイズの影響はかなり顕著といえる。一方、はじめのふ化から最後のふ化までの時間には、卵塊サイズによる明確な差はみられなかった。卵塊にすれば、2個でも20個でも同じようにそろってふ化してくるということである。

ふ化時期はいつ決まるのか？　卵を塊にすると早く、しかも一斉にふ化してくる。これが決まるのはいつなのだろうか。卵鞘を2つに割って、一方の卵を塊にしておき、他方の卵をふ化前のさまざまな時期にばらばらにした。卵どうしを離す時期が、ふ化時刻にどのように影響するのかを調べた[5]。しかし、この方法には問題があった。それは、卵が多いために（20個）、卵を離すときに

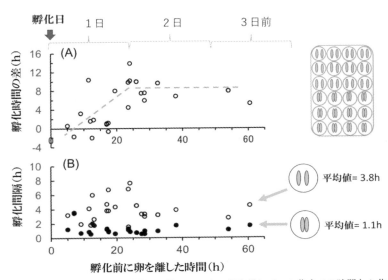

図5　ふ化前のさまざまな時期に、接していた2卵を離して、ふ化までの時間とふ化間隔への影響を調べた。同じプレート内の半分の卵は接したままにして対照区とした。（A）実験区から対照区を引いた値。（B）ふ化間隔。文献[5]の図を出版社の許可をえて転載・改変。

卵塊を崩したりする余分な刺激がくわわってしまうことや、作業に時間がかかり、ふ化直前の処理が困難だった。

　そこで、2 卵を使って実験をくり返した。同じ卵鞘から卵をとり、細胞培養用のプレートに入れた湿った砂の上に卵を 2 個ずつくっつけておき、ふ化前のさまざまな時期に絵画用の筆を使って、くっついている卵をそっと離して、ふ化時期を観察した（図 5）。半数のペアは、対照区として筆先で触るだけで、くっつけたままにしておいた。ふ化が終わった後に、二つの区のふ化までの平均時間とふ化間隔を比較した。図 5A に示したように、ふ化までの時間をくらべると、ふ化 24 時間前にくっついていた 2 卵を離すと、8 時間前後遅れたが、24 時間以内に離すと、ふ化時刻が近づくにつれ差は小さくなった。ふ化 24 時間以内に、卵内の胚が隣接する卵から何かしらの信号を受けているのではないか、と感じた。

　2 卵のふ化間隔をみると、少なくともふ化 5 時間前くらいまでは 2 卵を離す時期にかかわりなく、離した卵はふ化間隔が広がり、同期化が失われるという結果がえられた（図 5B）。これらの結果から、ふ化時刻の決定と同期化には、ふ化前 1 日の卵の状態が重要であることがわかる。さらにそれを確認するために、逆の実験を行ってみた。ふ化 5 日前に離しておいた 2 卵を、さまざまな時期に筆でくっつける実験である。結論は同じであった[5]。ふ化 24 時間以内に 2 卵をくっつけると、対照区との差は縮まった。一方ふ化間隔は、少なくともふ化 5 時間前でも卵が互いに接しているか離れているかによって顕著な差がみられることから、ふ化直前の卵の状態が重要であることがわかった。

他の卵をモニターしてふ化のタイミングをはかる　2 つの卵が一斉にふ化するためには、両方またはどちらか一方の卵がふ化のタイミングを他方に合わせているはずである。それを明らかにするために、産卵時刻の異なるトノサマバッタの 2 つの卵鞘の卵をペアにして同じ穴に入れ、どのような反応をするのかを観察してみた。比較のために、それぞれの卵鞘からとった別の卵は 1 卵ずつ別の穴に入れて単独にもち、ふ化時期を記録した。

　はじめの実験では、2 つの卵鞘は同じ日に産卵されたもので、単独でおいた 2 つの対照区の卵はほぼ同時にふ化した。ところが、それぞれの卵鞘からの卵をペアにすると、それらの卵は対照区よりも早く、しかも、そろってふ化した（図 6A・B）。もうひとつの実験では、2 つの卵鞘からの卵の平均ふ化時刻には約 1

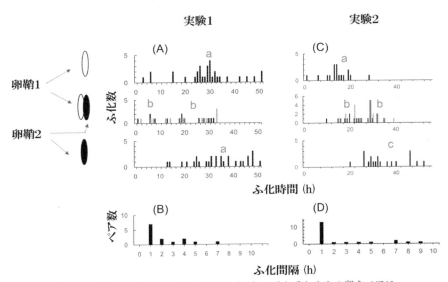

図6 産卵時刻の異なる2卵鞘（卵鞘1と2）のそれぞれからの卵をペアにしたときのふ化時間とふ化間隔への影響。実験1(A・B)、実験2(C・D)。（A）と（C）の薄いヒストグラムは、ペア卵のうちで遅くふ化した個体。図中の異なるアルファベットは統計的な差があることを示す。文献 [5] の図を出版社の許可をえて転載・改変。

日の差があり、胚発育に約1日のエイジの差があったことを示している。しかし、それぞれの卵鞘からとった卵をペアにすると、それらの卵はそろってふ化してきたばかりか、対照区の中間くらいにふ化してきたのである（図6C・D）。発育の進んだ卵と遅れた卵をくっつけると、前者はふ化を遅らせ、後者はふ化を早めたのだ。これはたいへん興味深い現象だ、と感じた。

　生物の実験には、ばらつきと偶然がつきものである。興味深い結果が出たときは、特に気を付ける必要がある。供試数が少ないのに、一度の実験結果で論文を書いてしまう人も少なくないが、それは大胆で勇気がいる。小心者の私は、できるだけくり返し実験をすることにしている。そこで、産卵時刻の異なる76卵鞘を用意して、実験に明け暮れた。はっきりさせたかったのは、次の2点であった。（1）どれくらい発育に差があると一斉ふ化ができなくなるのか？（2）一斉ふ化をするために、2つの卵がどのようにふ化時刻を調整するのか？

　（1）の疑問に答えるために、ペアにした時の2つの卵のふ化時間の差、つまりふ化間隔が2つの卵鞘の発育の差によってどのように変化するのかをプロットしてみた（図7A）。横軸は2つの対照区の平均ふ化時間の差である。2つの

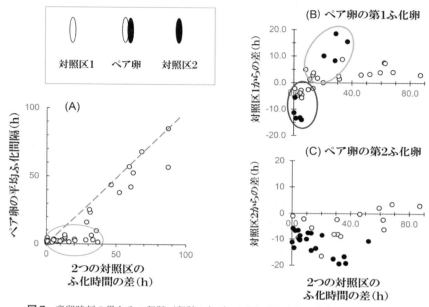

図7 産卵時刻の異なる2卵鞘（卵鞘1と2）のそれぞれからの卵をペアにしたときのふ化時間とふ化間隔への影響。(A)2卵のエイジの差とペア卵のふ化間隔の関係。(B)2卵のエイジの差とペア卵の第1ふ化卵（先にふ化した卵）のふ化時間の関係。(C)2卵のエイジの差とペア卵の第2ふ化卵（後にふ化した卵）のふ化時間の関係。

卵鞘の産卵時刻の差をほぼ反映している。もしペアにした卵の間にまったく相互作用がなければ、ふ化間隔は図7Aの破線上に乗るはずである。結果は、横軸が約37時間以内の時は、ペアにした卵の平均ふ化間隔は数時間にとどまり（楕円内）、破線よりはるか下になっていた。これは、2つの卵の発育の差が37時間以内であれば、ペアにした卵がほぼ同時にふ化したことを示している。それ以上2つの卵のエイジが離れた場合、破線に沿った値を示した。これは、2つの卵が互いに影響し合うことなく、対照区の卵と同じようなタイミングでふ化してきたことを物語っていた。

　一緒にふ化するために、2つの卵がどのようにふ化時刻を変えるのか、という（2）の疑問に関しては、まずペアにした2つの卵について別々に検討してみることにしよう。2つの対照区の発育の差が10時間以内の場合（図7B; 濃い線の楕円内）、ペアにしたうちのはじめにふ化した卵（第1ふ化卵）は、同じ卵鞘由来の対照区とくらべ、最大14時間早くふ化してきた。一方、発育の差が10時間をこえると（図7B; 薄い線の楕円内）、第1ふ化卵は対照区とくらべ最大

276

18 時間も遅れた。これは、ペアになった相手の発育ステージまたはエイジによって、ふ化を早めたり遅くしたりしていたことを意味している。次に、遅れてふ化した卵（第 2 ふ化卵）をみると（図 7C）、ペアにした卵とのエイジの差が 40 時間以内の場合、ふ化が早まっていたことがわかる。第 2 ふ化卵は遅く産卵された卵鞘由来なので、ペアにされてふ化を同期的するためには、自らのふ化を早める必要があった。

　トノサマバッタの卵は、周りの卵のエイジにおうじてふ化のタイミングを早めたり、遅らせたりして一斉にふ化する。もしそうだとしたら、卵内の胚が、隣接する胚から何かしらの信号を受信して、ふ化のタイミングを図っているということになる。

胚の使っている信号はなにか？　　卵どうしが接していると伝わる刺激には、化学的刺激と物理的刺激が考えられる。胚のエイジによって刻々と変化する刺激のはずなので、化学的刺激は考えにくいと予想していたが、まず、この可能性を調べることにした[16]。ふ化 1 時間前くらいと思われる卵を冷凍して中の胚を殺し、解凍後、その卵と発育が少し遅れていた生きてる卵とペアにして、ふ化が早まるかどうかを観察した。この実験は、「卵の表面にその胚のエイジの特徴となる化学物質が存在し、それが別の卵のふ化調節刺激になっている」とい

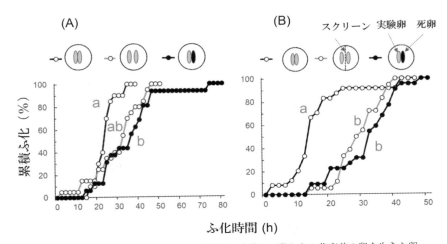

図 8　化学的刺激の関与をテストした実験。凍結して殺したふ化直前の卵を生きた卵とペアにしても、後者のふ化への影響はなかった。図中の異なるアルファベットは統計的な差があることを示す。文献 [16] の図を出版社の許可をえて転載・改変。

う仮説を検証するものだった。生きた卵どうしをペアにした場合、ふ化は早く、しかも比較的一斉にふ化したが、殺した卵とペアにしたものでは、ふ化が遅れたばかりか、ダラダラと長期間にわたっていた（図8A）。そのパターンは、生きた卵をばらばらにおいた場合と似ていた。確認のために、同様の実験をもう一度行った。その場合、離しておいた2卵の間に金網の仕切りをおいて、ふ化した幼虫がまだふ化していない卵に触れないようにしたのだが、結果は変わらなかった（図8B）。ふ化前の卵の表面にある化学物質が、別の卵のふ化時間の制御にかかわっているという証拠はえられなかった。

次に物理的刺激について調べた。すぐに思いつくのは振動と音である。卵どうしを少しでも離すと、ふ化は同期化しないので、空気を媒体として伝わる音がかかわっているという可能性は低いと考えていた。じっさい、後の実験で、それを支持する結果がえられた[16]。そこで、振動の可能性を調べた。数mm離してならべた2個の卵の上にステンレス製の針金を渡して、その効果を調べた。比較のために、針金を渡さないものと、2個の卵をくってけたものを用意した。ここで使った卵は、すべて同一卵鞘からのものを使った。互いに離しておいた卵のふ化間隔は平均6.3時間で、2個の卵が1時間以内に一斉にふ化したものはほとんどなかった（図9）。一方、針金を渡した卵の多くのペアは一斉にふ化

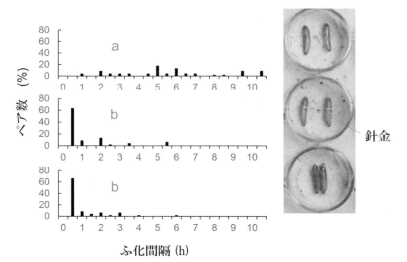

図9　物理的刺激の関与をテストした実験。離してならべた2つの卵に針金を渡すと、くっつけておいた場合と同じように一斉にふ化した。図中の異なるアルファベットは統計的な差があることを示す。文献[16]の図を出版社の許可をえて転載・改変。

し、平均ふ化間隔は1.3時間と大幅に縮小した。ふ化までの時間をくらべると、針金を渡した卵と接しておいた卵はともに、離しておいた卵より早くふ化した。これらの結果は、針金を通して伝わる刺激、つまり振動が卵のふ化のタイミング調節に重要な役割をはたしていることを証明していた。

モーツァルトを流すとふ化が早まる トノサマバッタの一斉ふ化に振動がかかわっているとしたら、どんな振動であろうか？それはとても小さな振動で、そのようなものを検出して解析するには専門家の協力と高額機械を購入する資金がなければ不可能であると、私は悲観していた。そんな時に逆の発想から思いついたのが、いろいろな振動を卵にあたえてふ化への影響をみたらどうかというアイデアだった。当時、再雇用職員で研究費もなかったのと、研究支援が仕事で研究活動は御法度であると告げられていた身分だったので、業者に相談することも、そのための装置を購入することもできなかった。そのころに相談にのってくれたのが、当時茨城大学で研究をしていた坂本洋典さん（現在、国立環境研究所研究員）だった。彼はアリの専門家で、アリの出す振動や音を録音して解析をした経験があり、協力してくれた。ユーチューブ動画を参考に小

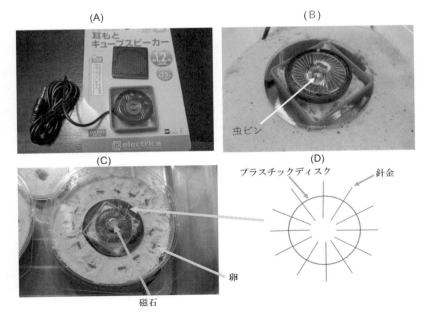

図10 振動伝達装置。

さなスピーカーを自作し、振動を直接バッタの卵に伝える装置を一緒に考えた。百円ショップのダイソーで針金や磁石などを購入し、いくつかスピーカーを作ってみた。しかし、小型化するのが難しかった。挫折しそうになったころ、ダイソーのある棚で小型スピーカーが販売されているのを偶然みつけた。思わず店内で歓声をあげてしまった。それを利用して作ったのが、バッタ用振動伝達装置である（図 10）。

DVD プレーヤーから音を再生し、スピーカーの磁石の上に短く切った虫ピンを立て、その上にプラスチックディスクをのせて振動を伝えた。そのディスクにはステンレス製の細い針金を 12 本のせ、その上にもう一枚ディスクをのせて接着剤で固定した。針金の先をふ化 2 日前の卵の上に軽くのせて、準備完了である。出力はミキサーを使って調節し、ふ化時刻は 30 分ごとにデジタルカメラで撮影して記録した。

まずモーツァルトのトルコ行進曲（約 3 分）を 2 日間、くり返しふ化が終わるまで流しつづけ、その効果を調べた。比較のために、同じように振動を送ったが針金の先は卵から数mm離しておいた対照区と、砂につくった穴に 12 卵まとめて集団で入れた集団区を用意した。まず音楽を流さずテストしてみると、実験区と対照区は同じようにふ化し、集団区とくらべ、ふ化は遅く、ばらついていた（図 11A）。トルコ行進曲を振動として卵を刺激した実験区のふ化は、集団区や対照区より明らかに早くはじまった（図 11B）。振動を受けなかった対照区では、ふ化開始ばかりかふ化までの平均時間も実験区より遅かった。同様の結果は、ベートーベンの「エリーゼのために」でもショパンの「ノクターン」を使ってもえられた（図 11C・D）。ピアノ曲以外に、バックストリートボーイズの「Hey, Mr. DJ」や三橋美智也が歌った「怪傑ハリマオの主題歌」でも試したが、結果は同じであった [16]。したがって、楽曲や音楽のジャンルにかかわりなく、ある振動があたえられれば、トノサマバッタの卵は反応するのである。それがある一定の範囲の周波数の振動であるのか、ある一定以上の振幅ならどんな周波数にでも反応するのかは不明であった。ふ化のパターンをじっくり眺めると、集団区とくらべて、実験区のふ化のばらつきは対照区と同じくらい大きく、一斉ふ化とはほど遠いパターンを示していた。

そこで、トルコ行進曲の再生開始時期をいろいろ変えて、ふ化への影響を観察してみた。すると、ふ化 37.5〜13.5 時間前から再生した場合、上述した結果とほぼ同様であった（図 12A・B・C）。つまり、ふ化の開始は早まったが、ふ化

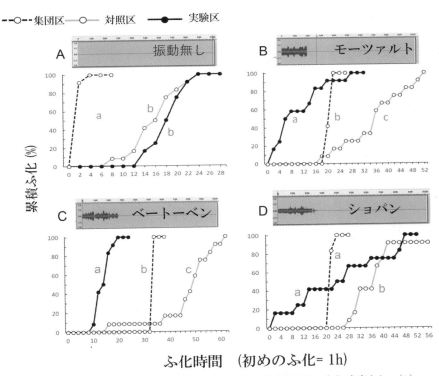

図 11　さまざまな音楽を振動として卵に伝えるとふ化が早まる。（A）音楽なし、（B）モーツァルトのトルコ行進曲、（C）ベートーベンのエリーゼのために、（D）ショパンのノクターンをふ化 2 日前から連続的に流した。集団で 12 卵を砂の穴においた集団区と振動刺激を与えない単独卵（対照区）と比較した。図中の異なるアルファベットは統計的な差があることを示す。文献 16) の図を出版社の許可をえて転載・改変。

のパターンは対照区に似て、ばらつきは大きいままだった。ところが、ふ化開始直前か直後に再生をはじめると、その直後にふ化がはじまり、しかも一斉にふ化した（図 12D・E・F）。この結果と別の実験結果から、一斉ふ化の仕組みが二段式になっていることに気づき、作業仮説として次のようなモデルを考えた。

二段式制御システム　まずふ化のタイミングの制御は、胚が形態形成を終了し、ふ化前の静止期におこるというサバクトビバッタではじめに提案されたモデルを踏襲している 17)。その静止期は、ふ化前の 2 日間くらいであると考えられる。ふ化に至るまでには、2 つの振動が重要である。胚は第一段階でスタンバイ状態に入る（図 13）。このスタンバイ状態は、単独でも自発的に到達でき

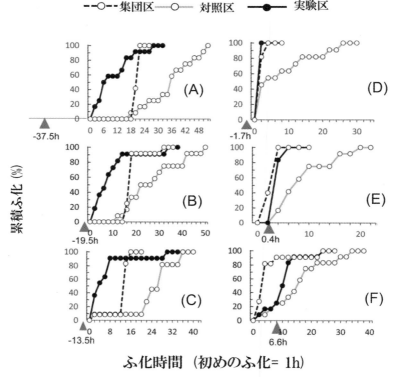

縦軸：累積ふ化 (%)

凡例：　--○--　集団区　—○—　対照区　—●—　実験区

横軸：ふ化時間（初めのふ化= 1h）

図 12　モーツァルトの「トルコ行進曲」をふ化 13.5h 以前（A・B・C）から流すとふ化はばらつくが、直前から流すと（D・E・F）一斉にふ化する。▲は、音楽を流しはじめた時刻（集団区の平均値からの差）。文献 [16] の図を出版社の許可をえて転載・改変。

るが、そのタイミングは隣接する胚が発する第一の振動によって影響される可能性がある。第二段階では、スタンバイ状態の胚がふ化誘導刺激（第二の振動）に反応してふ化する。隣接する胚がふ化誘導刺激を発すると、それを感受した胚が同期的にふ化する（図 13A）。スタンバイ状態以前の胚はその刺激に反応できないが、後にスタンバイ状態となり、自発的にふ化する（図 13B）。卵は単独状態におかれてもふ化できるので、スタンバイ状態には自発的に到達することもできるし、外部からふ化誘導刺激を受けなくてもふ化できると考えられる。しかし、それらの卵のふ化は長期間にわたり散発的におこる。

　図 12A〜C で示したふ化パターンをもう一度みてほしい。振動という形で再生した音楽はあきらかにふ化誘導刺激として機能した。しかし、ふ化誘導でき

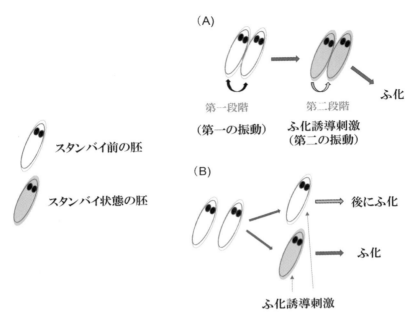

（A）

第一段階　　　第二段階
（第一の振動）　ふ化誘導刺激
　　　　　　　（第二の振動）

ふ化

スタンバイ前の胚

スタンバイ状態の胚

（B）

後にふ化

ふ化

ふ化誘導刺激

図13　トノサマバッタの一斉ふ化を説明する二段式制御モデル。形態形成が終わるふ化 2 日前に静止期に入る（A）隣接する胚からの振動刺激を感受し、そのシグナルにおうじて胚はスタンバイ状態になる。隣接するふ化誘導シグナル（比較的大きな振動）に反応して、同期的にふ化する。（B）互いに離接していない場合、自発的にスタンバイ状態になるが、その時期はばらばらになる。ふ化誘導シグナルがなくても自発的ふ化するが、ふ化はばらつく。スタンバイ状態前の胚は、すでにふ化した幼虫から刺激を受けても、すぐにふ化できない。文献 [16] の図を出版社の許可をえて転載・改変。

たのは、スタンバイ状態に到達していた卵だけである。それ以外の卵は、その後散発的にスタンバイ状態に到達すると、音楽の刺激に反応してふ化した。したがって、ふ化も散発的になり、結果的に、ふ化は全体としてばらついた。一方、図 12D〜F では、刺激された卵が一斉にふ化した。これは、ほとんどの胚がすでにスタンバイ状態に到達していたので、音楽からの刺激を受けた時に一斉にふ化がみられた、と考えられる。

　このモデルは、2 個の卵のエイジの差が 37 時間以内の時に、ふ化のタイミングを一方の卵は早め、他方の卵は‘待つ’ことによってふ化を同期化する現象 [5] も説明できる。つまり、第一段階で胚は隣接する胚からのエイジ依存的な振動を感受し、その信号におうじてスタンバイ状態になる時期を調整し、スタンバイ状態でふ化誘導刺激を待つ。やがて、一方の胚がふ化誘導刺激を発すると、

他方の胚がそれに反応して同時にふ化がおこる [16]。

　それでは、スタンバイ状態に胚をそろえる振動刺激とはどんなものなのか？そして、スタンバイ状態の胚のふ化を誘導する振動刺激、信号とは？以下に、これらの謎に挑んだ私たちの悪戦苦闘の軌跡について述べたい。

　胚の発する振動をとらえる　昆虫の胚が一斉ふ化のために振動を発しているという例は知られていなかった。しかし、それまでの実験結果は、そのような振動が存在しなかったとしたら説明できない現象だったので、確信はあった。しかし、すでに述べたように、胚が発する振動をとらえるのは可能なのか？少なくとも技術的には気が遠くなるような話に思えた。この窮地を救ってくれたのが坂本さんだった。アリが発する振動や足音などを研究するためのノウハウが応用できるかもしれないと言って、協力してくれたのだ。必要な装置は秋葉原で安価なものを探し、細かな消耗品は私たちが資材庫と呼んでいたダイソーで調達した。また、ふ化の仕組みの研究の話に関心を示してくれた農研機構の秦珠子さんもハード面などで協力してくれた。こうして、プロジェクトは動きだした。

　胚の発する振動をとらえるための、坂本さん手作りの装置が試行錯誤をくり返して完成した（図 14）[18]。聴診器の音を聴取するダイヤフラムに虫ピンの頭をテープで固定し、虫ピンの先端部を卵や卵鞘に触れさせて振動をひろう仕掛けである。聴診器のもう一方は短く切断して PC 用のマイクロフォンに接続し、採取した振動をアンプで増幅した。振動は超録（無料ソフト）を使って記録した。ふ化の時刻と胚の動きを記録する必要があったので、隣の研究室から借りてきたデジタルマイクロスコープ（Dino-Lite）を使って映像を PC に貯蔵した。

　私たちは、はじめ卵鞘に針を突き刺して予備実験を行った。振動は音へと変換され、イヤホーンを使ってリアルタイムで聞くことができた。胚が発する振動をとらえるために、30℃の恒温室に閉じこもって何時間も耳を傾けた。坂本さんが最初にそれをとらえ、私に聴かせてくれたときの興奮は忘れられない。それは、まるでカエルの鳴き声のような、ゲーッ・ゲーッ・ゲーッと聴こえた。

　図 15 は、1 個の卵に針をあてて記録したふ化前 10 時間分の記録である。10 時間前には振動は小さいが、ふ化が近づくにつれ、だんだん大きくなってくるようにみえる。振動を拡大してみると、ゲーッが等間隔で発せられる場合と、

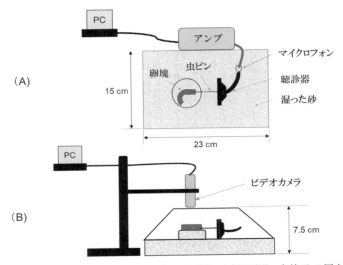

図 14　胚の振動を感知する装置。(A)正面図、(B)側面図。文献[18]の図を
出版社の許可をえて転載・改変。

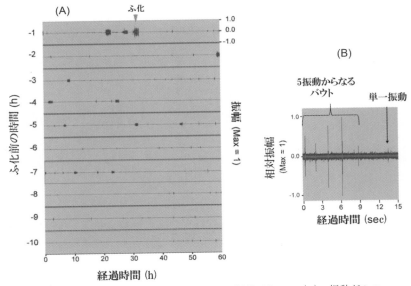

図 15　ふ化 10 時間前の 1 卵から記録した振動パターン（A）。振動が 2 つ
以上連続したものをバウトとよぶ。(B) 5 振動からなるバウトと単発振動。
文献[18]の図を出版社の許可をえて転載・改変。

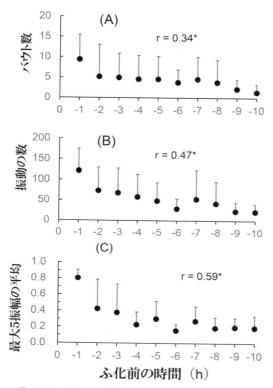

図16　ふ化前 10 時間にみられるバウト数（A）、振動の数（B）、5 最大振幅（C）の平均値と正の標準偏差。r は相関係数。* は統計学的に有意。異なる卵鞘からえた 3 卵からの記録に基づく。文献 [18] の図を出版社の許可をえて転載・改変。

単発的に聴こえる場合があった。そこで 2 つ以上ゲーッが連続しているものをバウト（束）と呼び、それぞれのゲーッを振動と呼んだ。すると、1 時間当たりのバウト、振動の数そして振幅が、ふ化が近づくにしたがって増加する傾向があることがわかった（図 16）。別の卵とペアにした場合、そのエイジによってふ化のタイミングを変えるのだから、刺激として受け取る振動はふ化前のエイジと連動するものであるはずだ。だから、ふ化前の時間と相関して変化する振動とバウトの数の変化が、そのような役割を果たす有力な候補ではないか、と考えた。

再生実験　1 個の卵から記録した振動を再生し、その振動をふ化 2 日前の卵に伝え、ふ化時刻にどのように影響するのかを調べてみた。この再生実験は PC から図 10 に示した装置を使って行った。同じ卵鞘から 12 卵ずつとり、実験区、対照区、集団区のそれぞれにあてた。すると、ふ化前 2.5 時間の振動をくり返し再生した処理区の卵は、振動をあたえなかった対照区よりも、また集団で砂の穴にまとめておいた卵よりも早くふ化してきた（図 17A）。ふ化のばらつきをみると、実験区と対照区は同じように大きかった。これは、トルコ行進曲で処理したときの結果とよく似ていた。一方、ふ化前 7〜10 時間の振動を再生した時は、実験区の卵は対照区のものよりふ化が遅れた（図 17B）。これらの結果は、何度か実験をくり返し、同様の効果を確認することが

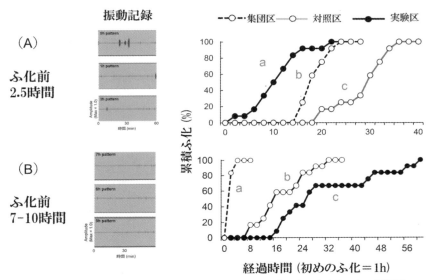

図 17　ふ化前 2.5 時間（A）に記録した振動をふ化 2 日前の卵にあたえると、対照区や集団区よりふ化が早まった。一方、7 〜 10 時間（B）の振動では、遅くなった。図中の異なるアルファベットは統計的な差があることを示す。文献 18) の図を出版社の許可をえて転載・改変。

できた。したがって、ふ化前の異なる時期にバッタの胚が発する振動が、他の卵のふ化のタイミングに異なった影響をあたえることが証明できた。

　ふ化誘導シグナル　胚の発する振動のパターンをみるかぎり、ふ化直前に特別変わった振動というのはみつからなかった。これは、ふ化を誘導する刺激があまり特異的なものではなく、ある閾値をこえた大きな振動に対する反応であることを示しているのかもしれない。じっさいに、音楽を振動として伝えたりすることによって、ふ化を誘導できたことはすでに述べたとおりである。サバクトビバッタの卵は、人為的な振動に反応してふ化が誘導されることが知られている 2)。トノサマバッタの胚の振動をみると、バウトと振動の振幅はふ化直前に増大する傾向がみられた（図 15）。そこで、ふ化直前に記録された 40 個の振動からなる大きなバウトを 1 つコピーして、それをふ化前 36 時間、11.5 時間、5 時間前に 1 回だけ再生して、ふ化パターンを観察してみた（図 18）。すると、明らかにそのバウト再生に反応してふ化したと思われる個体が確認できた。その割合は、再生がふ化時刻に近ければ近いほど高くなり、5 時間前に再生した

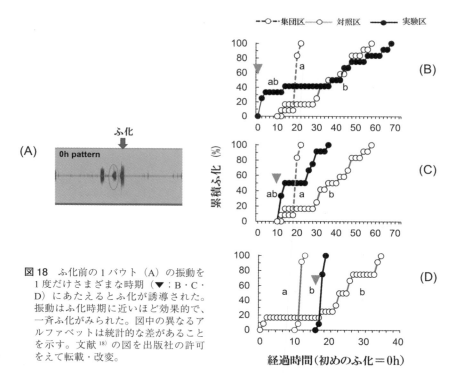

図 18　ふ化前の 1 バウト（A）の振動を 1 度だけさまざまな時期（▼：B・C・D）にあたえるとふ化が誘導された。振動はふ化時期に近いほど効果的で、一斉ふ化がみられた。図中の異なるアルファベットは統計的な差があることを示す。文献 [18] の図を出版社の許可をえて転載・改変。

場合、ほぼすべての卵が一斉にふ化してきた [17]。

　トノサマバッタの卵がふ化するときに、はじめに卵殻から脱出したうじ虫状の前幼虫は蠕動運動して地上を目指す。卵殻から脱出する前に胚の発する振動は他の卵のふ化を刺激するが、前幼虫がみせる蠕動運動にともなって伝わる振動刺激も同一卵鞘内の他の卵のふ化を引きおこす可能性は十分考えられる。

　振動の性質とふ化を誘導する周波数　ふ化前に発せられる比較的大きなバウトのスペクトル分析を行って、周波数を調べてみた [18]。この分析は、無料ソフト Audacity を使った。すると、周波数の分布は二山形になり、270Hz あたりに谷間ができていた。どちらの周波数の山がふ化誘導にかかわっているのかを調べるために、269Hz 以下の低周波の部分と 270Hz 以上の高周波の部分に分けて、トノサマバッタの卵を刺激してみた。すると、低周波で刺激した卵は対照区と違いはみられなかったが、高周波で刺激した卵はあきらかに対照区より早くふ化した。ふ化誘導シグナルとして効果があるのは、高周波の部分だった。

胚は振動をどのように発するのか?　次に知りたかったのは、胚がこれらの振動をどのように発するのかという疑問だった。胚はふ化前に振動を発することはわかっていたので、その時の瞬間をつかもうとモニターにくいいるように目をやった。頭部や胸部、そして脚の動きに注目して観察をつづけたのだが、なかなかそれらしい動きをとらえることはできなかった。そこで、胚の動きを撮影した映像を調べた。ふ化7分前の比較的大きな振動を含むバウトに狙いをさだめ、それを発していた時刻の映像を集中的にチェックしたのである。そして、坂本さんがついにその動きをみつけた。胚が動かしていたのは脚ではなく、腹部の後方部だった。振動を発している様子は、私たちの論文[18]の補足資料として動画（http://www.eje.cz/attachments/000076.avi）を付けたので、音に変換した振動と一緒に、みることができる。胚が振動を発する世界初の映像を、ぜひご覧になってほしい。ふ化前20時間の振動の振幅は小さかったが、それに比例して腹部の動きも小さいこともわかった。

さらなる謎　トノサマバッタの胚は一斉ふ化するために、自分と接する胚からの振動刺激を感受し、ふ化のタイミングをはかっていることがわかり、その振動が腹部で発せられることまでは解明できた。私たちの手作り装置で検出できたもっとも早期の振動はふ化31時間前のものだった[18]。しかし、このバッタの卵は、37時間くらいエイジの離れた胚が発すると考えられる振動を受けて、ふ化のタイミングを調整できる[2]。そのような振動がどのようなものであるのかは、検出できていない。それには、もっと精度の（たぶん値段も）高い装置と、その検出が可能となる特別な耐震部屋が必要かもしれない。

　もう一つの謎は、このような振動によるふ化時刻の調整が、他のバッタや昆虫でもみられるのか、ということである。これについては、サバクトビバッタとタイワンツチイナゴで調べてみた[18]。

11.3.　サバクトビバッタとタイワンツチイナゴの場合

　第1章で紹介したように、サバクトビバッタは北部アフリカ、アラビア半島、西アジアの熱帯砂漠、半砂漠地帯に広く生息している。タイワンツチイナゴは日本では西南諸島に生息し、東南アジアやインドにも分布している。年1世代で、成虫は休眠状態で越冬し、春に日長の増加に反応して休眠から醒め繁殖する[20,21]。この生活史は熱帯地方でも維持されている。タイワンツチイナゴは、

英語では Bombay locust と呼ばれ、トビバッタに分類されている[22]。混み合いに反応して成虫の形態に変化がみられるのだ[23]。両種ともに、同じツチイナゴ亜科に属し、卵期に休眠がないという点で共通している。30℃ではサバクトビバッタは半月、タイワンツチイナゴは 1 ヶ月でふ化する。口絵–Ⅷ(24) にトノサマバッタを含む 3 種のふ化幼虫と成虫の写真を示した。

卵塊サイズとふ化　サバクトビバッタの卵はトノサマバッタの場合と同様、単独においた卵はふ化までに時間がかかり、卵塊サイズを 2 から 4 そして 10 卵へと増すにつれ、早くふ化してきた。一方、タイワンツチイナゴでは、単独卵よりペアにした卵の方がふ化までに時間がかかった。確認のために、別の卵鞘の卵で単独と 2 卵の比較をくり返したが、同じような結果がえられた。さらに卵塊サイズを 4、10 そして 20 卵へと増やすと、ふ化までの時間は徐々に短くなっていった。卵塊サイズにたいする反応は、必ずしも種間で同じではないようだ[19]。

エイジの異なる卵どうしの反応　2 つの卵鞘から卵をとり、それをペアにして同じ砂の穴に入れてふ化のタイミングを観察した。対照区として、それぞれの卵鞘からの卵を単独で砂の穴に入れた。この場合、トノサマバッタで行ったように、それぞれの卵鞘を二分し、実験区と対照区のそれぞれで卵のペアをつくった。これは後に、それら 2 卵のふ化間隔を比較する場合に、同じ穴に 2 卵いれた実験区と 1 卵ずつ入れた対照区とで比較できるようにするためだった。サバクトビバッタでは 34 卵鞘を使った実験結果から、3 つのパターンがみえてきた。(1) 2 つの対照区のエイジが同じか近い場合、実験区の 2 卵は同時にふ化するものが多く、しかも対照区の単独卵より早くふ化した（図 19A・B）。(2) そのエイジの差が開いても、実験区の多くのペアは一斉にふ化するが、ペアのうちの一方の卵がふ化のタイミングを早めて同期化していた（図 19B・D）。トノサマバッタでみられたような、一方がタイミングを早め、他方が遅くするという例はみられなかった。(3) 2 つの対照区のエイジが 2 日にわたると、実験区の卵は互いに影響し合うことなく、対照区と同じようにふ化していたと思われる（図 19E・F）。
　タイワンツチイナゴで観察した 3 パターンは少し違っていた。(1) 2 つの対照区のエイジが同じか近い場合、同時にふ化するものが多かったのだが、ふ化

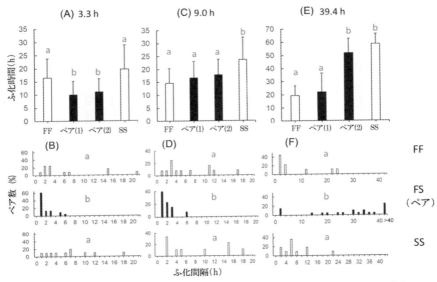

図19　エイジの異なるサバクトビバッタの卵をペアにすると、エイジの差におうじ
てふ化パターンが変わる。A・C・E; 平均ふ化時間（はじめのふ化卵の時刻を 0h
とした）。B・D・F; ふ化間隔。図上の時間は 2 つの対照区のふ化時間の差。ＦＦ
は対照区 1（卵鞘 1）、ＳＳは対照区 2（卵鞘2）、ＦＳはペア卵、ＦＳ（1）は先に
ふ化した卵、ＦＳ（2）は後にふ化した卵。図中の異なるアルファベットは統計的
な差があることを示す。文献 19) の図を出版社の許可をえて転載・改変。

は対照区とくらべ遅れる傾向があった（図 20A・B）。これは卵塊サイズとふ化
時間との関係でみられた反応から、うなずける現象だった。(2) 対照区間のエ
イジの差が顕著になってくると、実験区の卵の一方は発育を遅らせ、他方は早
めることによって一斉にふ化したと考えられる（図 20C・D）。これはトノサマバッ
タの場合と似ていた。(3) さらにエイジが離れると、もはや一斉にふ化するこ
とは難しくなる。しかし、2 日以上離れた場合であっても、実験区のかなりの
ペアは同時にふ化してきた（図 20E・F）。その場合、エイジの進んでいた卵が
ふ化を遅らせていたようだ。このように、一斉ふ化の仕組みは種によって異な
ることがわかった。

　同期化のシグナルに振動を使っているのか？　サバクトビバッタとタイワン
ツチイナゴの卵が同期的にふ化するために、トノサマバッタのように振動を使っ
ているのかどうかを確かめてみた 19)。両種とも、結果は似ていた。2 個の卵を
数mm離して砂の上におくと、互いに接しておいたときより、ふ化間隔はばらつ

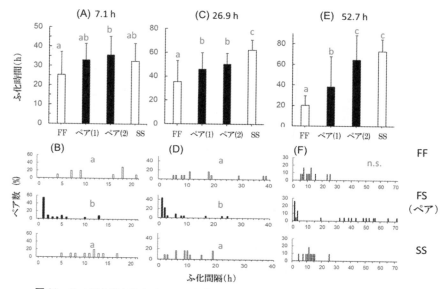

図20　エイジの異なるタイワンツチイナゴの卵をペアにすると、エイジの差におう
じてふ化パターンが変わる。A・C・E; 平均ふ化時間（はじめのふ化卵の時刻を0h
とした）。B・D・F; ふ化間隔。図上の時間は2つの対照区のふ化時間の差。ＦＦ
は対照区1、ＳＳは対照区2、ＦＳはペア卵、ＦＳ（1）は先にふ化した卵、ＦＳ（2）
は後にふ化した卵。図中の異なるアルファベットは統計的な差があることを示す。
文献 [19] の図を出版社の許可をえて転載・改変。

いて、その平均値も大きくなった（図21）。しかし、同じように離しても針金
を渡した場合、多くのペアが一斉にふ化してきた。そして、その平均ふ化間隔
は接しておいたペアのものと似ていた。トノサマバッタを含むこれら3種のバッ
タは、振動をシグナルとしてふ化のタイミングをそろえているものと考えられ
る。サバクトビバッタとタイワンツチイナゴの胚が、トノサマバッタのものと
似た振動を発する証拠はえられているが、くわしい解析は今後の課題である。

　　異種間のふ化同期化　　自然界ではまずおこらないことだが、トノサマバッタ
とサバクトビバッタの卵をペアにしたらどうなるだろうか？異種間でも一斉ふ
化がおこるのだろうか？それぞれのバッタの卵を2個くっつけておいた場合、
ふ化間隔はほとんどのペアで1時間以内であった（図22A・D）。一方、2種の
卵をペアにして数mm離して砂の上におくと、ふ化間隔は大きくばらついた（図
22B）。これは、使った2種の卵の平均ふ化時間に14.6時間の差があったので、
当然かもしれない。しかし、卵の上に針金を渡すと、2種の卵のほとんどはそろっ

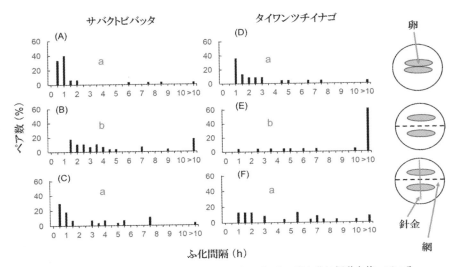

図21　サバクトビバッタでもタイワンツチイナゴでも一斉ふ化に振動を使っている。2卵をくっつけるとそろってふ化するが（A・D）、数mm離すとばらばらにふ化する（B・E）。しかし、針金を渡すと、そろってふ化する（C・F）。図中の異なるアルファベットは統計的な差があることを示す。文献 [19] の図を出版社の許可をえて転載・改変。

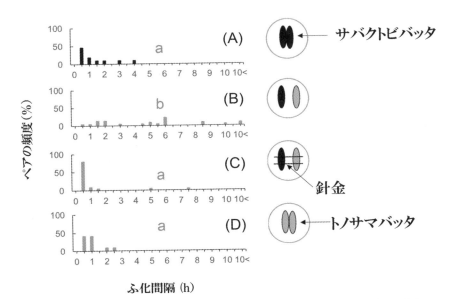

図22　サバクトビバッタとトノサマバッタをペアにして針金を渡すと一斉にふ化する。2つの対照区の平均ふ化時間の差は14.6時間だった。図中の異なるアルファベットは統計的な差があることを示す。（田中誠二、未発表データ）

てふ化してきた（図 22C）。2 つの卵の間には半日以上のエイジの差があること
を考えると、この同期的ふ化パターンは偶然とは考えにくい。ふ化時刻を調べ
ると、発育が進んでいたサバクトビバッタがふ化を遅らせたのではなく、発育
の遅れていたトノサマバッタがふ化を早めて同期化していたことがわかった。
この異種間での実験は、針金を使わずに直接 2 卵を接する形で 11 回くり返した
のだが、サバクトビバッタは同期化するために、ふ化を早めることはあっても、
遅らせることはなかった。この結果から、これらのバッタが似たような振動を
使ってふ化のタイミングを調節していると考えられる。

展望

　同じ卵鞘内の卵でも発育のばらつきはおこりえるので、それが一斉ふ化を妨
げる要因となりえる。特に、産卵に時間がかかるバッタなどでは、深刻な問題
になってくる可能性がある。本章で紹介した例以外のバッタでも、卵鞘からの
一斉ふ化に振動が重要な役割をはたしていることが観察されるので[24]、このグ
ループの昆虫に広く普及した現象のようである。これは、一斉ふ化が生存上重
要であることを強く示唆してと思われるが、それを裏付ける実験的証拠はほん
ど提出されていない。一斉ふ化は、ふ化後に集団を形成する昆虫では重要になっ
てくるだろう。第 3 章で指摘されたように、相変異を示さないタイワンツチイ
ナゴや他のイナゴでも、ふ化後しばらくの間集団を形成するものがいる（第 3
章図 3 参照）。私は、以前パナマの熱帯雨林の林床で、葉の上で休むふ化集団に
遭遇したことがある。ゆっくり近づくと、突然、幼虫たちが四方八方に分散し
てしまい、写真撮影のチャンスを逸した経験がある。このような行動は、ふ化
直後の無防備な時間に集団でいることで、天敵から襲われたときに一斉に分散
することで個体あたりの捕食のリスクを下げているのだろう。一斉ふ化の生態
的意義の解明は、今後の重要な課題である。

　上述したように、これまで親（成虫）が卵塊に刺激を与えたり、ふ化時に卵
殻が壊れる振動または音によって一斉ふ化がもたらされる昆虫の例は報告され
ていたが、胚自体が振動を発して隣接する胚のふ化のタイミングに影響を与え
ることは知られていなかった。しかし、それが胚どうしの交信によるものなのか、
単に相手の振動に受動的に反応する現象なのかについては未解決な問題となっ
ている。

　最近私たちは、クサギカメムシにも胚どうしの振動刺激によるふ化のタイミ

ング調節が存在することを明らかにした[9]。卵殻が壊れる以前に、胚自身がある振動を発し、それを隣接する胚がシグナルとして感受してふ化時刻に反映させているようである。残念ながら、その振動はまだ同定されていない。このカメムシは、サバクトビバッタと同様、同期化のためにふ化を早めるのだが、遅らせることはしないようだ。分類群が離れていても、似たタイプの仕組みをもっていることは興味深い。バッタ目の中では、トノサマバッタとタイワンツチイナゴのように、同期化のために相手のエイジによって、ふ化を早めるだけでなく、遅らせるタイプもある。他のバッタやイナゴ、そして他の分類群の昆虫での研究ははじまったばかりであり、今後例証を増やすことによって、一斉ふ化の仕組みの詳細がさらに解明されることを期待したい。

文　献

1) Nishide, Y. *et al.* 2015. Journal of Insect Physiology 72: 79–87.

2) Nishide, Y. and Tanaka, S. 2016. Behavioral Ecology and Sociobiology 70: 1507–1515.

3) Tanaka, S. 1994. In (Danks, H.V., ed.) Insect Life-cycle Polymorphism. pp. 173–190. Kluwer Academic Publications, London.

4) Nishide, Y. *et al.* 2017. Physiological Entomology 42: 146–155.

5) Tanaka, S. 2017. Journal of Orthoptera Research 26: 103–115.

6) Kiritani, K. 1964. Japanese Journal of Applied Entomology and Zoology 8: 45–54.

7) Endo, J. and Numata, H. 2017. Physiological Entomology 42: 412–417.

8) 大庭伸也. 2002. 昆虫（ニューシリーズ）5: 157–164.

9) Mukai, H. *et al.* 2012. Animal Behaviour 84: 1443–1448.

10) Mukai, H. *et al.* 2014. PloS One 9, e87932.

11) Endo, J. *et al.* 2019. Current Biology 29: 1–6.

12) Tanaka, S. and Kotaki, T. 2020. Entomological Science doi: 10.1111/ens.12439.

13) 安富和男. 1993. ゴキブリ3億年のひみつ. ブルーバックス.

14) Provine, R. R. 1976. Journal of Insect Physiology 22: 127–131.

15) Bernays, E.A. 1971. Acrida 1: 41–60.

16) Tanaka, S. *et al.* 2018. Journal of Insect Physiology 107: 125–135.

17) Padgham, D. E. 1981. Physiological Entomology 6: 191–198.

18) Sakamoto, H. *et al.* 2019. European Journal of Entomology 116: 258–268.

19) Tanaka, S. 2021. Applied Entomology and Zoology DOI 10.1007/s13355-020-00702-w.

20) Tanaka, S. and Okuda, T. 1996. Japanese Journal of Entomology 64: 189–201.

21) Tanaka, S. and Sadoyama, Y. 1997. Bulletin of Entomological Research 87: 533–539.

22) Pener, M. P. and Simpson, S. J. 2009. Advances in Insect Physiology 36: 1–286.

23) 安田慶次. 1986. 沖縄県農業試験場研究報告 No. 11: 61–66.

24) Tanaka, S. 2021. Journal of Orthoptera Research（受理）.

昆虫種名リスト：　和名（英名；学名；目：科）

本書では解説文が煩雑にならないよう、文中の昆虫名を和名のみで記載した。
以下に本書掲載の昆虫の英語名・学名および分類（目・科）を列記する。

(ア行)

アカトビバッタ
　（The red locust, *Nomadacris septemfasciata* Serville; Orthoptera; Acrididae）

アメリカトビバッタ
　（The American grasshopper, *Schistocerca americana* L.; Orthoptera; Acrididae）

アワヨトウ
　（The oriental armyworm, *Mythimna separata* L.; Lepidoptera; Noctuidae）

オオスカシバ
　（The larger pellucid hawkmoth, *Cephonodes hylas* L.; Lepidoptera; Sphingidae）

オンブバッタ
　（*Atractomorpha lata* Mochulsky; Orthoptera; Pyrgomorphidae）

(カ行)

カイコガ
　（The domestic silk moth, *Bombyx mori* L.; Lepidoptera: Bombycidae）

カメレオンイナゴ
　（The chameleon grasshopper, *Kosciuscola tristis* Sjöstedt; Orthoptera: Acrididae）

キイロショウジョウバエ
　（The fruit fly, *Drosophila melanogaster* Meigen; Diptera; Drosophilidae）

キチャバネゴキブリ
　（*Symploce japonica* Shelford; Blattodea; Ectobiidae）

キタテハ
　（The Asian comma, *Polygonia c-aureum* L.; Lepidoptera; Nymphalidae）

キリギリス
　（The long-horned katydid, *Gampsocleis mikado* Burr; Tettigoniidae; Orthoptera）

クサギカメムシ
　（The brown marmorated stink bug, *Halyomorpha halys* Stål; Hemiptera; Pentatomidae）

クビキリギリス
　（*Euconocephalus varius* Walker; Orthoptera; Tettigoniidae）

クマゼミ
　（*Cryptotympana facialis* Walker; Cicadidae; Hemiptera）

クルマバッタモドキ
　（*Oedaleus infernalis* Saussure; Orthoptera; Acrididae）

クロツバメシジミ
(*Tongeia fischeri fischeri* Eversmann; Lepidoptera; Lycaenidae)

ケブカアカチャコガネ
(The white grub beetle, *Dasylepida ishigakiensis* Niijima et Kinoshita; Coleoptera; Scarabaeidae)

コナガ
(The diamondback moth, *Plutella xylostella* L.; Lepidoptera: Plutellidae)

コバネイナゴ
(The rice field grasshopper, *Oxya yezoensis* Shiraki; Orthoptera; Acrididae)

(サ行)

サバクトビバッタ
(The desert locust, *Schistocerca gregaria* Forskål; Orthoptera; Acrididae)

(タ行)

タガメ
(The giant water bug, *Kirkaldyia deyrolli* Vuillefroy; Hemiptera; Belostomatidae)

タイワンツチイナゴ
(The Bombay locust, *Nomadacris succincta* Johannson; Orthoptera; Acrididae)

チャバネアオカメムシ
(The brown-winged green bug, *Plautia stali* Scott; Hemiptera; Pentatomidae)

チュウオウアメリカトビバッタ
(The central American locust, *Schistocerca piceifrons* Walker; Orthoptera; Acrididae)

ツェツェバエ
(The tsetse fly, *Glossina morsitans* Westwood; Glossinidae; Diptera)

ツチイナゴ
(*Nomadacris japonica* Bolivar; Orthoptera; Acrididae)

トノサマバッタ
(The migratory locust, *Locusta migratoria* L.; Orthoptera; Acrididae)

トノサマバッタ亜科の1種
(The yellow-spined bamboo locust, *Rammeacris (Ceracris) kiangsu* Tsai; Orthoptera; Acrididae)

トビイロウンカ
(The brown planthopper, *Nilaparvata lugens* Stal; Hemiptera; Delphacidae)

トビイロシワアリ
(The Japanese pavement ant, *Tetramorium tsushimae* Emery; Hymenoptera; Formicidae)

(ナ行)

ナミテントウ
(The harlequin ladybird, *Harmonia axyridis* Pallas; Coleoptera; Coccinellidae)

ニクバエ
(The flesh fly, *Blaesoxipha agrestis;* Diptera; Sarcophagidae)

(ハ行)

ハスモンヨトウ
　　（The oriental leaf moth; *Spodoptera litura* Fabricius; Lepidoptera; Noctuidae）

ハネナガフキバッタ
　　（*Ognevia longipennis* Shiraki; Orthoptera; Acrididae）

ヒゲマダライナゴ
　　（*Hieroglyphus annulicornis* Shiraki; Orthoptera; Acrididae）

フタテンチビヨコバイ
　　（The maize orange leafhopper, *Cicadulina bipunctata* Melichar; Hemiptera; Cicadellidae）

フタボシツチカメムシ
　　（The burrowing bug, *Adomerus biguttulus* Billburg; Hemiptera; Cydnidae）

フタホシコオロギ
　　（The two-spotted cricket, *Gryllus bimaculatus* De Geer; Orthoptera; Gryllidae）

ベニツチカメムシ
　　（The shield bug, *Parastrachia japonensis* Scott; Hemiptera; Cydnidae）

(マ行)

ミナミアメリカトビバッタ
　　（The south American locust, *Schistocerca cancellata* Serville; Orthoptera; Acrididae）

ミナミアフリカサバクトビバッタ
　　（The south African desert locust, *Schistocerca gregaria flaviventris* Burmeister; Orthoptera; Acrididae）

ミナミアオカメムシ
　　（The southern green stink bug, *Nezara viridula* L.; Hemiptera; Pentatomidae）

モンゴルイナゴ
　　（The Mongolian grasshopper, *Oedaleus asiaticus* Bei-Bienko; Orthoptera; Acrididae）

(ヤ行)

ヨトウガ
　　（The cabbage armyworm, *Mamestra brassicae* L.; Lepidoptera; Noctuidae）

(ワ行)

ワタアカミムシ
　　（*Pectinophora gossypiella* Saunders; Gelechiidae; Lepidoptera ）

ワモンゴキブリ
　　（The American cockroach, *Periplaneta americana* L.; Blattodea; Blattidae）

おわりに

　本書の執筆中もアフリカと中東アジアではサバクトビバッタの猛威がつづいていた。残念ながら、現在も、その終息をみとどけることはできていない。大発生がおこると、群れの大きさだけではなく、バッタの姿や形、そして行動まで変化することから、研究者はその変化の仕組みを長年研究してきた。今から約100年前に、すでに分厚いバッタに関する教科書が出版されたほど、その情報量と論文数は他の昆虫とはくらべものにならないほどだった。現在では、多様な分野からの研究が進み、形態から遺伝子にいたるバッタ研究の歴史と知識が積み上げられている。それにもかかわらず、バッタは時折大発生をくり返し、私たちの生活に大きな衝撃を与えつづけている。その理由と問題点については、本書でも議論したとおりであるが、バッタの行動の断片にも自然の法則は働いており、それを一つ一つ解明していく努力が必要だと改めて感じている。

　本書で紹介した新たな研究の多くは、つくば市の大わしキャンパスにある蚕糸・昆虫農業技術研究所で1990年にはじまり、その後30年間に大わしのバッタ研究室で行われたものと、そこに端を発して進められたものである。先入観や既成の情報にとらわれず、一から自分たちの目で観察し、実験を通してバッタの生態を研究してきたつもりである。当時、日本のバッタ研究はきわめてわずかだった。唯一、世界をけん引していたのは、第1章でも紹介した北海道大学低温研究所で行われていた茅野春雄教授らの生理生化学的研究だった。バッタ研究が少なかった背景には、日本ではトノサマバッタなどが重要な害虫として認識されていなかったことや、他の小さな昆虫とくらべ、飼育や実験スペースの問題もあり、効率的な研究が難しいことなどが挙げられる。本書では主にバッタの相変異に焦点を当てたが、私たちは相変異を含めたバッタの生物学を視野に入れていた。特に、バッタの休眠と季節適応は、大発生現象とも関連しており、もっとも関心の高かったテーマの一つであった。それについては、整理中のデータもあり、一段落した頃に別の機会でご紹介したいと考えている。本書でご紹介した主な成果は、私たちのバッタ研究室で研究に励んだ学生、ポスドク、同僚や外部の研究者との共同研究によるもので、特に、体色多型の仕組み、トノサマバッタの起源、幼虫の行動における親の影響、ふ化の仕組みに関する研究でえられた数々の小さな発見は、私たちにとって大きな励みとなっ

た。相変異現象の中で、気を引くような仕組みや説が報告され、その後の追求が途絶えたものは少なくない。それらの現象を先入観なしにみつめ直す時、本来のバッタの姿がみえてくるに違いない。間違った結論は、自分たちの手で実験を重ね、訂正してきたつもりである。私はすでに退職したが自宅の庭でまだバッタやイナゴの観察をつづけている。時間だけは、たっぷりあるので、それが生かせる研究をみつけたいと考えている。しかし、研究機関や大学などでバッタに関する研究が展開されていることはたいへん喜ばしいことだと感じている。

2020年11月26日に日本沙漠学会によって「今、沙漠はどうなっているの？」というテーマの講演会が東京で開催され、私はサバクトビバッタの大発生に関する話題提供をさせていただいた。沙漠に関するさまざまな話題は私にとってたいへん新鮮なものであったが、一方で、資源と技術開発の名の下にくり広げられてきた人類の活動が、地球の沙漠化や温暖化としてブーメランのように跳ね返り、今や私たちの将来を脅かそうとしているのかもしれない、という話も聴いた。それでも人類は、自らを正当化し、そこにビジネスチャンスとやらを生み出しては、欲望の追求に余念がないようだ。バッタの行動しか眺めてこなかった人間だが、人類は何と愚かな生き物なのだろう、とため息が出た。研究成果と技術をいかに使うかは人類の知恵にかかっている。それには幅広い学問、知識、哲学と宗教観が重要なのだろう。

バッタの大発生がおこるたびに、基礎研究の重要性を感じるのは、決して一部の研究者だけではないと思う。研究が即、役に立つか立たないかは、時代の価値観に大きく左右されるところが大きい。最新技術を駆使し、効率的に、役に立つ研究だけをしろと連呼することが、いかに滑稽で軽薄なことであるのかに気づかない組織や人々が、人類に良い知らせを届けることなどできるはずがない。研究は効率が悪く、成果がなかなか出ないものなのだ。"非効率的な研究"を通してはじめてみえてくる景色があり、生物学の醍醐味がそこに隠されているようにも思える。

どんな小さな発見も、それが事実ならば、そこには必ず自然の法則が働いており、他のもっと大きな出来事と有機的なつながりをもっている可能性がある。たとえそれが直ぐにみえてこなくても、真実を追求した研究者のいとなみは、けっして精彩を失うことはない。真理を探究する研究は人にとってもっとも崇高な活動の一つである。時間も忘れ研究に没頭する喜びは、おそらく社会的評価などとは次元の異なるものであり、研究者の宝である。それを多くの共同研

究者と共有して、バッタの生物学の断片を学ぶことができたのは、バッタのお陰と言えるかもしれない。

　私たちのバッタ研究は多くの人たちに支えられてきた。とりわけ、休みのないバッタの飼育システムを長年サポートしてくださった、つくば市在住の剣持則子さん、池田ひろ子さん、小川すみさんに、特別のお礼を申し上げる。

　本書の各章は執筆者の間で分担して相互校閲し、編者が全体を通して編集作業にあたった。第10章の編集は、原野健一さんと管原亮平さんにお願いした。いくつかの章はその専門分野にいられる粥川琢巳さん（農研機構生物機能利用研究部門）と坂本洋典さん（国立環境研究所）にも、ご校閲をお願いした。イラストレーターの北原志乃さんと横山拓彦さんにはバッタと卵の絵を、相澤昌成さん（南大東島）と朱道弘さん（中国、中南森林科技大学）には南大東島と雲南省のバッタの写真を使わせていただいた。末永雅彦さん（樹木医）には甲虫の同定をお願いした。皆さんのご協力に、心から感謝申し上げる。

　本書の出版にあたり、北隆館の角谷裕通さんと岡本ひとみさんには多くの相談にのっていただき、無理な私たちの要望も快く聞いていただいた。記して、お礼申し上げる。

2021年春　つくば市松代にて　田中誠二

索　引

本書掲載の学術用語や生物名、人名などの重要語を以下に五十音順の索引とした。「サバクトビバッタ」や「相変異」など本書におけるキーワードは、頻出するため主要な箇所のみを抽出してある。

編者紹介

田中誠二　1952 年生。1983 年オレゴン州立大学大学院博士課程修了。Ph. D.（専攻：昆虫生理学、生態学）。元農林水産省蚕糸・昆虫農業技術研究所、研究室長。専門分野：　昆虫学、特にバッタ、コオロギ、ゴキブリ、ケブカアカチャコガネの季節適応とバッタの相変異とふ化制御の仕組み。
　主な著訳書「熱帯昆虫の不思議」（文一総合出版、1993）。「休眠の昆虫学」（共編・共著、東海大学出版会、2004）。「耐性の昆虫学」（共編・共著、東海大学出版会、2008）。「地球温暖化と南方性害虫」（分担執筆、北隆館、2011）。「生態進化発生学―エコ - エボ - デボの夜明け」S. F. ギルバート、D. イーペル著（共訳、東海大学出版会、2012）。

執筆者紹介（ABC 順）

原野健一　1975 年生。2007 年玉川大学大学院農学研究科博士課程修了。博士（農学）。玉川大学ミツバチ科学研究センター教授。専門分野：　単独性および社会性ハナバチ類の行動生態学、行動生理学。特に、ミツバチの採餌行動と繁殖に見られる適応について。
　主な著訳書：「研究者が教える動物飼育」（分担執筆、共立出版、2012）。「世界のミツバチ・ハナバチ百科図鑑」（監訳、河出書房新社、2015）。「ミツバチの世界へ旅する」（東海大学出版部、2017）。「昆虫ワールド」（分担執筆、玉川大学出版部、2017）。「ミツバチのはなし」（監訳、徳間書店、2018）。

西出雄大　1980 年生。2009 年東京農工大学連合農学研究科博士課程修了。博士（農学）。農業・食品産業技術総合研究機構主任研究員。専門分野：　進化学、行動学、分子生物学。現在はカメムシ類と共生微生物の関係や、昆虫における自然免疫の進化などを研究。
　主な出版物「沖縄県下地島におけるトノサマバッタの異常発生と生活史」（共著、日本植物防疫協会、2012）。「昆虫と自然～トビバッタ 2 種のふ化決定機構とふ化時刻」（分担執筆、ニューサイエンス社、2019）。

管原亮平　1983 年生。2011 年九州大学大学院生物資源環境科学府博士課程修了。博士（農学）。弘前大学農学生命科学部助教。専門分野：　分子昆虫学、特にバッタの相変異やカイコの DNA 修復機構。
　主な出版物「化学と生物～混み合うと黒くなるトビバッタ」（共著、日本農芸化学会、2016）。「昆虫と自然～トビバッタの体色制御機構」（分担執筆、ニューサイエンス社、2019）。

田中誠二　（編者紹介参照）

徳田　誠　1975 年生。2003 年九州大学大学院生物資源環境科学府博士課程修了。博士（農学）。佐賀大学農学部准教授。専門分野：　生態学、昆虫学、特に植食性昆虫と植物との相互作用。
　主な著書「耐性の昆虫学」（分担執筆、東海大学出版会、2008）。「地球温暖化と昆虫」（分担執筆、全国農村教育協会、2010）。「植物をたくみに操る虫たち　虫こぶ形成昆虫の魅力」（東海大学出版部、2016）。「昆虫ワールド」（分担執筆、玉川大学出版部、2017）。「森林と昆虫」（分担執筆、共立出版、2020）。

バッタの大発生の謎と生態

2021 年 4 月 20 日　初版発行

編　者　田　中　誠　二

発行者　福　田　久　子

発行所　株式会社 北　隆　館

〒153-0051　東京都目黒区上目黒3-17-8
電話03(5720)1161　振替00140-3-750
http://www.hokuryukan-ns.co.jp/
e-mail : hk-ns2@hokuryukan-ns.co.jp

印刷・製本　富士リプロ株式会社

© 2021 HOKURYUKAN
ISBN978-4-8326-1010-1 C3045